人工智能系列规划教材

主　编　闫　洁　邢　敏
副主编　王建森　刘靓葳　朱春霖
参　编　李　萍　蒋泽艳　王　琪

Python 程序设计

PYTHON

匠心打造 核心专业

从基础到实践　基础知识全面覆盖　实践操作循序渐进

从理论到应用　理论讲解详尽具体　动手应用实操实练

苏州大学出版社
Soochow University Press

图书在版编目(CIP)数据

Python 程序设计 / 闫洁，邢敏主编． -- 苏州 ：苏州大学出版社，2025．1． -- ISBN 978-7-5672-5000-0

Ⅰ．TP312．8

中国国家版本馆 CIP 数据核字第 202441C953 号

书　　名： Python 程序设计
Python Chengxu Sheji

主　　编： 闫　洁　邢　敏

责任编辑： 肖　荣

装帧设计： 吴　钰

出版发行： 苏州大学出版社(Soochow University Press)

社　　址： 苏州市十梓街 1 号　**邮编：** 215006

印　　刷： 苏州市越洋印刷有限公司

邮购热线： 0512-67480030

销售热线： 0512-67481020

开　　本： 787 mm×1 092 mm　1/16　**印张：** 19　**字数：** 451 千

版　　次： 2025 年 1 月第 1 版

印　　次： 2025 年 1 月第 1 次印刷

书　　号： ISBN 978-7-5672-5000-0

定　　价： 58.00 元

图书若有印装错误，本社负责调换

苏州大学出版社营销部　电话：0512-67481020

苏州大学出版社网址　http://www.sudapress.com

苏州大学出版社邮箱　sdcbs@suda.edu.cn

前言

Python 语言以其简洁明了的语法、强大的功能库和广泛的应用领域，成为编程初学者的首选语言之一。与C/C++等语言相比，Python 语言的难度相对较低，很多非计算机专业的学生也能快速上手。Python 语言在数据分析、机器学习、人工智能、Web 开发、网络爬虫、自动化运维等多个领域都有广泛的应用。随着大数据技术和 AI 技术的发展，Python 语言的重要性日益凸显，掌握 Python 语言成为许多行业从业者必备的技能。

本教材主要针对高职教育阶段的学生，融入课程思政元素，贯彻立德树人根本任务，注重理论与实践相结合，以培养学生解决实际问题的能力为核心，内容覆盖了 Python 语言从基础理论到实践应用层面的多个关键知识点，并且注重对接产业需求和岗位技能。

本教材的内容组织如下：

第一章课程导学，主要介绍 Python 的发展背景、特点、版本及应用领域，并指导安装 IDLE。

第二章 Python 基本语法，主要介绍 Python 的基础语法规则，包括运算符、常量、变量等。

第三章 Turtle 模块，通过 Turtle 库绘制图形，详细介绍 Python 绘图库的使用。

第四章程序控制结构，主要介绍顺序结构、选择结构、循环结构及其相关语句的使用方法。

第五章函数与模块，主要介绍函数定义、参数使用、递归算法以及模块的使用方法。

第六章数据结构，主要介绍列表、元组、字典、集合、字符串的操作和使用方法。

第七章文件操作，主要介绍文件读写、管理及异常处理的基本知识。

第八章面向对象的程序设计，主要介绍类和对象的概念及基本用法。

第九章图形用户界面，主要介绍 Python 中 Tkinter 库的概念、Tkinter 库中常用控件的使用、布局管理及事件处理等。

第十章第三方库，主要介绍 Python 语言中第三方库的安装及常见库的使用方法。

本教材具有如下特点：

(1) 根据高职教育阶段学生的特点，设计的内容更加贴近实际工作需要，注重培养学生的动手能力和解决实际问题的能力。

(2) 全面涵盖 Python 语言的基础知识，实践性强，内容由浅入深，案例丰富，代码规范,讲解传统程序算法的 Python 语言实现以及 Python 语言的个性化应用场景,能满足读者的多维度需求。

(3) 依据实际岗位能力需求,制定了知识目标、技能目标、素养目标,贯彻全方位育人模式。将知识点与代码相结合,代码中附有详尽的注释。采用混合式案例教学,培养学生的编程操作能力、分析问题和解决问题能力,使其养成良好的自主学习习惯。

由于编者水平有限,错误和不当之处在所难免,恳请广大读者批评指正。

目录

课 程 导 学

目标1：了解Python语言的基本概念，明确Python解释器的作用以及其在计算机系统中的运行机制。

目标2：理解Python开发环境的构成及其对编程的重要性。

目标3：掌握在不同操作系统（Windows、macOS、Linux）上安装Python的方法和注意事项。

目标4：了解Python各个版本的特点及选择合适的Python版本的依据。

技能目标

目标1：能够独立在计算机上正确安装指定版本的Python。

目标2：能够根据需要配置系统环境变量，确保Python和相关工具可以在任何目录下顺利调用。

目标3：能够使用pip来查找、安装、更新和卸载Python库，解决常见的依赖问题。

素养目标

目标1：培养自主学习能力与创新精神。

目标2：培养规范化操作与维护意识。

目标3：培养团队协作与交流能力。

1.1　关于编程

编程是编写程序代码的简称，就是让计算机代码解决某个问题，对某个计算体系规定一定的运算方式，使计算体系按照该计算方式运行，并最终得到相应结果的过程。

为了使计算机理解人的意图，人就必须将解决问题的思路、方法和手段通过计算机能够理解的形式告诉计算机，使得计算机能够根据人的指令一步一步地去工作，完成某种特定的任务。这种人和计算机之间交流的过程就是编程。

程序是人与计算机会话的语言，是对计算任务的处理对象和处理规则的描述。生活中处处有程序，如织毛衣、制作乐谱、编写电影脚本等。

“程序”就是做一件事情或者解决一个问题所采取的一系列固定步骤，例如：

```
#起床程序
  闹钟响;
  关闹钟;
        如果今天是周末或假期:
            继续睡;
        否则:
            起床;
            穿衣服;
            洗漱;
            吃早餐;
            拎包出门;
```

编程语言可分为机器语言、汇编语言和高级语言。

1. 机器语言

机器语言是机器能直接识别的程序语言或指令代码。在计算机系统中，一条机器指令规定了计算机系统的一个特定动作。一个系列的计算机在硬件设计制造时就利用若干指令规定了该系列计算机能够进行的基本操作，这些指令一起构成了该系列计算机的指令系统。在计算机应用的初期，程序员使用机器的指令系统来编写计算机应用程序，这种程序称为机器语言程序。使用机器语言编写的程序，由于每条指令都对应计算机一个特定的基本动作，所以程序占用内存少、执行效率高。但缺点也很明显，如编程工作量大，容易出错；依赖具体的计算机体系，因而程序的通用性、移植性都很差。

2. 汇编语言

为了解决使用机器语言编写应用程序所带来的一系列问题，人们首先想到了使用助记符号来代替不容易记忆的机器指令。这种用助记符号来表示计算机指令的语言称为符号语言，也称汇编语言。在汇编语言中，每一条用符号来表示的汇编指令与计算机机器指令一一对应，记忆难度大大降低，不但易于检查和修改程序错误，而且指令、数据的存放位置可以由计算机自动分配。用汇编语言编写的程序称为源程序，计算机不能直接识别和处理源程序，必须通过某种方法将它翻译成计算机能够理解并执行的机器语言，执行这个翻译工作的程序称为汇编程序。

使用汇编语言编写计算机程序时，程序员仍然需要十分熟悉计算机系统的硬件结构，所以从程序设计本身来看仍然是低效率的、烦琐的。但正是由于汇编语言与计算机硬件系统关系密切，在某些特定的情况下，如对时空效率要求很高的系统核心程序以及实时控制程序等，汇编语言仍然是最有效的程序设计工具之一。汇编语言有不可替代的特性，比如一些单片机或者一些直接控制硬件的程序就必须要用汇编语言编写。

3. 高级语言

高级语言是一类接近于人类的自然语言和数学语言的程序设计语言的统称。按照其程序设计的出发点和方式不同,高级语言分为面向过程的语言和面向对象的语言,如Fortran 语言、C 语言、汉语程序设计语言等都是面向过程的语言;而以 C++、Smalltalk 语言等为代表的面向对象的语言与面向过程的语言有许多不同之处,这些语言支持“程序是相互联系的离散对象的集合”,这样一种新的程序设计思维方式,具有封装性、继承性和多态性等特征。高级语言按照一定的语法规则,由表达各种意义的运算对象和运算方法构成。使用高级语言编写程序的优点是:编程相对简单、直观、易理解、不容易出错;高级语言是独立于计算机的,因而用高级语言编写的计算机程序通用性好,具有较好的移植性。用高级语言编写的程序称为源程序,计算机系统不能直接理解和执行,必须通过一个语言处理系统将其转换为计算机系统能够认识、理解的目标程序才能被计算机系统执行。

1.2　关于 Python

Python 是一种面向对象的解释型计算机程序设计语言,由吉多·范罗苏姆(Guido van Rossum)于 1989 年底开发,第一个公开发行版发行于 1991 年,Python 源代码遵循 GPL(GNU　General Public License)协议。

Python 语法简洁而清晰,具有丰富且强大的库。它常被昵称为胶水语言,能够把用其他语言(尤其是 C/C++)制作的各种模块很轻松地联结在一起。Python 语言具有简洁、优雅、开发效率高等特点,常被用于网站开发、网络编程、图形处理等。

1.2.1　Python 的由来

吉多·范罗苏姆因难以忍受 C 语言开发的复杂性,就参考 ABC 语言在 1989 年开始了基于 C 语言的 Python 的开发。因为他是 BBC 电视剧——《蒙提·派森的飞行马戏团》(Monty Python's Flying Circus)的爱好者,所以有了 Python 这个有趣的名字。

1.2.2　Python 的特点

Python 语言有以下特点。

(1) Python 是一种面向对象的解释型计算机程序设计语言。

(2) Python 语法简洁清晰,用空格(Space)作为语句缩进。

(3) Python 具有丰富和强大的库。

(4) Python 可快速生成程序的原型。

(5) Python 可以实现封装成可调用的扩展类库供别的模块调用。

(6) 跨平台,程序无须修改即可在 Windows、Linux、Unix、macOS 等操作系统上使用。

1.2.3　Python 的发展史

1989 年,Python 诞生。1991 年,Python 的第一个版本发布。此时 Python 已经具有了类、函数、异常处理、包含表和字典在内的核心数据类型,以及以模块为基础的拓展系统。

1991—1994年,Python增加了lambda、map、filter和reduce。1999年,Python的Web框架之祖——Zope 1发布。2000年,加入了内存回收机制,构成了现在Python语言框架的基础。2004年,Web框架Django诞生。目前最新版本为Python 3.13.1。

到目前为止,仍然保留的版本主要基于Python 2.x和Python 3.x。Python 3的出现是为了解决Python 2的一些历史遗留问题。为了不带入过多的累赘,Python 3在设计的时候没有考虑向下兼容。

Python支持Windows、Linux、UNIX和macOS等不同操作系统,应根据操作系统的字长(32位或64位)选择对应的安装程序,以获得最佳的运行环境。

1.2.4 Python的应用

Python具有如下应用。

(1) Web开发,基于Python的优秀Web框架(如Django)。

(2) 网络编程、网页解析,如爬虫程序开发。

(3) 科学计算,各种实验数据的处理以及相关实验模拟、机器学习等。

(4) 构建高性能服务器后端(高并发、高吞吐率服务)。

(5) 开源库开发。

1.3 安装IDLE

1.3.1 安装IDLE

(1) 访问Python官网的下载页面(https://www.python.org/downloads/)。

(2) 单击超链接"Windows",进入Windows版本软件下载页面,根据操作系统版本选择相应软件包,如图1-3-1所示(以Python 3.12.1为例)。

(3) 下载完成后,双击安装包会启动安装程序,并勾选相应的选项。

(4) 程序开始以默认方式安装,Python将被默认安装到以下路径:C:\Users\用户名\AppData\Local\Programs\Python\Python312。

(5) 在【开始】菜单栏中搜索"Python",找到并单击打开Python 3.12(64 bit),用户亦可在控制台中进入Python的集成开发环境。

(6) 在打开的"环境变量"编辑对话框中,通过单击"新建"按钮添加关于Python的两条绝对路径,如图1-3-2所示,即可完成环境变量的配置。

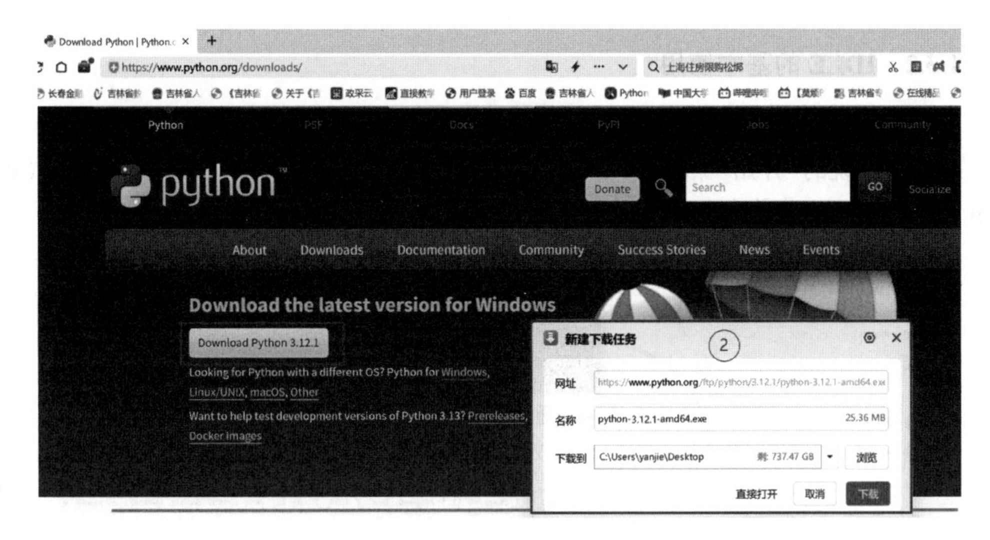

图 1-3-1　Python 官网下载

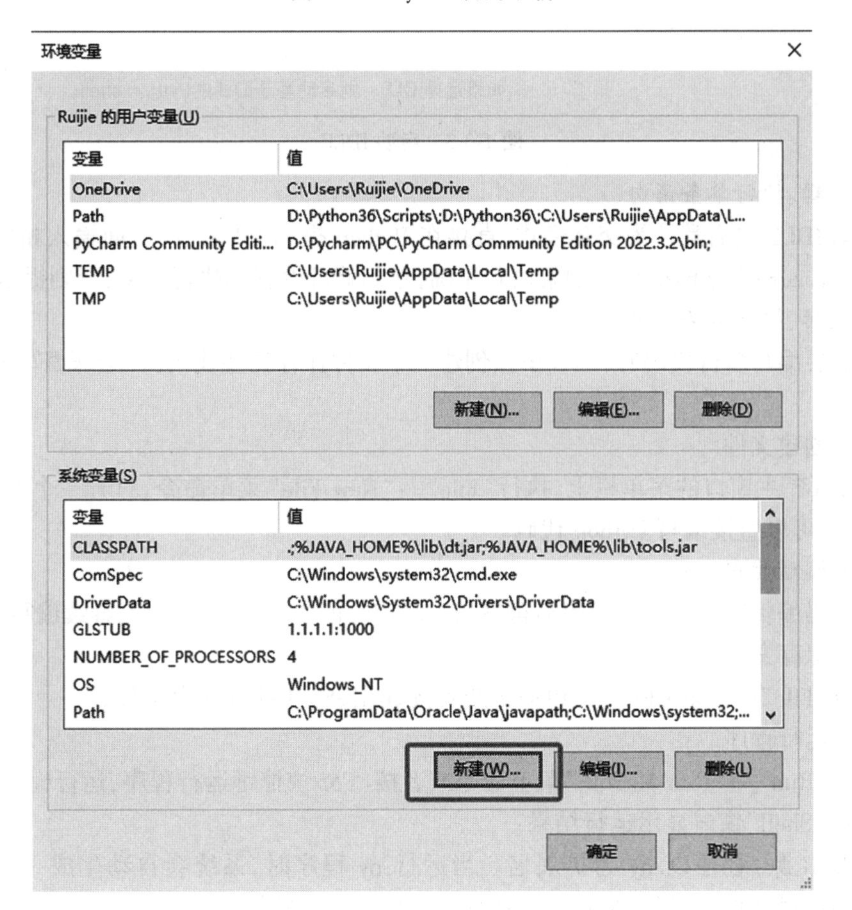

图 1-3-2　配置 Python 环境变量

1.3.2 IDLE 的基本使用

1. 启动 IDLE 环境

先单击系统的"开始"菜单,然后依次选择"所有程序"→"Python 3.12"→"IDLE(Python 3.12 64-bit)"菜单命令,即可打开 IDLE 窗口,如图 1-3-3 所示。

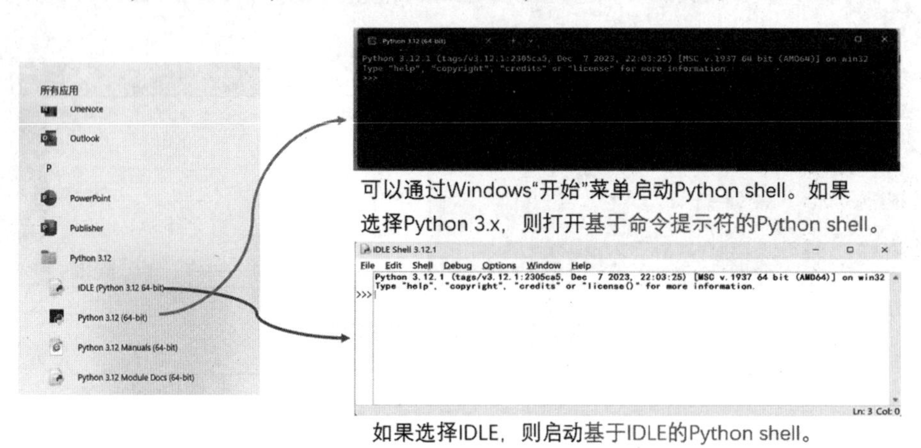

图 1-3-3 启动 IDLE

2. 编辑、执行单条语句

启动 IDLE 之后默认为交互模式,直接在 Python 提示符">>>"后面输入相应的语句即可,按<Enter>键立即执行。如果语句正确,立刻就可以看到执行结果,否则提示错误。

3. 编辑、执行多条语句

当需要编写多行代码时,可以单独创建一个文件保存这些代码,在全部编写完成后一起执行。

(1) 创建文件。

在 IDLE 主窗口的菜单栏上,执行"File"→"New File"菜单命令,打开一个新窗口,在该窗口中,可以直接编写 Python 代码。

(2) 编辑代码。

在代码编辑区输入一行代码后再按<Enter>键,将自动换到下一行,继续编写代码。

(3) 保存文件。

执行"File"→"Save File"菜单命令或者按<Ctrl+S>快捷键保存文件。

(4) 运行程序。

执行"Run"→"Run Module"菜单命令或者按<F5>快捷键运行程序,运行程序后,将打开"Python Shell"窗口显示运行结果。

Python(源)程序以.py 为扩展名。当运行.py 程序时,系统会自动生成一个对应的.pyc 字节编译文件,用于跨平台运行和提高运行速度。另外,还有一种扩展名为.pyo 的文件,是编译优化后的字节编译文件。

Python 使用缩进来表示代码块层次,习惯上一层缩进 4 个半角空格,同一个代码块中的语句必须包含相同的缩进空格数,不建议随意变化缩进空格数或使用<Tab>键。

Python 通常是一行写完一条语句,但如果语句很长,可以使用反斜杠"\"来实现语句转行。

Python 可以在同一行中放置多条语句,语句之间使用分号";"分隔,但为易读起见,不建议在同一行中放置多条语句。

Python 中单行注释以"#"开头。在调试程序时,如果临时需要不执行某些行,建议在不执行的行前加"#",可避免大量删改操作。

1.4 常用集成开发环境

Python 的开发环境很多,常见的有 IDLE、PyCharm 和 Anaconda 等。IDLE 是 Python 自带的开发环境,虽然有点简陋,但是使用简单方便,非常适合初学者。PyCharm 是目前 Python 语言最好用的集成开发工具之一。

Python 程序员通常选用第三方集成开发环境(IDE, Integrated Development Environment)进行程序设计。常用的 IDE 有 Notepad++、PyScripter、PyCharm、Eclipse with PyDev、Komodo、Wing 等,它们通常具有一些代码自动生成、参数提示、代码错误检查等功能。

记事本默认保存为 ANSI 编码的.txt 文件(关于编码,详见第五章),可使用"另存为"命令,在弹出的保存对话框中选择保存类型为"所有文件(*.*)",并手工添加文件扩展名.py。在 Python 程序中,若包含中文等非英文字符,可选择 UTF-8 编码保存。记事本编写 Python 程序的具体操作步骤如图 1-4-1 所示。

PyCharm 集成开发环境分为专业版(Professional)和社区版(Community),可从其官网下载,下载界面如图 1-4-2 所示。专业版试用期内免费,社区版完全免费并开源。

Visual Studio Code(简称 VS Code)是微软出品的轻量级代码编辑器,支持 Windows、OS X 和 Linux 操作系统。

PyScript 绿色软件可从 GitHub 网站免费下载。其具有语法高亮显示、语法自动补全、语法检查、断点调试等功能,还可以编辑 JavaScript、PHP、HTML、XML 等类型的文件。

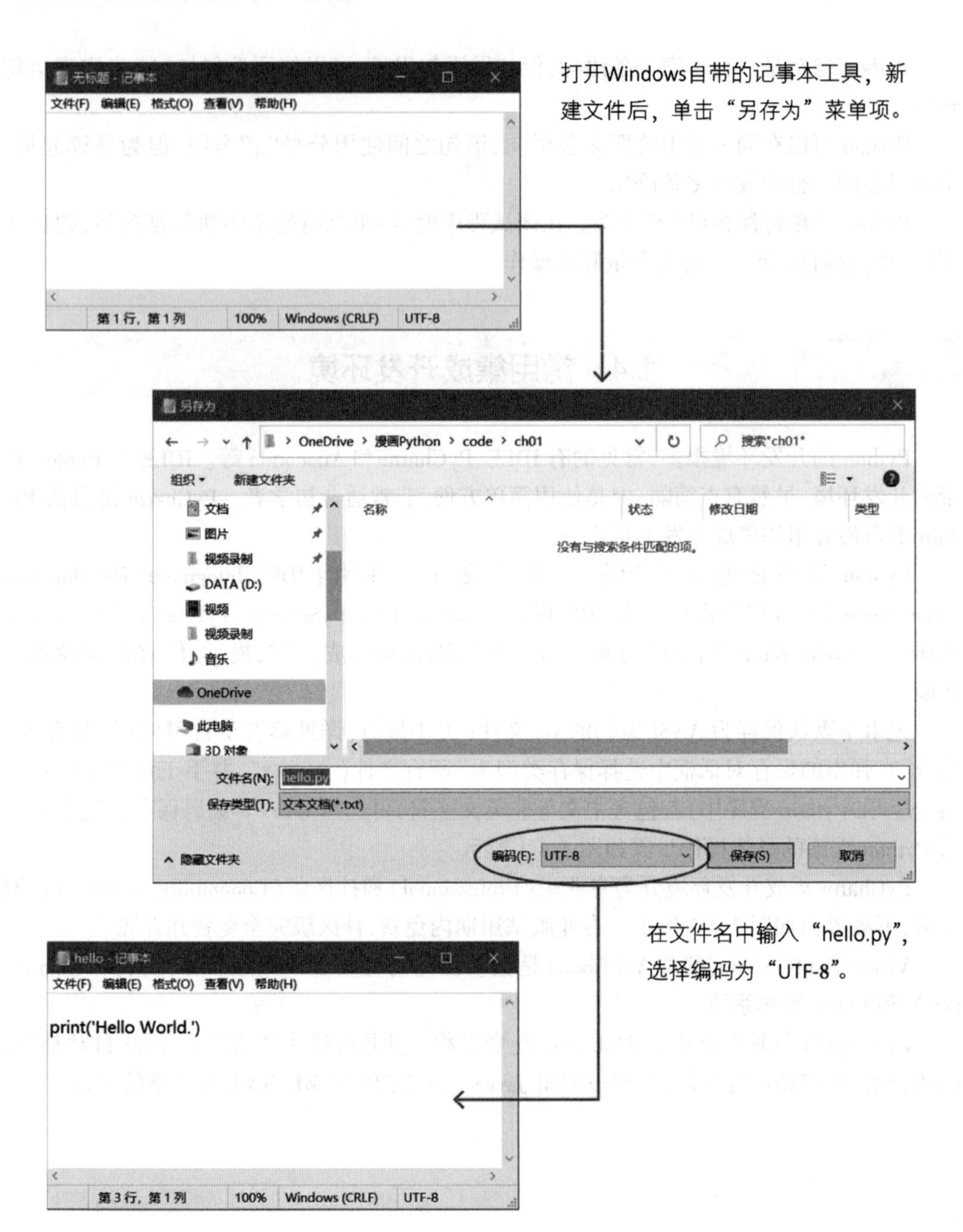

图 1-4-1　记事本编写 Python 程序

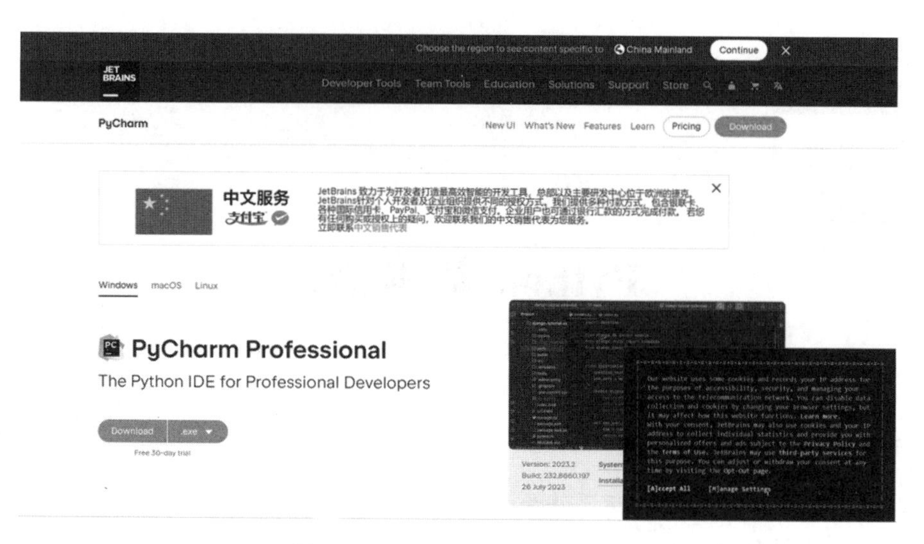

图 1-4-2　PyCharm 中文社区下载

第二章 Python 基本语法

知识目标

目标 1：掌握 Python 中的运算符和表达式。

目标 2：掌握 Python 表达式中混合运算的优先级。

技能目标

目标 1：能够使用 Python 中的运算符和表达式。

目标 2：能够计算出 Python 表达式的结果。

素养目标

目标 1：培养逻辑思维。

目标 2：培养规则意识。

目标 3：培养团队协作精神。

目标 4：提高职业素养。

2.1 运算符

表达式是由数字、变量、运算符、括号等组成的有意义的组合。表达式依据其中的值和运算符进行若干次运算，最终得到表达式的返回值。

表达式中最常见也最基础的一类就是算术表达式。在 Python 中编写一个算术表达式十分简单，就是使用运算符与括号对数学表达式进行直接转换。例如，数学表达式：

$$\frac{5\times(27x-3)}{12}+\left(\frac{10y+7}{9}\right)^2$$

可被转换为如下 Python 表达式：

```
(5 * (27 * x-3))/12+((10 * y+7)/9) ** 2
```

Python 的算术表达式的运算规则与数学式相同：首先执行括号内的运算，内层括号优先被执行；然后执行幂运算（**）；再计算乘法（*）、除法（/和//）及求模运算（%）；最后计算加法(+)和减法(-)。

只要在表达式之前定义变量 x 与 y 的值即可计算出此式的值。示例代码：ch02-demo01.py 演示了如何在 Python 中计算这一表达式的值并输出。

【任务 2-1】 编写代码求 x=1、y=2 时表达式$\frac{5\times(27x-3)}{12}+\left(\frac{10y+7}{9}\right)^2$的值。

示例代码如下：

```
'''
ch02-demo01.py
===============
演示表达式的运算
'''

# -*- coding: utf-8 -*-
x=1
y=2
print((5*(27*x-3))/12+((10*y+7)/9)**2)
```

Python 支持算术运算符、赋值运算符、关系运算符、逻辑运算符等基本运算符。按照运算所需要的操作数数目,可以分为单目、双目、三目运算符。

(1) 单目运算符只需要一个操作数。例如：单目减(-)、逻辑非(not)。

(2) 双目运算符需要两个操作数。Python 中大多数运算符是双目运算符。

(3) 三目运算符需要三个操作数。条件运算是三目运算符,例如：b if a else c。

运算符具有不同的优先级。我们熟知的"先乘除后加减"就是优先级的体现。只不过 Python 中运算符种类很多,优先级也分成了高低不同的很多层次。

当一个表达式中有多个运算符时,按优先级从高到低依次运算。

运算符还具有不同的结合性：左结合或右结合。当一个表达式中有多个运算符,且优先级都相同时,就根据结合性来判断运算的先后顺序。

(1) 左结合就是自左至右依次计算。Python 运算符大多是左结合的。

(2) 右结合就是自右至左依次计算。所有的单目运算符和圆括号( )是右结合的。实际上圆括号是自右向左依次运算的,即内层的圆括号更优先,从内向外运算。

以上所说的通过优先级、结合性来决定运算顺序,只在没有圆括号的情况下成立。使用圆括号可以改变运算符的运算顺序。

2.1.1 算术运算符

算术运算符是对操作数进行运算的一系列特殊符号,能够满足一般的运算操作需求。Python 中提供的一系列算术运算符见表 2-1-1。

表 2-1-1 算术运算符

运算符	描述	示例
+	加法——返回两操作数相加的结果	3+2 返回 5
-	减法——返回左操作数减去右操作数的结果	3-2 返回 1
*	乘法——返回两操作数相乘的结果	3 * 2 返回 6
/	除法——返回右操作数除左操作数的结果	3/2 返回 1.0,但 3.0/2 返回 1.5
%	模——返回右操作数对左操作数取模的结果	5%3 返回 2
**	指数——执行对操作数指数的计算	3 ** 2 返回 9
//	取商——返回右操作数对左操作数取商的结果	3.0//2 返回 1

在进行除法运算时,不管商为整数还是浮点数,结果始终为浮点数。如果希望得到整型的商,需要用到双斜杠(//)。对于其他运算,只要任一操作数为浮点数,结果就是浮点数。

【任务 2-2】 浮点数的运算。

示例代码如下:

```
'''
ch02-demo02.py
==============
浮点数运算
'''
>>>2/1;type(2/1)                #单斜杠除法
2.0
<class 'float'>
>>>2//1;type(2//1)              #双斜杠除法
2
<class 'int'>
>print(1+2,'and',1.0+2)         #加法
>print(1*2,'and',1.0*2)         #乘法
3 and 3.0
2 and 2.0
>>>print('23 除以 10,商为:',23//10,',余数为:',23%10)
                                #商和余数 p
23 除以 10,商为: 2,余数为: 3
>>>3*'Python'                   #字符串的 n 次重复
'PythonPythonPython'
```

2.1.2 移位运算符

移位运算符将数字看作二进制数来进行运算。在 Python 中,移位运算符包括左移运算符(<<)、右移运算符(>>)、按位与(&)、按位或(|)、按位异或(^)和按位取反(~)。

通常,数字都是使用十进制数,按位运算符会自动将输入的十进制数转换为二进制

数,再进行相应的运算。

Python 的移位运算符见表 2-1-2,其中 a 为 60,b 为 13,对应的二进制值如下。

```
a=0011 1100

b=0000 1101
```

表 2-1-2 移位运算符

运算符	描述	示例
&	按位与运算符:参与运算的两个值,如果两个相应位都为 1,则该位的结果为 1,否则为 0	a & b 输出结果 12 二进制值:0000 1100
|	按位或运算符:只要对应的两个二进位有一个为 1,结果就为 1	a | b 输出结果 61 二进制值:0011 1101
^	按位异或运算符:当对应的两个二进位相异时,结果为 1	a ^ b 输出结果 49 二进制值:0011 0001
~	按位取反运算符:对数据的每个二进位取反,即把 1 变为 0,把 0 变为 1	~a 输出结果-61 二进制值:1100 0011
<<	左移运算符:运算数的各二进位全部左移若干位,由“<<”右边的数指定移动的位数,高位丢弃,低位补 0	a<<2 输出结果 240 二进制值:1111 0000
>>	右移运算符:运算数的各二进位全部右移若干位,“>>”右边的数指定移动的位数	a>>2 输出结果 15 二进制值:0000 1111

【任务 2-3】 移位运算符示例。

示例代码如下:

```
'''
ch02-demo03.py
===============
移位运算符示例
'''

>>>a=60;b=13
>>>print('a=60,b=13')                   #初始赋值
a=60,b=13

>>>print('a&b=',a&b)
>>>print ('a|b =',a|b)
>>>print('a^b',a^b)                     #与、或、异或运算

a&b=12
a|b=61
a^b=49
```

```
>>>print('~a=',~a)
>>>print ('a<<2=',a<<2)
>>>print ('a>>2=',a>>2)                    #取反和位移运算
~a=-61
a<<2=240
a>>2=15
```

这里以按位与和按位取反运算为例,具体讲解计算过程。

1. 按位与运算

如下述代码所示,a 和 b 的第 3、4 位都为 1,其他位置上的数都没有同时为 1,故对 a 和 b 做按位与运算的结果是第 3、4 位为 1,其余位置都为 0。

```
a=0011 1100
b=0000 1101
a&b=0000 1100
```

2. 按位取反运算

按位取反涉及补码的计算,相对比较复杂。

十进制数的二进制原码包括符号位和二进制值。以 60 为例,其二进制原码为"0011 1100",从左到右第 1 位为符号位,其中 0 代表正数,1 代表负数。

对于正数来说,其补码与二进制原码相同;对于负数而言,其补码为:二进制原码符号位保持不变,其余各位取反后再在最后一位加 1。

【任务 2-4】 对 60 进行取反。

取 60 的二进制原码:0011 1100。

取补码:0011 1100。

每一位取反:1100 0011,得到最终结果的补码(负数)。

取补码:1011 1101,得到最终结果的原码。

转换为十进制数:-61,所以 60 取反后为-61。

【任务 2-5】 对-61 进行取反。

取-61 的二进制原码:1011 1101。

取补码:1100 0011。

每一位取反:0011 1100,得到最终结果的补码(正数)。

取补码:0011 1100,得到最终结果的原码。

转换为十进制数:60,所以-61 取反后为 60。

任务 2-4 和任务 2-5 已经很好地展示了正数和负数的取反操作,可以总结为以下 5 个步骤。

(1) 取十进制数的二进制原码。

(2) 对原码取补码。

(3) 补码取反(得到最终结果的补码)。

(4) 取反结果再取补码(得到最终结果的原码)。

（5）二进制原码转十进制数。

3. 移位运算

（1）<<（按位左移）：将数字的位向左移动指定的位数。每个数字在内存中以二进制数表示，即 0 和 1。2<<2 输出 8。2 用二进制数表示为 10，向左移 2 位得到 1000，表示十进制数 8。

（2）>>（按位右移）：将数字的位向右移动指定的位数。11>>1 输出 5。11 用二进制数表示为 1011，右移一位后输出 101，表示十进制数 5。

（3）&（按位与）：对数字进行按位与操作。5 & 3 输出 1。

（4）|（按位或）：对数字进行按位或操作。5 | 3 输出 7。

（5）^（按位异或）：对数字进行按位异或操作。5 ^ 3 输出 6。

（6）~（按位取反）：x 的按位取反结果为 -(x+1)。~5 输出-6。

2.1.3 逻辑运算符

逻辑运算符用来对布尔值进行与、或、非等逻辑运算。其中，布尔“非”是单目运算符，布尔“与”和布尔“或”为双目运算符。逻辑运算符的操作数都应该是布尔值，如果是其他类型的值，则将其转换为布尔值进行运算。

or 是一个短路运算符，如果左操作数为 True，则跳过右操作数的计算，直接得出结果为左操作数的计算值。只有在左操作数为 False 时才会计算并返回右操作数的计算值。

and 也是一个短路运算符，如果左操作数为 False，则跳过右操作数的计算，直接得出结果为左操作数的计算值。只有在左操作数为 True 时才会计算并返回右操作数的计算值。

Python 中的逻辑运算符见表 2-1-3，其中 a 为 11，b 为 22。

表 2-1-3　逻辑运算符

运算符	描述	示例
and	逻辑与运算符。当且仅当两个操作数为真时返回右操作数的计算值，否则返回 0	a and b，返回 22
or	逻辑或运算符。当且仅当两个操作数中至少有一个为真时返回为真的操作数的计算值，否则返回 0	a or b，返回 11
not	逻辑非运算符。用于反转操作数的逻辑状态	not(a and b)，返回 False

【任务 2-6】 逻辑运算符示例。

示例代码如下：

```
'''
ch02-demo06.py
===============
逻辑运算符示例
'''

>>>a=11;b=22;print('a=11,b=22')                    #初始赋值
```

```
a=11,b=22
>>>print ('a and b =',a and b)
>>>print ('a or b=',a or b)
>>>print ('not (a and b)=',not(a and b))        #and、or、not 运算
a and b =22
a or b=11
not (a and b)=False
>>>a=0;b=22;print('a=0,b=22')                   #重新赋值
a=0,b=22
>>>print ('a and b ='a and b)
>>>print ('a or b=',a or b)
>>>print ('not (a and b)=',not(a and b))        #and、or、not 运算
a and b =0
a or b=22
not(a and b)=True
```

按位运算符和逻辑运算符用于布尔值运算时,按位 & 和逻辑 and 的运算效果一样,当符号左右两个值都为 True 时,返回结果 True,否则返回 False;按位|和逻辑 or 的运算效果一样,当符号左右两个值中有一个值为 True 时,返回结果 True,否则返回 False。

【任务 2-7】 逻辑运算符的使用。

示例代码如下:

```
'''
ch02-demo07.py
================
逻辑运算符的演示
'''

>>>True & True;True and True;                #按位 &、逻辑 and
True
True
>>True | False;True or False;                #按位 |、逻辑 or
True
True
>>>True&False;True and False;                #按位 &、逻辑 and
False
False
>>>False | False;False or False;             #按位 |、逻辑 or
False
False
```

2.1.4　关系运算符

关系运算符又称比较运算符,其作用是比较两个操作数的大小并返回一个布尔值,当两个数值的比较结果正确时返回 True,否则返回 False。比较运算符一般用于数值的比较,也可用于字符的比较。当操作数是字符串时,会将字符串自左向右逐个字符比较其 ASCII 值,直到出现不同的字符或字符串就结束。例如,字符串'comuter'>'compare'。常用的比较运算符见表 2-1-4。

表 2-1-4　常用的比较运算符

运算符	描述	示例
==	如果两个操作数的值相等,则返回 True,否则返回 False	3==2 返回 False
!=	如果两个操作数的值不等,则返回 True,否则返回 False	3!=2 返回 True
<>	与!=效果相同	3<>2 返回 True
>	如果左操作数大于右操作数,则返回 True,否则返回 False	3>2 返回 True
<	如果左操作数小于右操作数,则返回 True,否则返回 False	3<2 返回 False
>=	如果左操作数大于或等于右操作数,则返回 True,否则返回 False	3>=3 返回 True
<=	如果左操作数小于或等于右操作数,则返回 True,否则返回 False	2<=2 返回 True

在 Python 中,字符是符合 ASCII 编码的,每个字符都有属于自己的编码,字符的比较本质上是字符的 ASCII 值的比较。Python 提供了如下两个可以进行字符与 ASCII 值转换的函数。

(1) ord( ) 函数:将字符转换为对应的 ASCII 值。

(2) chr( ) 函数:将 ASCII 值转换为对应的字符。

【任务 2-8】　比较运算符的应用示例。

示例代码如下:

```
'''
ch02-demo08.py
===============
比较运算符的应用示例
'''
>>>1==2;1!=2                          #数值的比较
False
True
>>>print('a'='b','a'!='b')
>>>print('a'<'b','a'>'b')             #字母的比较
False True
True False
```

```
>>>print (ord('a'),ord('b'))          #查看字母对应的 ASCII 值
97  98
>>>print (chr(97),chr(98))            #查看 ASCII 值对应的字符
a  b
>>>'#'<'$'                            #符号的比较
True
```

注意:(1) 在 Python 中,也可以使用运算符"<>"来表示不等于,与"!="完全等价。但是 Python 的官方文档建议使用"!="的形式,"<>"被认为是废弃的。

(2) 比较是否相等要用双等号"==",而不是"=",这是初学者常犯的错误。

在比较过程中,遵循以下规则。

① 若两个操作数是数值型,则按大小进行比较。

② 若两个操作数是字符串型,则按"字典顺序"进行比较,即首先取两个字符串的第1个字符进行比较,较大的字符所在字符串更大;如果相同,则再取两个字符串的第2个字符进行比较,以此类推。结果有三种情况:第一种,某次比较分出胜负,较大的字符所在字符串更大;第二种,如果始终不分胜负,并且两个字符串同时取完所有字符,那么这两个字符串相等;第三种,如果在分出胜负前,一个字符串已经取完所有字符,那么这个较短的字符串较小。第三种情况也可以认为是空字符和其他字符比较,空字符总是最小。

常用字符的大小关系为:空字符<空格<'0'~'9'<'A'~'Z'<'a'~'z'<汉字。

比较浮点数是否相等时要注意:因为有精度误差,可能产生本应相等但比较结果却不相等的情况。例如:

```
>>>a=0.1+0.1+0.1
>>>a==0.3
False
>>>a
0.30000000000000004
```

我们可以用两个浮点数的差距小于一个极小值来判定是否"应该相等",这个"极小值"可以根据需要自行指定。例如:

```
>>>epsilon=1e-6
>>>abs(a-0.3)<epsilon
True
```

注意:(1) 复数不能比较大小,只能比较是否相等。

(2) Python 允许 x<y<z 这样的链式比较,它相当于 x<y 且 y<z。也可以用 x<y>z,相当于 x<y 且 y>z。

(3) 所有关系运算符的优先级相同。

2.1.5 赋值运算符

将一个值赋给一个变量的语句称为赋值语句。在 Python 中使用等号(=)作为赋值

运算符。一般而言,赋值语句的语法格式如下:变量=表达式。

赋值运算符右边的表达式可以是一个数字或字符串,也可以是一个已被定义的变量或一个复杂的式子。

【任务 2-9】 简单的赋值语句应用示例。

示例代码如下:

```
x=1                     #变量 x 赋值为整数 1
y=2.3                   #变量 y 赋值为浮点数 2.3
z=(1+2)*3               #变量 z 赋值为表达式的返回值
t=x+1                   #变量 t 赋值为变量 x 与 1 的和
```

需要引起注意的是,一个变量可以在赋值运算符两边同时使用,例如:x=2*x+1。在数学中,这看起来更像一个方程;但在 Python 中,这是一个合法的赋值语句,它表示将原有 x 的值乘 2 加 1 后重新赋值给 x,但在这条语句之前必须已经定义了 x 这个变量。

如果一个值被赋给多个变量,则可以连用多个赋值运算符。例如:x=y=z=1。

由于这条语句中的赋值运算符是从右向左结合的,这等价于以下三条语句。

```
z=1
y=z
x=y
```

在程序设计中,交换变量的值是使用赋值语句十分常见且基础的操作。假设程序中有两个变量 x 和 y,如何编写 Python 代码交换它们的值呢?下面的代码示例给出了一种最常见的写法,即引入一个临时变量。

```
x=1
y=2
temp=x                       #将 x 的值赋给临时变量 temp
x=y                          #将 y 的值交换给 x
y=temp                       #将存储了原 x 的值 temp 变量赋值给 y
```

除此之外,Python 还支持一种同时赋值的语法。

```
var1,var2,...,varn=exp1,exp2,...,expn
```

这一表达式是将赋值运算符右边的表达式的值同时赋给左边对应的变量。这一语法使得我们可以通过一条赋值语句完成交换两个变量值的工作。

```
x,y=y,x
```

由于赋值是同时的(至少语句表现出来的效果和同时的效果相同),因此两个值可以不需要临时变量的过渡就能完成交换。

增强型赋值运算符:使用赋值运算符时,经常会对某个变量的值进行修改并赋值给自身。例如:

```
x=x+1
```

Python 允许将某些双目运算符和赋值运算符结合使用来简化这一语法。例如,上面的赋值语句可以写为

```
x+=1
```

Python 中所有的增强型赋值运算符见表 2-1-5。需要注意的是,增强型赋值运算符的两个符号中间不能有空格,否则编译器会返回一条错误结果。

表 2-1-5 增强型赋值运算符

<table>
<tr><th>运算符</th><th>描述</th><th>实例</th></tr>
<tr><td>+=</td><td>加法赋值运算符</td><td>a+=b 等价于 a=a+b</td></tr>
<tr><td>-=</td><td>减法赋值运算符</td><td>a-=b 等价于 a=a-b</td></tr>
<tr><td>*=</td><td>乘法赋值运算符</td><td>a *=b 等价于 a=a * b</td></tr>
<tr><td>/=</td><td>除法赋值运算符</td><td>a/=b 等价于 a=a/b</td></tr>
<tr><td>//=</td><td>整除赋值运算符</td><td>a//=b 等价于 a=a//b</td></tr>
<tr><td>%=</td><td>求模赋值运算符</td><td>a%=b 等价于 a=a%b</td></tr>
<tr><td>**=</td><td>求幂赋值运算符</td><td>a **=b 等价于 a=a ** b</td></tr>
<tr><td>>>=</td><td>右移赋值运算符</td><td>a>>=b 等价于 a=a>>b</td></tr>
<tr><td><<=</td><td>左移赋值运算符</td><td>a<<=b 等价于 a=a<<b</td></tr>
<tr><td>&=</td><td>按位与赋值运算符</td><td>a&=b 等价于 a=a&b</td></tr>
<tr><td>|=</td><td>按位或赋值运算符</td><td>a|=b 等价于 a=a|b</td></tr>
<tr><td>^=</td><td>按位异或赋值运算符</td><td>a^=b 等价于 a=a^b</td></tr>
</table>

2.1.6 条件运算符

```
y= <表达式1> if <条件> else <表达式2>
```

计算顺序:先计算<条件>的值,如果这个值为 True,则计算<表达式 1>;如果这个值为 False,则计算<表达式 2>。

2.1.7 成员运算符

成员运算符的作用是判断某指定值是否存在于某一序列中,包括字符串、列表或元组。常用的成员运算符见表 2-1-6。

表 2-1-6　成员运算符

运算符	描述	示例
in	如果在指定的序列中找到值,则返回 True,否则返回 False	x in y,x 在 y 序列中,返回 True
not in	如果在指定的序列中没有找到值,则返回 True,否则返回 False	x not in y,x 不在 y 序列中,返回 True

【任务 2-10】　成员运算符的应用示例。

示例代码如下：

```
'''
ch02-demo10.py
===============
成员运算符的应用示例
'''
>>>List=[1,2,3.0,[4,5],'Python3']     #初始化列表 List
>>>1 in List                          #查看 1 是否在列表内
True
>>>[1] in List                        #查看[1]是否在列表内
False
>>>3 in List                          #查看 3 是否在列表内
True
>>>[4,5] in List                      #查看[4,5]是否在列表内
True
>>>'Python' in List                   #查看字符串'Python'是否在列表内
False
>>>'Python3' in List                  #查看字符串'Python3'是否在列表内
True
```

在成员运算中,对于成员的运算不仅包含值的大小,还包括类型的判断。通过代码可以看出,在 List 中 1 是数值,所以判断数值 1 是否属于 List 时返回 True;但是判断包含在列表中的数值 1 时,就返回结果 False,因为类型不匹配。另外,判断[4,5]是否属于 List 时,返回结果为 True,很明显是因为 List 中包含了该值。

2.1.8　身份运算符

身份运算符(表 2-1-7)用于比较两个对象的内存地址。

表 2-1-7　身份运算符

运算符	描述	示例
is	is 是判断两个标识符是否引用自一个对象	x is y,如果 id(x)等于 id(y),返回结果 1
is not	is not 是判断两个标识符是否引用自不同对象	x is not y,如果 id(x)不等于 id(y),返回结果 1

在身份运算中,内存地址相同的两个变量进行 is 运算时,返回 True;内存地址不同的两个变量进行 is not 运算时,返回 True。

【任务 2-11】 身份运算符的应用示例。

示例代码如下:

注意:当 a、b 获取一样的值时,实质上这两个变量也就获取了同样的内存地址。

```
'''
ch02-demo11.py
================
身份运算符的应用示例
'''
>>>a=11;b=11;print('a=11,b=11')            #初始化 a、b
a=11,b=11
>>>a is b;a is not b                       #身份运算
True
False
>>>id(a);id(b)                             #查看 id 地址
1347990912
1347990912
>>>a=11;b=22;print('a=11,b=22')            #重新赋值 b
a=11,b=22
>>>a is b;a is not b                       #身份运算
False
True
>>>id(a);id(b)                             #查看 id
1347990912
1347991264
```

2.1.9 运算符的优先级

在 Python 的应用中,通常运算的形式是表达式。表达式由运算符和操作数组成。比如 1+2 就是一个表达式,“+”是操作符,“1”和“2”是操作数。

一个表达式往往不只包含一个运算符,当一个表达式存在多个运算符时,各运算符的优先级从高到低排序见表 2-1-8,处于同一优先级的运算符则从左到右依次运算。

表 2-1-8 运算符的优先级

运算符	描述
**	幂(最高优先级)运算符
~、+、-	按位翻转,一元加号和减号
*、/、%、//	乘、除、取模和取整除
+、-	加法、减法
>>、<<	右移、左移运算符

续表

运算符	描述
&	按位与运算符
^、|	按位异或、按位或运算符
<=、<、>、>=	比较运算符
==、!=	等于、不等于运算符
=、%=、/=、//=、-=、+=、*=、**=	赋值运算符
is、is not	身份运算符
in、not in	成员运算符
not、or、and	逻辑运算符

对于表 2-1-8 第三行的“+”“-”，可以更简单地理解为，放在一个数值前面，标识该数值的正负属性。下面的代码展示了简单的表达式运算。

【任务 2-12】 简单的表达式运算示例。

示例代码如下：

```
'''
ch02-demo12.py
===============
简单的表达式运算示例
'''

>>>24+12/6**2*18
30.0
>>>24+12/(6**2)*18
30.0
>>>24+(12/(6**2))*18
30.0
>>>24+(12/6)**2*18
96.0
>>>(24+12)/6**2*18
18.0
>>>-4*5+3
-17
>>>4*-5+3
-17
```

【任务 2-13】 计算圆的周长和面积。

任务分析：本任务的具体实现过程可以参考如下操作。

(1) 使用算术运算符按要求构建计算圆形指定参数的表达式。

(2) 输入一个圆形的半径，通过表达式计算周长和面积。

(3) 输入一个圆形的周长,通过表达式计算半径和面积。

(4) 输入一个圆形的面积,通过表达式计算半径和周长。

(5) 关于公式中的常量 pi,这里取 3.14。

(6) round 函数可以指定保留小数的位数。

示例代码如下:

```
'''
ch02-demo13.py
==============
计算圆的面积和周长
'''

#任务实现
#-*-coding: utf-8-*-
'''
根据输入计算圆形的其他参数
关于圆形的相关计算公式参考正文
'''
pi=3.14                          #设置常量
#输入半径,求周长、面积
r=3                              #输入圆形的半径
C=2*pi*r                         #计算圆形的周长
S=pi*r**2                        #计算圆形的面积
print('半径为',r,'的圆形,其周长等于',C,';面积等于',S,'。')

#输入周长,求半径、面积
C=5                              #输入圆形的周长
r=C/(2*pi)                       #计算圆形的半径
S=pi*r**2                        #计算圆形的面积
print('周长为'+str(C)+'的圆形,其半径为'+str(r)+';面积等于'+str
(S)+'。')
#输入面积,求半径、周长
S=5                               #输入圆形的面积
r=round((S/pi)**0.5,2)            #计算圆形的半径,并保留两位小数
C=round(2*pi*r,2)                 #计算圆形的周长,并保留两位小数
str_print='面积为'+str(S)+'的圆形,其半径为'+str(r)+';周长等于'+
str(C)+'。'
print(str_print)
```

运行结果为

```
半径为 3 的圆形,其周长等于 18.84;面积等于 28.26。
周长为 5 的圆形,其半径为 0.7961783439490445;面积等于 1.9904。
面积为 5 的圆形,其半径为 1.26;周长等于 7.91。
```

2.2 常　量

在问题求解过程中,用符号化的方法来记录现实世界中的客观事实,这种符号化的表示称为数据(data)。数据有不同的表现形式,也具有不同的类型。在高级语言中,基本的数据形式有常量和变量。

计算机所处理的数据存放在内存单元中。机器语言或汇编语言通过内存单元的地址来访问内存单元,而在高级语言中,无需直接通过内存单元的地址,而只需给内存单元命名,以后通过内存单元的名字来访问内存单元。命名后的内存单元可以是常量或变量。

在程序运行过程中,其内存单元中存放的数据始终保持不变的数据对象称为常量(constant)。常量按其值的表示形式区分它的类型,主要包括数字常量和字符串常量。

2.2.1　数字常量

数字常量包含整型常量、实型常量(也称为浮点型常量)。

1. 整型(Integers)常量

整型常量即整数,不带小数点。Python 可以处理任意大小的整数,包括负整数。针对具体的编译系统环境,一般给整型常量分配相应的字节数,从而决定了数据的表示范围,如果超出该范围就会产生溢出错误。在 Python 3.x 中,整型常量的值在计算机中的表示不是固定长度的,只要内存许可,整数可以扩展到任意长度,整数的取值范围几乎包括了全部整数(无限大),这给大数据的计算带来便利。

Python 的整型常量有以下 4 种表示形式。

(1) 十进制整数:如 100、0、-12345 等。

(2) 十六进制整数:以 0X 或者 0x 作为前缀,用 0~9 和 A~F 作为基本的 16 个数字,如 0X10、0x5F、0xABCD 等。

(3) 八进制整数:以 0O 或者 0o 作为前缀,用 0~7 作为基本的 8 个数字,如 0o12、0o55、0O77 等。

(4) 二进制整数:以 0B 或者 0b 作为前缀,用 0 和 1 作为基本数字,如 0B111、0b101 等。

【任务 2-14】 演示 Python 中几种不同进制的整数以及长整数的使用方法。

示例代码如下:

```
'''
ch02-demo14.py
==============
演示 Python 中几种不同进制的整数以及长整数的使用方法。
'''

print 2016
print 0xffff
print 0O376
print 0b101101
```

输出结果为

```
2016
65535
254
44
```

实际上,Python 中的整数可分为普通整数和长整数。普通整数对应 C 语言中的 long 类型,其精度至少为 32 位,长整数具有无限的精度范围。当所创建的整数大小超过普通整数取值范围时将自动创建为长整型。

2. 浮点型(Float)常量

在 Python 中,浮点型用来表示实数,在绝大多数情况下用于表示小数。浮点数可以使用普通的教学写法,如 1.234、-3.14159、12.0 等。

对于特别大或者特别小的浮点数,可以使用科学记数法表示,如-1.23e11、3.2E-12 等。其中,e 或者 E 表示 10 的幂。因此,前面的两个例子可表示为 $-1.23 * 10^{11}$ 和 $3.2 * 10^{-12}$。

若用 64 位存储,表示的数据的范围为-1.7E+308~1.7E+308,提供大约 15 位的数据精度。

2.2.2 字符串常量

字符串是由字符组成的序列,使用单引号或双引号括起来,如'Hello World'、"16355547844"、"张三"等。

注意: 引号本身不是字符串的一部分,只是说明了字符串的范围。例如,字符串'ab'只包含 a 和 b 两个字符。使用''或""可以表示空字符串。

一个字符串使用哪种引号开头就必须以哪种引号结束。例如,字符串"I'm"包含了 I、'、m 三个字符,字符串的结束是双引号而非单引号。

通过在某些字符前加上转义字符(\)可以表示特别的含义,还可用来表示一些特殊的字符,如\n 表示换行符,即一行的结束。Python 中常用的转义字符见表 2-2-1。

表 2-2-1 Python 中常用的转义字符

转义字符	名称	ASCII 值
\b	退格符	8
\t	制表符	9
\n	换行符	10
\f	换页符	12
\r	回车符	13
\\	反斜线	92
\′	单引号	39
\″	双引号	34

如果字符串中有许多字符需要转义,就需要添加很多反斜杠,这就会降低字符串的可读性。Python 可以使用 r 或者 R 加在引号前表示内部的字符默认不转义。例如,字符串 r″a\tb″中的\t 将不再转义,其表示反斜杠字符和 t 字符。

另外,Python 还提供了一种特殊的符号——′′′,可以接受多行内容,也可以直接打印出字符串中无歧义的引号。

【任务 2-15】 演示 Python 中字符串及转义字符的使用方式。

示例代码如下:

```
'''
ch02-demo15.py
===============
演示 Python 中字符串及转义字符的使用方式。
'''
# -*- coding: utf-8 -*-
print 'Hello World'
print "Python"
print "He's good"
print 'He\'s good'
print "a\tb\nc\td"
print r"a\tb"
print '''abc
def'''
```

输出结果为

```
Hello World
Python
He's good
He's good
```

```
a b
c d
a\tb
abc
def
```

2.2.3 字符串索引

字符串索引分为正索引和负索引,通常说的索引就是指正索引。在 Python 中,索引是以 0 开始的,也就是第一个字母的索引是 0,第二个索引是 1,以此类推。很明显,正索引是从左到右去标记字母的;负索引是从右到左去标记字母的,然后加上一个负号(-)。负索引的第一个值是-1,而不是-0,如果负索引的第一个值是 0,那么就会导致 0 索引指向两个值,这种情况是不允许的。

2.2.4 字符串的基本操作

Python 对于字符串的操作还是比较灵活的,包括字符提取、字符串切片、字符串拼接等。

1. 提取指定位置的字符

Python 中只需要在变量后面使用方括号([ ])将需要提取的字符索引括起来,就可以提取指定位置的字符。

【任务 2-16】 提取指定位置的字符。

示例代码如下:

```
'''
ch02-demo16.py
===============
提取指定位置的字符
'''

>>>word='Python'
>>>word[1]
'y'
>>>word[0]
'P'
>>>word[-1]
'n'
```

2. 字符串切片

字符串切片就是截取字符串的片段,形成子字符串。字符串切片的方式形如 s[i:j],其中 s 代表字符串,i 表示截取字符串的开始索引,j 代表结束索引。需要注意的是,在截取子字符串时将包含起始字符,但不包含结束字符,这是一个半开半闭区间。Python 中的字符串切片功能非常强大,它提供了一些默认值来简化常见的操作。省略第 1 个索引,默认为 0;省略第 2 个索引,默认为切片字符串的长度。

【任务 2-17】 字符串切片。

示例代码如下:

```
'''
ch02-demo17.py
===============
字符串切片
'''

>>>word[0:3]
'Pyth'
>>>word[:3]
'Pyth'
>>>word[4:]
'on'
```

事实上,对于这种没有意义的切片索引,Python 会进行如下处理:当第 2 个索引越界时,将被切片字符串实际长度替代;当第 1 个索引大于字符串实际长度时,返回空字符串;当第 1 个索引值大于第 2 个索引值时,也返回空字符串。

【任务 2-18】 字符串实际长度与索引演示案例。

示例代码如下:

```
'''
ch02-demo18.py
===============
字符串实际长度与索引演示案例
'''
>>>word[3:52]                    #第 2 个索引越界
'hon'
>>>word[52:]                     #第 1 个索引超出字符串长度
''
>>>word[-1:3]                    #第 1 个索引为负,第 2 个索引正常
''
>>>word[5:3]                     #第 1 个索引大于第 2 个索引
''
```

Python 中,字符串是不可以更改的,所以,如果给指定位置的字符重新赋值,将会出错,示例代码如下:

```
>>>word[0]='p'                   #字符不可被修改
Traceback(most recent call last):

File"<stdin>",line 1,in <module>
```

```
word[0]='p'

TypeError: 'str'object does not support item assignment
```

3. 字符串拼接

如果要修改字符串,最好的办法是重新创建一个。如果只需要改变其中的小部分字符,可以使用字符串拼接的方法。

字符串拼接时,可以使用加号(+)将两个字符串拼接起来,使用星号(*)表示重复。另外,相邻的两个字符串文本是会自动拼接在一起的。

【任务 2-19】 字符串拼接演示案例。

示例代码如下:

```
'''
ch02-demo19.py
===============
字符串拼接演示案例
'''
>>>'Python is'+3 *'good'                    #加号拼接字符串
'Python is good good good'

>>>'Python is''good'                        #相邻字符串自然拼接
'Python is good'
```

如果要将字符串"Life is short, you need something."修改成"Life is short, you need Python.",实现代码如下:

```
'''
如果要将字符串"Life is short,you need something."修改成"Life is
short,you need Python.",实现代码如下。
===============
字符串拼接演示案例
'''
>>>sentence ='Life is short,you need something.'
>>>sentence[:23]+'Python.'
```

【任务 2-20】 综合实践任务。

任务分析:本任务的具体实现过程可以参考如下操作。

(1) 字符串"Apple's unit price is 9 yuan."中含有单引号('),使用反斜杠(\)进行转义。

(2) 直接使用方括号([ ])提取字符串中指定位置的字符。

(3) 使用 type()函数查看数据类型。

(4) 使用 int()函数将数据转换成整型。

示例代码如下:

```
'''
ch02-demo20.py
==============
综合实践任务
'''
 * -coding: utf8- *
applePricestr= 'Apple\'s unit price is 9 yuan.'       #提取数值
applePrice=applePricestr[22]
print('提取了苹果的单价为：',applePrice'。此刻它的数据类型为：',type
(applePrice))
applePrice=int (applePrice)
print('转换数据类型后：',type(applePrice))              #字符转数值
```

除了整数和浮点数之外，Python 也提供了复数(Complex)作为其内置类型之一。复数是由实部和虚部组成，如 3+4j、3.1+4.1j，其中加号左边的数为实部，加号右边的为虚部，用后缀 j 表示。

布尔值即真(True)或假(False)。在 Python 中，可以直接使用 True 或 False 表示布尔值。当把其他类型转换成布尔值时，值为 0 的数字(包括整型 0、浮点型 0.0 等)、空字符串、空值(None)、空集合被认为是 False，其他值均被认为是 True。

空值是 Python 中的一个特殊的值，用 None 来表示。

2.3 变　量

为了更好地理解变量，我们首先探讨程序与数据在内存中的存储。程序加载到内存后，变量和指令均需占用空间。计算机通过内存地址定位指令及数据。内存是由连续编号的字节组成的，每个字节都有唯一地址，类似于大楼中房间的编号。这使得通过地址访问内存变成可能。

在高级语言中，变量代表一段特定的内存区域，可通过名称访问。不同于汇编或机器语言要求直接管理内存地址，高级语言允许开发者仅通过变量名操作内存，简化了编程过程。变量具有名称、值和地址三个特性，其中地址在编译时确定。程序员无须关注实际的内存地址，仅需使用变量名进行操作。

变量用于存储数据，其值可在程序运行时更改。通过标识符和运算符，我们可以轻松地创建、修改和使用变量来处理信息。这种机制不仅简化了内存管理，还增强了代码的可读性和可维护性。

2.3.1　变量的命名

标识符是用来标识变量的名称。变量命名语法：

```
<变量名> = <数据>
```

标识符在机器语言中是一个被允许作为名字的有效字符串，Python 中的标识符主要用在变量、函数、类、模块、对象等的命名中。在 Python 中，命名标识符需要遵循以下规则。

(1) 标识符可以由字母、数字以及下划线组成。

(2) 标识符的第一个字符可以是字母或下划线，但不能以数字开头。

(3) 标识符不能与 Python 的关键字重名。

(4) 标识符是大小写敏感的。例如，xyz 和 Xyz 指的不是同一个变量。

例如，ahc、name、_myvar 等都是合法的标识符，而下列例子均不符合标识符的命名规则，因此都不是合法的标识符。

(1) 1abc：标识符不能以数字开头。

(2) xy#z：标识符中不能有特殊字符#。

(3) Li Hua：标识符中不能有空格。

(4) if：标识符不能与关键字重名。

注意：在 Python 语言的命名规则中，汉字算是字母。例如：成绩=98(可以有，但不建议)。

【任务 2-21】 查看关键字。

示例代码如下：

```
'''
ch02-demo21.py
==============
查看关键字
'''
>>>import keyword
>>>keyword.is keyword("and")          #查看 and 是否为关键字
>>>keyword.kwlist                     #查看 Python 中的所有关键字
['False','None','True','and','as','assert','break','class','contin-
ue','def','del','elif','else','except','finally','for','from','global',
'if','import','in','is','lambda','nonlocal','not','or','pass','raise',
'return','try','whole','with','yield']
```

变量的命名须严格遵守标识符的规则。Python 中还有一类非关键字的特殊字符串，如内置函数名，这些字符串具有某种特殊功能，虽然用于变量名时不会出错，但会造成相应的功能丧失。如 len 函数可以用来返回字符串长度，但是一旦用来作为变量名，其就失去了返回字符串长度的功能。因此，在取变量名时，不仅要避免 Python 中的关键字，还要避开具有特殊作用的非关键字，以避免出现一些不必要的错误。

【任务 2-22】 内存空间的变化。

示例代码如下：

```
'''
ch02-demo22.py
==============
内存空间的变化
'''
>>>import keyword                              #加载 keyword 库
>>>keyword.is keyword ("and")                  #判断 and 是否为关键字
TRUE
>>>and="我是关键字"                             #以关键字作为变量名
File"<stdin>",line 1
and='我是关键字,
SyntaxError: invalid syntax
>>>strExample="我是一个字符串"                  #创建一个字符串变量
>>>len (strExample)                            #使用 len 函数查看字符串长度
>>>len="特殊字符串命名"                         #使用 len 作为变量名
>>>len                                         #特殊字符串命名
>>>len(strExample)                             #len 函数查看字符串长度出错
Traceback(most recent call last):
File"<stdin>",line1,in <module>
TypeError: 'str' object is not callable
```

如果在一段代码中有大量变量名,而且这些变量没有错,只是取名都很随意,风格不一,这样在解读代码时就会出现一些混淆。下面介绍几种命名方法。

(1) 大驼峰(upper camel case)。所有单词的首字母都是大写,如“MyName”“YourFamily”等。大驼峰命名法一般用于类的命名。

(2) 小驼峰(lower camel case)。第一个单词的首字母为小写字母,其余单词的首字母都采用大写字母,如“myName”“yourFamily”等。小驼峰命名法用在函数名和变量名中的情况比较多。

(3) 下划线(_)分隔。首个单词用小写字母,中间用下划线(_)分隔后,单词的首字母为大写字母,如“my_Name”“your Family”等。

对于要使用哪种方法对变量命名,并没有统一的说法,重要的是一旦选择了一种命名方法,在后续的程序编写过程中一定要保持风格一致。

程序调试是将写好的程序投入实际运行前,用手工或编译程序等方法进行测试,进而修正语法错误和逻辑错误的过程。这是保证计算机信息系统正确性的必不可少的步骤。写完计算机程序,必须送入计算机中进行测试,然后根据测试时所发现的错误进一步诊断,找出原因和具体的位置并进行修正。

Python 代码可以使用 pdb(Python 自带的包)调试、Python IDE 调试(如 PyCharm)、日志功能等进行调试。接下来介绍对于一些简单的错误怎么调试修改,代码如下所示。

【任务 2-23】 语法错误示例。

示例代码如下:

```
'''
ch02-demo23.py
==============
语法错误示例
'''
>>>print "Hello,World!"                  #缺少括号
SyntaxError: invalid syntax
>>>print (‘Hello,World!’)                #引号为中文引号
SyntaxError: invalid character in identifier
>>>print ('Hello,World!)             #括号为中文括号
SyntaxError: invalid character in identifier
```

任务2-23中的错误都是语法错误，第一行代码在Python 2中是可以正确运行的，但是在Python 3中并不能正确运行；后面的两行代码均是因为使用了中文格式符号导致了出错，编写代码一般使用英文输入。当然这只是简单的打印出来并查看错误，还有其他很多调试代码的方法，可以参考其他相关内容进行了解。

2.3.2 变量的创建

Python是一种动态类型语言，因此变量不需要显式地声明其数据类型。在Python中，所有的数据都被抽象为"对象"，变量通过赋值语句来指向对象，变量赋值的过程就是将变量与对象关联起来的过程。当变量被重新赋值时，不是修改对象的值，而是创建一个新的对象并用变量与它关联起来。因此，Python中的变量可以被反复赋值成不同的数据类型。与C语言等强类型语言不同，Python中的变量不需要声明，变量会在第一次赋值时被创建。

Python基础变量主要有字符型和数值型两种，数值型变量又可分为整数、浮点数、布尔值。创建变量时不需要声明数据类型，Python能够自动识别数据类型。例如，若创建字符串变量"Apple′s unit price is 9 yuan."，并把其中的数值提取出来，转换成整型(int)数据，则具体任务分析如下：

(1) 创建一个字符串变量"Apple′s unit price is 9 yuan."。

(2) 提取出其中的数字9并赋值给新的变量。

(3) 查看新变量的数据类型。

(4) 将提取的数字9转换成整型。

(5) 确认数据类型是否转换成功。

在Python中，变量不需要提前声明，创建时直接对其赋值即可，变量类型由赋给变量的值决定。值得注意的是，一旦创建了一个变量，就需要给该变量赋值。

通俗来讲，变量好比一个标签，指向内存空间的一个特定的地址。创建一个变量时，在计算机的内存中，系统会自动给该变量分配一块内存，用于存放变量值，如图2-3-1所示。

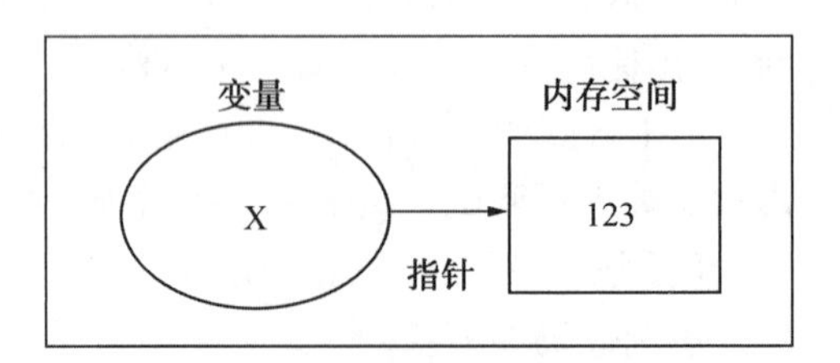

图2-3-1 变量存储示意图

通过id函数可以具体查看创建变量和变

量重新赋值时内存空间的变化过程。

【任务 2-24】 查看内存空间的变化。

示例代码如下：

```
'''
ch02-demo24.py
===============
查看内存空间的变化
'''

>>>x=4
>>>id(x)                    #查看变量x指向的内存地址
30834096L
>>>y=x                      #将变量x重新赋给另一个新变量y
>>>id(y)
30834096L
>>>x=2                      #对变量x重新赋值
>>>x,y                      #同时输出变量x和变量y的值
(2,4)
>>>id(x)
30834144L
>>>id(y)
30834096L
```

从任务 2-24 中可以直观地看出，一个变量在初次赋值时就会获得一块内存空间来存放变量值。当变量 y 等于变量 x 时，其实是一种内存地址的传递，变量 y 获得的是存储变量 x 值的内存地址，所以当变量 x 改变时，变量 y 并不会发生改变。另外，还可以看出，变量 x 的值改变时，系统会重新分配另一块内存空间存放新的变量值。

要创建一个变量，首先需要一个变量名和变量值（数据），然后通过赋值语句将值赋给变量。

2.3.3 变量的赋值

变量值就是赋给变量的数据，Python 中有 6 个标准的数据类型，分别为数字、字符串、列表、元组、字典、集合。其中，列表、元组、字典、集合属于复合数据类型。

在 Python 中使用等号（=）表示赋值。

最简单的变量赋值就是把一个变量值赋给一个变量名，只需要用等号（=）就可以实现，如 a=1 表示将整数 1 赋给变量 a。

【任务 2-25】 Python 中变量赋值的方法演示。

示例代码如下：

```
'''
ch02-demo25.py
===============
Python 中变量赋值的方法演示
'''
a=1
print a
b=a
print b
a='ABC'
print a
print b
```

运行结果为

```
1
1
ABC
1
```

在上面的例子中,变量的创建和赋值过程如图 2-3-2 所示。在执行代码第 1 行时,程序首先创建变量 a,在内存中创建值为 1 的整型对象并将 a 指向这一区域。在执行第 3 行时,程序将创建变量 b 并指向变量 a 所指向的内存区域。在执行第 5 行时,程序将在内存中创建字符串'ABC'并将变量 a 重新指向这一区域。

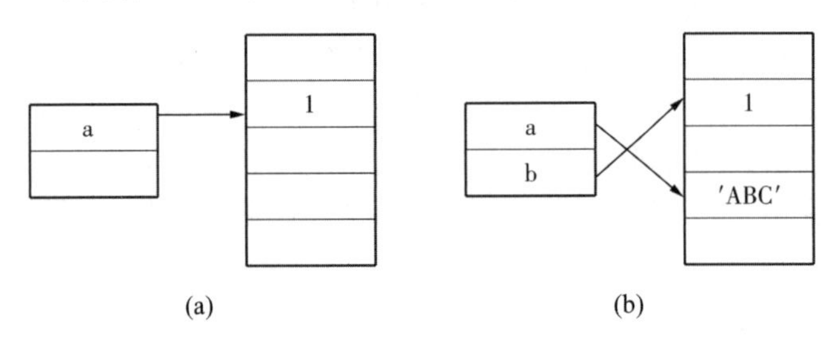

图 2-3-2 变量赋值过程

【任务 2-26】 将一个值同时赋给多个变量。

示例代码如下:

```
'''
ch02-demo26.py
===============
将一个值同时赋给多个变量
'''
a=b=c=1
print a
```

```
print b
print c
```

运行结果为

```
1
1
1
```

上面的代码展示了将数字 1 同时赋给变量 a、b、c。如果要将数字 1、2 和字符串"abc"分别赋给变量 a、b、c，就需使用逗号隔开，代码如下：

```
a,b,c=1,2,"abc"
print a
print b
print c
```

运行结果为

```
1
2
abc
```

在程序中，还有一些一旦被初始化之后就不能被改变的量，它们被称为常量。Python 并没有提供常量的关键字，人们一般使用全部大写的变量名来表示常量。例如：PI = 3.1415926535898。实际上，这种表示常量的方式只是一种约定俗成的用法，PI 仍是一个变量，Python 仍然允许其值被修改。

2.3.4　数值型变量的相互转化

Python 3.x 支持的数值型数据类型有 int、float、bool、complex。在 Python 中可以实现数值型数据类型的转换，使用的内置函数有 int()、float()、bool()、complex()。int()函数转换代码如下。

【任务 2-27】　数值型变量间的相互转化。

示例代码如下：

```
'''
ch02-demo27.py
===============
数值型变量间的相互转化
'''
>>>int(1.56);int(0.156);int(-1.56);int()        #浮点数转整数
1
0
```

```
-1
0
>>>int(True);int (False)                    #布尔型转整数
1
0
>>int(1+23j)                                #复数转整数
Traceback(most recent call last):
File"<stdin>",line 1,in <module>
TypeError: can't convert complex to int
```

上面代码的结果都很简单。首先看浮点数转整数的运行结果：浮点数转换成整数的过程中，只是简单地将小数部分剔除，保留整数部分，int 空的结果为 0；布尔型转整数时，bool 值 True 被转换成整数 1，False 被转换成整数 0；复数无法转换成整数。

【任务 2-28】 bool( )函数转换。

示例代码如下：

```
'''
ch02-demo28.py
===============
bool 函数转换
'''
>>>bool(1);bool(2);bool(0)                  #整数转布尔型
True
True
False
>>>bool(1.0);bool(2.3);bool(0.0)            #浮点数转布尔型
True
True
False
>>>bool(1+23j);bool(23j)                    #复数转布尔型
True
True                                        #各种类型的空值转布尔型
>>>bool();bool("");bool([]);bool(());bool({})
False
False
False
False
False
```

从整数、浮点数、复数转布尔型的结果可以总结出一个规律：非 0 数值转布尔型都为 True，数值 0 转布尔型为 False。此外，用 bool( )函数分别对空、空字符、空列表、空元组、空字典（或者集合）进行转换时结果都为空；如果是非空，结果是 True（除去非 0 数值的情况）。

Python 是强类型语言。当一个变量被赋值为一个对象后，这个对象的类型就固定了，不能隐式转换成另一种类型。当运算需要时,必须使用显式的变量类型转换。例如,input( )函数所获得的输入值总是字符串,有时需要将其转换为数值类型方能进行算术运算。示例代码如下:

```
>>>x=input('请输入一个整数:')
>>>int(x)
1
>>>x
'1'
```

变量的类型转换并不是对变量原地进行修改,而是产生一个新的预期类型的对象。Python 以转换目标类型名称提供类型转换内置函数。

1. float( )函数

将其他类型数据转换为浮点数,例如:

```
>>>float(1)
1.0
>>>float('1.23')
1.23
>>>float('1.2e-3')
0.0012
>>>float('1.2e-5')
1.2e-05
```

2. str( )函数

将其他类型数据转换为字符串,例如:

```
>>>str(1)
>>>str(-1.0)
>>>str(1.2e-3)
>>>str(1.2e-5)
>>>str(1.0e-5)
```

3. int( )函数

将其他类型数据转换为整数,例如:

```
>>>int(3.14)
3
>>>int(3.5)
3
>>>int(True)
1
>>>int(False)
0
```

```
>>>int('3')
3
>>>int('3.5')                          #有的字符串不能直接转换为整数
Traceback(most recent call last):
File"<pyshell#51>",line 1,in <module>
int('3.5')
ValueError: invalid literal for int (with base 10: '3.5')
>>int(float('3.5'))                    #应该两步转换
```

4. round( )函数

将浮点型数值圆整为整数,例如:

```
>>>round(1.4)
1
>>>round(1.5)
2
>>>round(2.5)
2
```

圆整计算总是"四舍",但并不一定总是"五入"。因为总是逢五向上圆整会带来计算概率的偏差。所以,Python采用的是"银行家圆整":将小数部分为.5的数字圆整到最接近的偶数,即"四舍六入五留双"。

5. bool( )函数

将其他类型转换为布尔类型,例如:

```
>>>bool(0)                    #0 转换为 False
False
>>>bool(-1)                   #所有非 0 值转换为 True
True
>>>bool('a')                  #非空字符串转换为 True
True
>>>bool('')                   #空字符串转换为 False
False
```

6. chr( )函数和ord( )函数

进行整数和字符之间的相互转换:chr( )函数将一个整数按ASCII值转换为对应的字符,ord( )函数是chr( )函数的逆运算,把字符转换成对应的ASCII值或Unicode值。例如:

```
>>>chr(65)
'A'
>>>ord('a')
97
```

2.3.5　删除变量

使用 del 命令可以删除一个对象（包括变量、函数等），删除之后就不能再访问这个对象了，因为它已经不存在了。当然，也可以通过再次赋值重新定义变量。

变量是否存在，取决于变量是否占据一定的内存空间。当定义变量时，操作系统将内存空间分配给变量，该变量就存在了。当使用 del 命令删除变量后，操作系统释放了变量的内存空间，该变量也就不存在了。

Python 具有垃圾回收机制，当一个对象的内存空间不再使用（这个对象的引用计数为 0）后，这个内存空间就会被自动释放。所以 Python 不会像 C 语言那样发生内存泄漏而导致内存不足甚至系统死机的现象，Python 的垃圾空间回收是系统自动完成的，而 del 命令相当于程序主动地进行空间释放，将其归还给操作系统。

Python 的变量实质是引用，其逻辑如图 2-3-3 所示。

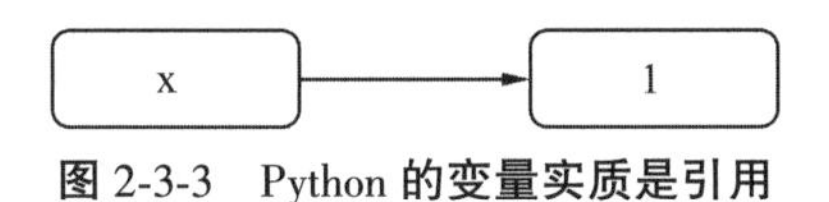

图 2-3-3　Python 的变量实质是引用

2.3.6　变量修改赋值

Python 变量可以通过赋值来修改变量的“值”，但并不是原地址修改。例如，变量 x 先被赋值为 1，然后又被赋值为 1.5 之后的逻辑如图 2-3-4 所示。

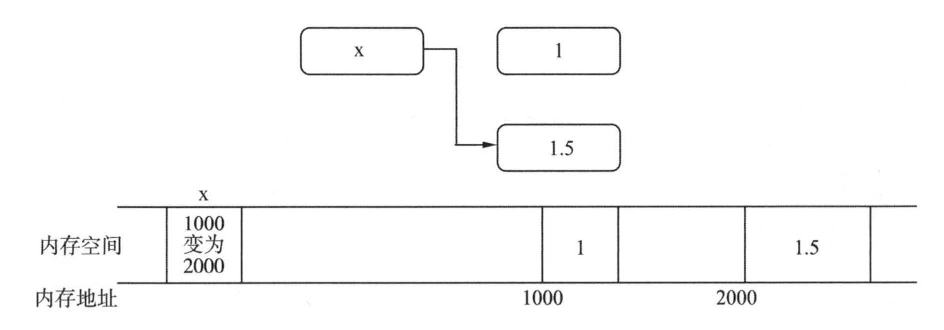

图 2-3-4　变量修改赋值

由图 2-3-4 可见，并不是 x 的值由 1 变成了 1.5，而是另外开辟了一个地址空间存储对象，让 x 指向它。变量的值并不是直接存储在变量中，而是以“值”对象的形式存储在内存某地址中。我们可以说变量指向那个“值”对象。因此，Python 变量中存放的实际是“值”对象的位置信息（内存地址）。这种通过地址间接访问对象数据的方式，称为引用。

使用 id( ) 函数可以确切地知道变量引用的内存地址，使用运算符 is 可以判断两个变量是否引用同一个对象。

【任务 2-29】　id( ) 函数的使用。

示例代码如下：

```
'''
ch02-demo29.py
===============
id()函数的使用
'''
>>>x=1
>>>id(x)                #使用 id()查看 x 引用的内存地址
1559482096
>>>x=2
>>>id(x)                #再次查看,发现 x 引用的地址变了
1559482128
>>>y=2
>>>id(y)                #发现 y 和 x 引用同一地址
1559482128
>>>x='Hello'
>>>y='Hello'
>>>x is y               #利用运算符 is 可以判断两个变量是否引用同一个对象
True
```

显然,x 和 y 都赋值为相同的小整数或者短字符串时,两个变量所引用的是同一个对象,这也被称为"驻留机制"。这是 Python 为提高效率所做的优化,节省了频繁创建和销毁对象的时间,也节省了存储空间。但是,当两个变量赋值为相同的大整数或者长字符串时,默认引用的是两个不同的对象,例如:

```
'''
当两个变量赋值为相同的大整数或者长字符串时,默认引用的是两个不同的对象
'''
>>>x=10**1000
>>>y=10**1000
>>>x is y
False
>>>x='Good morning.'
>>>y='Good morning.'
>>>x is y
False
```

我们可以利用变量之间的赋值来让两个变量引用相同的对象。例如:

```
>>>y=x
>>>x is y
True
```

2.4　输入函数

输入/输出是程序中非常重要的一部分,程序通过输入和输出来与用户进行交互。除了将程序的结果打印到控制台外,程序有时也需要接收来自用户的输入作为某些变量的值。Python 2.x 提供了两个内置函数来接收用户的控制台输入,即 raw_input( ) 函数和 input( ) 函数。Python 3.x 只提供了 input( ) 函数来接收用户在控制台上的输入,但其用法相当于 Python 2.x 中的 raw_input( ) 函数,即返回字符串类型作为结果。

2.4.1　eval( ) 函数

在介绍 raw_input( ) 函数之前,需要先介绍一个内置函数——eval( ) 函数。eval( ) 函数可接收一个字符串参数,并将该参数作为 Python 表达式来演算,返回值是被演算的表达式的结果。示例代码 ch02-demo30.py 演示了 eval( ) 函数的使用方法。

【任务 2-30】　eval 函数( )的使用。

示例代码如下:

```
'''
ch02-demo30.py
===============
eval()函数的使用
'''
import math
x=3
print 'x+1'
print eval('x+1')
print 'math.pi * 2'
print eval('math.pi * 2')
```

输出结果为

```
x+1
4
math.pi * 2
6.28318530718
```

2.4.2　raw_input( ) 函数

raw_input( ) 函数接收用户的控制台输入并将输入作为字符串返回(去掉末尾的换行符)。raw_input( ) 函数有一个可选参数,如果该参数存在,则会先输出该参数再接收用户的输入。例如:

```
raw_string=raw_input('Please input here: ')
```

这条语句将在控制台输出字符串“Please input here：”，然后准备接收用户的输入。

由于 raw_input( ) 函数返回的是字符串，可能需要程序进行类型转换之后再进行操作。我们可以使用内置类型转换函数进行转换，有时也可以借助 eval( ) 函数实现转换。

【任务 2-31】 使用 raw_input( ) 函数处理输入。

示例代码如下：

```
'''
ch02-demo31.py
===============
使用 raw_input()函数处理输入
'''

number1=int(raw_input("Please input an integer: "))
number2=eval(raw_input("Please input another integer: "))
number3,number4,number5 = eval(raw_input("Please input three integers: "))

sum=number1+number2+number3+number4+number5
print "The sum of these 5 integers is",sum
```

输出结果为

```
Please input an integer: 1

Please input another integer: 2

Please input three integers: 3,4,5

The sum of these 5 integers is 15
```

本例代码第 1 行和第 2 行语句分别使用内置函数 int( ) 和 eval( ) 将 raw_input( ) 的返回结果转换为整型，在此例中达到的效果一样。在代码第 3 行中，raw_input 函数接收由逗号分隔的三个整数作为输入，通过 eval( ) 函数转换为 Python 表达式后，和赋值运算符的前半部分构成了同时赋值的语法，相当于同时输入了三个整数。

此外，Python 2. x 还提供了 input( ) 函数。input( ) 函数也有一个可选参数，同样用于输出到控制台。input( ) 函数等同于 eval(raw_input( ))。在 Python 官方文档中，更推荐使用 raw_input( ) 函数。

实际上，用户的输入完全有可能不是预期的类型或者出现某种错误。因此，当对 raw_input( ) 函数的返回值进行类型转换或使用 input( ) 函数直接接收输入时，不当的输入会使程序出现错误并终止运行。后续将介绍如何处理这些错误以使程序继续运行。

2.4.3 input( ) 函数

input( ) 函数的一般格式如下：

```
x= input('字符串')
```

x 得到的是一个字符串。

2.5　输出函数及格式化

输出语句可以将程序的运行结果显示在输出设备上,供用户查看。标准输出设备就是显示器屏幕。一般格式为

```
print(<输出值 1>[,<输出值 2>,…,<输出值 n>,sep=',',end='\n'])
```

可以指定输出对象间的分隔符、结束标志符、输出文件。print()函数在处理各种数据的过程中,经常会把一系列的数据组合到一个包含各种信息的字符串中;通过 print()函数可以将多个输出值转换为字符串并输出,这些值之间以 sep 分隔,最后以 end 结束。sep 默认为空格,end 默认为换行。如果缺省这些值(默认值),分隔符为空格,结束标志符是换行,输出目标是显示器。

【任务 2-32】 输出语句示例。

示例代码如下:

```
'''
ch02-demo32.py
===============
print()函数
'''
print ('abc',123)
x=1.5
x
print (x)
```

运行程序,输出结果为

```
abc 123
1.5
```

上述两行输出是两个 print()函数执行的结果。本例代码第 3 条语句中的 x 并没有任何输出,这说明只有在命令提示符>>>后面检查某个变量或表达式的值,才能看到输出显示。而如果是在.py 程序运行的模式下,必须使用 print()函数才会有输出显示。第 1 行屏幕输出结果"abc 123",是由本例代码第 1 条语句 print('abc',123)输出的。我们可以看出,两个输出项之间自动添加了空格,这是因为 print()函数的参数 sep 默认值为空格。如果希望输出项之间是逗号,则可以把本例代码第 1 条语句改为

```
print ('abc',123,sep=',')
```

本例代码第4条语句print(x)的输出结果是另起一行输出1.5。这是因为print()函数的参数end默认值为换行符('\n'),所以在第1行输出之后自动添加了一个换行符。如果不需要换行,可以将下一个print()函数的输出字符串直接连在其后,也可使用end=''。如果希望不换行而是加一个逗号,则可以把第1条语句改为

```
print ('abc',123,sep=',',end=',')
```

修改后的程序运行输出结果为

```
abc,123,1.5
```

Python的print()函数中还可以使用字符串格式化控制输出形式。字符串格式化的一般形式为

```
format_string % obj
```

其把对象obj按格式要求转换为字符串。常见格式字符见表2-5-1。

表2-5-1 常见格式字符

格式字符	含义	示例
%s	输出字符串(使用str()方法转换任何Python对象)	"%s %s %s"%("hello",3, 3.1415)返回'hello 3 3.1415'
%d	输出十进制整数	"%s %d %d"%("hello", 3, 3.1415)返回'hello 3 3'
%[width][.precision]f	输出浮点数,长度为width,小数点后precision位。width默认为0,precision默认为6	'%f' % 3.14 返回'3.140000' '%.1f' % 3.14 返回'3.1' '%.2f' % 3.14 返回'3.14' '%4.3f'%1.23456 返回'1.235'
%c	输出字符串chr(num)	'%c'%65 返回'A'
%o	以无符号的八进制格式输出	'%o'%10 返回'12'
%x	以无符号的十六进制格式输出	'%x'%10 返回'A'
%e	以科学记数法格式输出	'%e'%10 返回'1.000000e+01'

例如,语句

```
>>>print ("我的名字是%s"% "张三")
```

执行后的输出结果为“我的名字是张三”,即%s的位置用“张三”代替。如果需要在字符串中通过格式字符输出多个值,则将每个对应值存放在一对圆括号()中,值与值之间使用英文逗号隔开。例如:

```
>>>print ("%s 的年龄是%d"% ("张三",20))
```

表2-5-2列出了一些格式化辅助命令,可以进一步规范输出的格式。

表 2-5-2 格式化辅助命令

符号	作用
m	定义输出的宽度,如果变量值的输出宽度超过 m,则按实际宽度输出
-	在指定的宽度内输出值左对齐(默认为右对齐)
+	在输出的正数前面显示“+”号(默认为不输出“+”号)
#	在输出的八进制数前面添加“0o”,在输出的十六进制数前面添加“0x”或“0X”
0	在指定的宽度内输出值时,左边的空格位置以 0 填充
m.n	对于浮点数,指输出时小数点后保留的位数(四舍五入);对于字符串,指输出字符串的前 n 位

```
>>>test=5000
#输出宽度为 6,结果为 5000(前面有两个空格,右对齐)
>>>print("%6d"% test)
#输出宽度为 2,但 test 值宽度为 4,按实际输出,结果为 5000
>>>print("%2d"% test)
#输出宽度为 6,结果为 5000(后面两个空格,左对齐)
>>>print("-6d"% test)
#输出宽度为 6,结果为+5000(前面一个空格,右对齐)
>>>print("%+6d"% test)
#输出宽度为 6,结果为 005000(前面两个 0,空格改为 0)
>>>print("%06d"% test)
#以八进制数形式输出,前面添加"0o",结果为 0o11610
>>>print("%#o"% test)
#以十六进制数形式输出,前面添加"0x",结果为 0x1388
>>>print("%#x"% test)
```

m.n 格式常用于浮点数格式、科学记数法格式以及字符串格式的输出。对于前两种格式而言,%m.nf、%m.nx 或%m.nX 指输出的总宽度为 m(可以省略),小数点后面保留 n 位(四舍五入)。如果变量值的总宽度超出 m,则按实际输出。%m.ns 指输出字符串的总宽度为 m,输出前 n 个字符,前面补 m-n 个空格。

例如:

```
>>>test=128.3656
#按实际宽度输出,小数点后面保留 1 位,结果为 128.4
>>>print("%3.1f"% test)
#输出宽度为 6,小数点后面保留 2 位,结果为 128.37
>>>print("%6.2f"% test)
#小数点后面保留 3 位,结果为 1.284e+02
>>print("%.3e"% test)
>>>test="上海是一个美丽的城市"
#输出宽度为 5,输出前两个字,结果为"上海"(前面有三个空格)
>>>print("%5.2s"% test)
```

Python 3.x 还支持用格式化字符串的函数 format( )进行字符串格式化。该函数在形式上相当于通过{ }来代替%,但功能更加强大。例如:

```
"{0}的年龄是{1}".format("张三",20)
```

可将字符串格式化输出为"张三的年龄是20"。

format( )函数还可以用接收参数的方式对字符串进行格式化,参数位置可以不按顺序显示,参数也可以不用或者用多次。例如,上例亦可表达为

```
"{name}的年龄是{age}".format(age=20,name="张三")
```

【任务 2-33】 format( )函数的使用。

示例代码如下:

```
'''
ch02-demo33.py
===============
format()函数的使用
'''
import math
a=1
b=2
print "The two numbers are",a,b
print "The sum of the numbers is",a+b
print "PI equals"
print PI
```

输出结果为

```
The two numbers are 1 2
The sum of the numbers is 3
PI equals 3.14159265359
```

Turtle 模块

知识目标

目标 1：了解 Python 内置模块 Turtle 模块的基本功能。
目标 2：掌握 Turtle 模块中控制“海龟”动作的具体方法。
目标 3：掌握 Turtle 模块中获取或设置画笔状态的方法。
目标 4：掌握 Turtle 模块中与绘图窗口有关的方法。

技能目标

目标 1：能够根据需求设计并使用 Turtle 模块的基本功能。
目标 2：能够控制“海龟”的动作。
目标 3：能够使用 Turtle 模块中获取或设置画笔状态的代码编写程序。

素养目标

目标 1：培养创新思维和逻辑思维。
目标 2：培养运用 Turtle 库的绘图能力。
目标 3：培养团队协作与交流能力。

3.1　第一个“海龟”程序

在使用 Python 语言进行程序设计的过程中，会用到大量已经设计好的工具，如本章将要介绍的标准库 Turtle 模块，其提供了一系列关于绘图的功能。在学习使用 Turtle 模块的过程中，我们还将了解 Python 程序运行的基本过程。

Python 库 = 标准库+第三方库+模块

(1) 标准库：随解释器直接安装到操作系统中的功能模块。

(2) 第三方库：需要经过安装才能使用的功能模块。

(3) 模块：包括库 Library、包 Package、模块 Module。

库的引用：

方法 1：使用 import 关键字完成，采用<a>.<b>( )编码风格。

```
import <库名>
<库名>.<函数名>(<函数参数名>)
```

方法 2：使用 from 和 import 关键字共同完成。

```
from <库名> import <函数名>
from <库名> import *
<函数名>(<函数参数>)
```

注意：第一种方法不会出现函数重名问题，第二种方法则会出现。

方法 3：使用 import 和 as 关键字共同完成。

```
import <库名> as <函数名>
<库别名>.<函数名>(<函数参数>)
```

打开任意一款 Python 程序的开发工具，并在其中新建一个 Python 文件，在文件中输入任务 3-1 所示的程序代码。

【任务 3-1】 引入 Turtle 模块，在屏幕上绘制一条线段。

示例代码如下：

```
'''
ch03-demo01.py
==================
绘制一条线段
'''
import turtle
turtle.forward(200)
turtle.done()
```

运行该程序，会看到 Python 在屏幕上打开了一个新的绘图窗口，并在窗口中创建了一个三角形的“海龟”，之后“海龟”沿着当前方向向前移动了一段距离后停了下来，如图 3-1-1 所示，绘画结束。

图 3-1-1　第一个简单的“海龟”程序

在这个程序中,我们看到了构成一个绘图程序的 3 个基本步骤:首先,为了使用 Turtle 模块提供的功能,需要使用 import 语句将该模块导入目前的程序中;其次,在导入相应的模块后,使用该模块提供的各类预置程序进行绘图操作,如任务 3-1 中的程序使用"海龟"绘制了一条线段;最后,还要记得使用 turtle. done()语句以结束当前的绘制工作。

3.2 "海龟"的动作

3.2.1 移动和绘制

通过前面的例子我们可以发现,这只神奇的"海龟"会在自己经过的地方留下黑色的痕迹,也就是通过控制"海龟"的移动便可在屏幕上绘制各种图形。接下来逐一介绍 Turtle 模块中控制"海龟"的方法。

(1) forward()或 fd():控制前进,其语法格式为

```
turtle.forward(distance)
```

可缩写为

```
turtle.fd(distance)
```

其中,参数 distance 为一个数字对象。该方法可以让"海龟"向前移动 distance 指定的距离,方向为"海龟"当前的朝向。例如:

```
>>>turtle.forward(25)                    #"海龟"向前移动 25 个单位
>>>turtle.forward(-75)                   #"海龟"向后移动 75 个单位
```

(2) backward()、bk()或 back():控制后退,其语法格式为

```
turtle.backward(distance)
```

可缩写为

```
turtle.bk(distance)或 turtle.back(distance)
```

其中,参数 distance 为一个数字对象。该方法可以让"海龟"后退 distance 指定的距离,方向与"海龟"的朝向相反,且不会改变"海龟"的朝向。例如:

```
>>>turtle.backward(30)          #"海龟"向后移动 30 个单位,朝向不变
```

(3) right()或 rt():控制右转,其语法格式为

```
turtle.right(angle)
```

可缩写为

```
turtle.rt(angle)
```

其中,参数 angle 为一个数字对象。该方法可以让“海龟”右转 angle 个单位。参数 angle 的单位默认为度(°),但可通过 degrees()方法和 radians()方法改变度量单位的设置(见 3.2.3 小节)。例如:

```
>>>turtle.right(45)                    #“海龟”右转 45 度,默认的单位为度
```

(4) left()或 lt():控制左转,其语法格式为

```
turtle.left(angle)
```

可缩写为

```
turtle.lt(angle)
```

其中,参数 angle 为一个数字对象。该方法可以让“海龟”左转 angle 个单位。参数 angle 的单位默认为度(°),但可通过 degrees()方法和 radians()方法改变度量单位的设置。例如:

```
>>>turtle.left(45)                     #“海龟”左转 45 度,默认的单位为度
```

使用上述方法,可以让“海龟”在屏幕上绘制一个正四边形,也就是正方形,程序如任务 3-2 所示。

【任务 3-2】 通过不断地绘制线段和左转 90 度来绘制一个正方形。

示例代码如下:

```
'''
ch03-demo02.py
==================
绘制一个正方形
'''
import turtle
turtle.forward(200)
turtle.left(90)
turtle.forward(200)
turtle.left(90)
turtle.forward(200)
turtle.left(90)
turtle.forward(200)
turtle.left(90)
turtle.done()
```

在这段程序中,语句 turtle.left(90)的作用是让“海龟”沿着当前的方向左转 90 度,通

过将向前和左转重复执行 4 次,便可在屏幕上绘制一个正四边形,如图 3-2-1 所示。

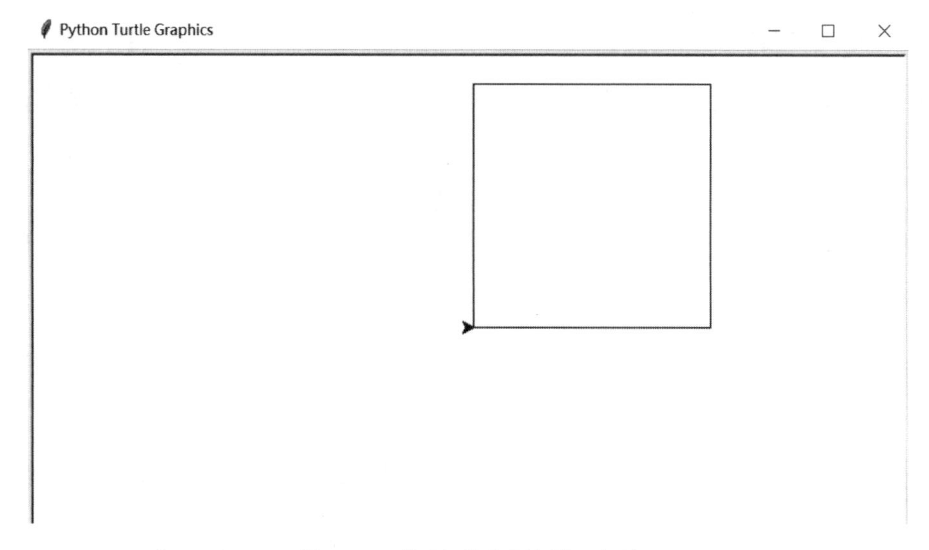

图 3-2-1　使用“海龟”绘制正方形

(5) goto( )、setposition( )或 setpos( ):控制前往指定的坐标位置,其语法格式为

```
turtle.goto(x,y=None)或者 turtle.setposition(x,y=None)
```

可缩写为

```
turtle.setpos(x,y=None)
```

其中,参数 x 为一个数值或表示坐标的对象,参数 y 为一个数值或 None,如果 y 为 None,x 应为一个表示坐标的对象。该方法可以让“海龟”移动到一个使用坐标表示的位置,移动过程中不会改变“海龟”的朝向。需要强调的是,在默认情况下,坐标(0,0)表示绘制区域的中心,也就是“海龟”初始出现的位置。例如:

```
>>>turtle.setpos(60,30)        #将“海龟”移动到坐标为(60,30)的位置
```

(6) setx( ):设置“海龟”位置的 x 坐标,其语法格式为

```
turtle.setx(x)
```

其中,参数 x 为一个数字对象。该方法用于设置“海龟”位置的横坐标为参数 x,纵坐标保持不变。例如:

```
#将“海龟”位置的横坐标设置为 10,纵坐标保持不变
>>>turtle.setx(10)
```

(7) sety():设置“海龟”位置的 y 坐标,其语法格式为

```
turtle.sety(y)
```

其中,参数 y 为一个数字对象。该方法用于设置“海龟”位置的纵坐标为参数 y,横坐标保持不变。例如:

```
#将“海龟”位置的纵坐标设置为-10,横坐标保持不变
>>>turtle.sety(-10)
```

(8) setheading()或 seth():设置“海龟”的朝向,其语法格式为

```
turtle.setheading(to_angle)
```

可缩写为

```
turtle.seth(to_angle)
```

其中,参数 to_angle 为一个数字对象。该方法用于设置“海龟”的朝向为参数 to_angle。默认情况下,以角度表示方向: 0 度表示正右方,90 度表示正上方,180 度表示正左方,270 度表示正下方。

```
>>>turtle.setheading(90)    #默认情况下,将“海龟”的朝向改为正上方
```

使用上述方法,可以让“海龟”在屏幕上指定的位置绘制一个倾斜的正方形,程序如任务 3-3 所示。

【任务 3-3】 在绘图区域中央绘制一个倾斜的正方形。

示例代码如下:

```
'''
ch03-demo03.py
==================
绘制一个倾斜的正方形
'''
import turtle                    #此处需要计算正方形上顶点的坐标位置
turtle.setpos(0,200/(2**0.5))
turtle.seth(180+45)              #在绘制正方形之前,改变“海龟”的朝向
turtle.forward(200)
turtle.left(90)
turtle.forward(200)
turtle.left(90)
turtle.forward(200)
turtle.left(90)
turtle.forward(200)
turtle.left(90)
turtle.done()
```

在该程序中,表达式 200/(2 ** 0.5)的作用是计算正方形顶点至绘图区域中心点的距离,再通过 turtle.setpos()方法将“海龟”移动到正方形的顶点处。语句 turtle.seth(180+45)的作用是让“海龟”朝向左下方,然后便可在屏幕上绘制一个在指定位置倾斜一定角度的正方形,如图 3-2-2 所示。

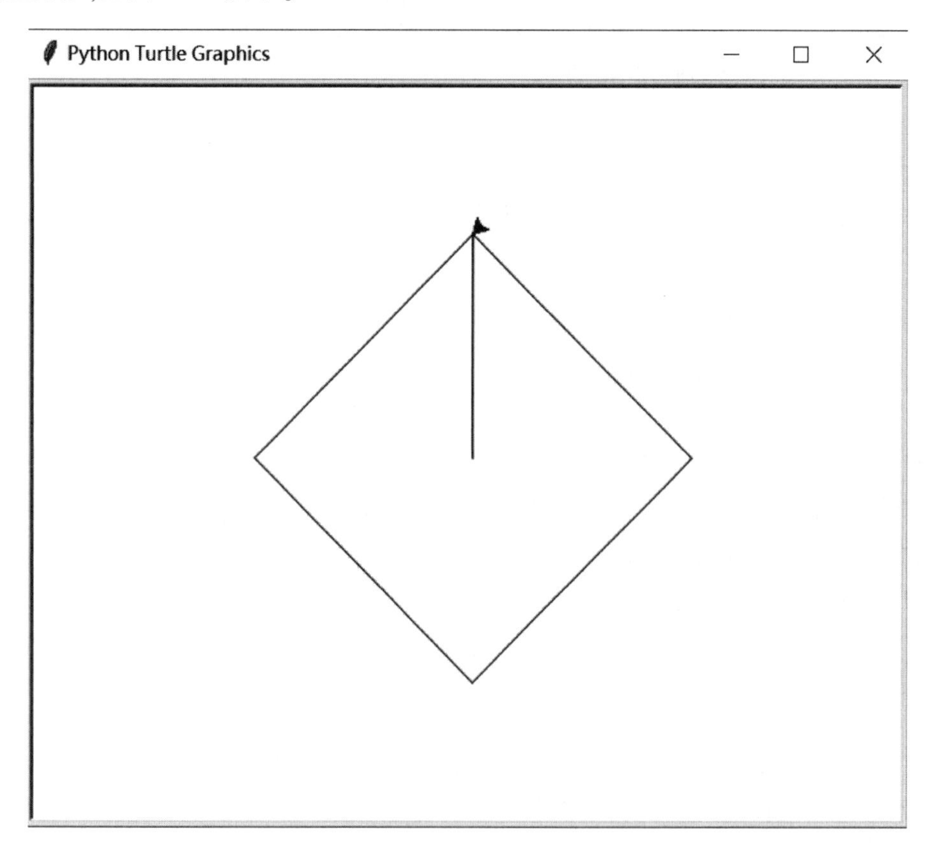

图 3-2-2　使用“海龟”绘制一个处于屏幕中央并倾斜一定角度的正方形

(9) home():控制“海龟”返回原点,其语法格式为

```
turtle.home()
```

该方法可以将“海龟”移至初始坐标(0,0),并设置“海龟”的朝向为初始方向,默认为朝向正右方。例如:

```
>>>turtle.home()    #将“海龟”恢复到初始状态
```

(10) circle():画圆,其语法格式为

```
turtle.circle(radius,extent=None,steps=None)
```

其中,参数 radius 为一个数字对象,参数 extent 为一个数字对象或 None,参数 steps 为一个整数对象或 None。该方法用于绘制一个以参数 radius 为指定半径的圆。圆心在“海龟”左边 radius 个单位;参数 extent 为一个夹角,用来决定绘制圆的一部分。如未指定参

数 extent，则绘制整个圆；如果参数 extent 不是完整的圆周，则以当前画笔位置为一个端点绘制圆弧，此时，如果参数 radius 为正值则朝逆时针方向绘制圆弧，否则朝顺时针方向绘制。最终“海龟”的朝向会依据参数 extent 的值而改变。

在 Python 的绘图区域中，圆实际是以其内切正多边形来近似表示的，其边的数量由参数 steps 确定，如果未指定边数则会自动确定。所以 turtle.circle( ) 也可用来绘制正多边形。关于 turtle.circle( ) 的使用，举例如下：

```
#绘制一个以 50 单位为半径的圆，圆心在“海龟”朝向的左边
>>>turtle.circle(50)
#绘制一个以 50 单位为半径的圆，圆心在“海龟”朝向的右边
>>>turtle.circle(-50)
#绘制一段以 120 单位为半径的弧，该弧对应的角度为 180 度
>>>turtle.circle(120,180)
```

（11）dot( )：画点，其语法格式为

```
turtle.dot(size=None, * color)
```

其中，参数 size 为一个整数对象，且其取值≥1；参数 color 为一个颜色字符串或表示颜色数值对。该方法可以在绘图区域中绘制一个直径为参数 size、颜色为参数 color 的圆点。如果参数 size 未指定，则直径取“笔触尺寸+4”和“2 * 笔触尺寸”中的较大值。例如：

```
#绘制一个半径为 20 个单位、颜色为蓝色的点
>>>turtle.dot(20,"blue")
```

使用上述方法，可以让“海龟”在屏幕上绘制由圆点构成的简单图形。

【任务 3-4】 在绘图区域中央绘制一朵由点和弧构成的小花。

示例代码如下：

```
'''
ch03-demo04.py
==================
绘制一朵由点和弧构成的小花
'''
import turtle
#将“海龟”移动到中央区域的边缘处，为绘制花瓣做好准备
turtle.setpos(50,0)
turtle.seth(0)          #设置好“海龟”的朝向，绘制第一片花瓣
turtle.circle(50,270)
turtle.seth(90)         #设置好“海龟”的朝向，绘制第二片花瓣
turtle.circle(50,270)
turtle.seth(180)        #设置好“海龟”的朝向，绘制第三片花瓣
turtle.circle(50,270)
turtle.seth(270)        #设置好“海龟”的朝向，绘制第四片花瓣
```

```
turtle.circle(50,270)
turtle.home()          #将"海龟"移动到初始位置,为下一步绘制花蕊做好准备
turtle.dot(100,'red') #在屏幕中心绘制一个红色的点作为花蕊
turtle.done()
```

在该程序中,我们需要先绘制 4 片花瓣,再绘制中心区域的花蕊,这样做的好处是后绘制的图形将叠放在之前绘制的图形之上,从而掩盖我们最初从初始位置移动后留下的痕迹。最终的图形绘制效果如图 3-2-3 所示。

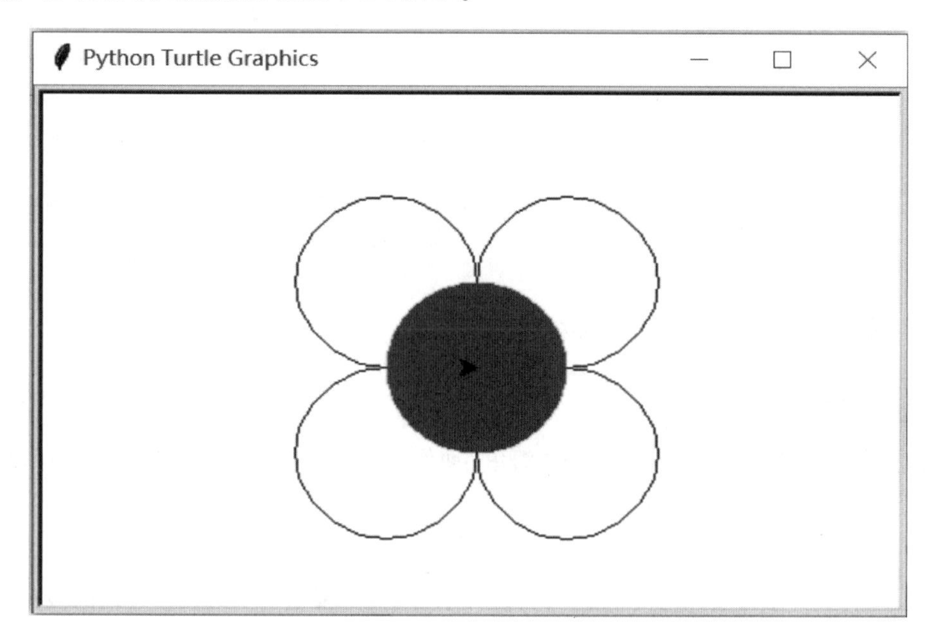

图 3-2-3 使用"海龟"绘制一个由点和弧构成的小花

(12) stamp():在绘图区域留下印章,其语法格式为

```
turtle.stamp()
```

该方法在"海龟"当前位置印制一个"海龟"形状,同时还将返回该印章对应的 id。例如:

```
>>>turtle.stamp()     #下一行显示的整数就是当前语句生成印章的 id
11
```

(13) clearstamp():清除绘图区域的印章,其语法格式为

```
turtle.clearstamp(stampid)
```

其中,参数 stampid 为一个整数对象,它必须是之前使用 stamp()生成印章的有效 id。该方法将删除 stampid 指定的印章。例如:

```
>>>turtle.clearstamp(11)        #删除绘图区域中 id 为 11 的印章图形
```

(14) clearstamps():清除多个印章,其语法格式为

```
turtle.clearstamps(n=None)
```

其中,参数 n 为一个整数对象或 None。该方法将删除全部或前后 n 个“海龟”印章。如果为 None,则删除全部印章;如果 n>0,则删除所有印章中的前 n 个;如果 n<0,则删除所有印章中的后 |n| 个。例如:

```
#通过重复运行该语句,可以在绘图区域中留下多个印章
>>>turtle.stamp();turtle.fd(30)
>>>turtle.stamp();turtle.fd(30)
......
>>>turtle.stamp();turtle.fd(30)
>>>turtle.stamp();turtle.fd(30)
>>>turtle.clearstamps(2)    #删除之前语句创建的所有印章中的前 2 个
>>>turtle.clearstamps(-2)   #删除之前语句创建的所有印章中的后 2 个
>>>turtle.clearstamps()     #删除之前语句创建的所有印章
```

(15) undo():撤销“海龟”的动作,其语法格式为

```
turtle.undo()
```

该方法将撤销最近的一个或多个“海龟”动作,可撤销的次数由撤销缓冲区的大小决定。例如:

```
>>>turtle.fd(100)        #在绘图区域中绘制一条 100 个单位的线段
>>>turtle.undo()         #撤销刚才的绘制,抹去前一条语句绘制的线段
```

(16) speed():设置“海龟”的移动速度,其语法格式为

```
turtle.speed(speed=None)
```

其中,参数 speed 为一个 0~10 范围内的整数对象或速度字符串。该方法用于将“海龟”移动的速度设置为 0~10 表示的整数值。若未指定参数,则返回当前速度;若输入数值大于 10 或小于 0.5,则速度设置为 0。速度字符串与速度值的对应关系如下:

fastest: 0,最快。

fast: 10,快。

normal: 6,正常

slow: 3,慢。

slowest: 1,最慢。

速度值从 1 到 10,画线和“海龟”转向的动画效果逐级加快。特别需要注意,当参数 speed=0 时表示的并不是以最慢速度进行绘制,反而是跳过动画效果,以最快的方式展示绘制效果。例如:

```
>>>turtle.speed()              #返回"海龟"当前的绘制速度
3
>>>turtle.speed('normal')      #设置"海龟"的绘制速度为正常速度
>>>turtle.speed()              #正常速度对应的整数值为 6
6
#设置"海龟"的绘制速度为非常快,仅次于最快速度 10
>>>turtle.speed(9)
>>>turtle.speed()
9
```

3.2.2 "海龟"的状态

通过前一节的学习,读者应该已经掌握了通过控制"海龟"移动实现在绘图区域作图的具体方法,接下来将逐一介绍关于设置或者获取"海龟"状态的一系列方法。

(1) position()或 pos():获取"海龟"的位置,其语法格式为

```
turtle.position()
```

可缩写为

```
turtle.pos()
```

该方法将返回"海龟"当前的坐标对象(x,y)。例如:

```
>>>turtle.pos()      #由下方的返回结果可知,"海龟"当前的坐标为(440,0)
(440.00,0.00)
```

(2) towards():获取"海龟"朝向指定坐标的角度,其语法格式为

```
turtle.towards(x, y=None)
```

其中,参数 x 为一个数字对象或表示坐标的数值对,抑或一个"海龟"对象。当参数是一个数字对象时,参数 y 也应为一个数字对象,否则参数 y 为 None。该方法用于返回从当前"海龟"位置到坐标(x,y)、某个其他坐标对象或另一"海龟"所在位置的连线的夹角。例如:

```
#将"海龟"移动到绘图区域中坐标为(10,10)的位置
>>>turtle.goto(10,10)
#返回从当前"海龟"位置(10,10)朝向坐标(0,0)的夹角,即 225 度
>>>turtle.towards(0,0)
225.0
```

(3) xcor():获取"海龟"当前位置的 x 坐标,其语法格式为

```
turtle.xcor()
```

例如：

```
>>>turtle.home()                    #将"海龟"设置到初始状态
>>>turtle.left(50)                  #改变"海龟"的朝向
>>>turtle.forward(100)              #"海龟"沿着当前朝向向前移动一段距离
>>>print(turtle.pos())              #返回"海龟"所在位置的坐标
(64.28,76.60)
>>>print(round(turtle.xcor (),2))   #返回"海龟"所在位置的 x 坐标
64.28
```

（4）ycor()：获取“海龟”当前位置的 y 坐标，其语法格式为

```
turtle.ycor()
```

例如：

```
>>>turtle.home()                    #将"海龟"设置到初始状态
>>>turtle.left(60)                  #改变"海龟"的朝向
>>>turtle.forward(100)              #"海龟"沿着当前朝向向前移动一段距离
>>>print (turtle.pos())             #返回"海龟"所在位置的坐标
(50.00,86.60)
>>>print(round(turtle.ycor (),5))
                                    #返回"海龟"所在位置的 y 坐标
86.60254
```

（5）heading()：获取“海龟”当前的朝向，其语法格式为

```
turtle.heading()
```

例如：

```
>>>turtle.home()          #将"海龟"设置到初始状态
>>>turtle.left(67)        #"海龟"沿着初始方向,向左转 67 度
>>>turtle.heading()       #返回"海龟"当前的朝向,即 67 度
67.0
```

（6）distance()：获取“海龟”与指定坐标之间的距离，其语法格式为

```
turtle.distance(x, y=None)
```

其中，参数 x 为一个数字对象或表示坐标的数值对，抑或一个“海龟”对象。当参数 x 是一个数字对象时，参数 y 也应为一个数字对象，否则参数为 None。该方法用于返回从当前“海龟”位置到坐标（x，y）、某个其他坐标对象或另一“海龟”所在位置的单位距离。例如：

```
>>>turtle.home()              #将"海龟"设置到初始状态
#返回从"海龟"初始状态(0,0)到坐标(30,40)的距离,即 50
>>>turtle.distance(30,40)
50.0
#作用与前一条语句相同,参数 x 改为表示坐标的数值对
>>>turtle.distance((30,40))
50.0
```

(7) showturtle()或 st():设置在绘图区域中显示"海龟",其语法格式为

```
turtle.showturtle()
```

可缩写为

```
turtle.st()
```

该方法的作用是设置"海龟"在绘图区域中可见,默认情况下"海龟"一开始就处于可见状态。例如:

```
>>>turtle.showturtle()
```

(8) hideturtle()或 ht():设置在绘图区域中隐藏"海龟",其语法格式为

```
turtle.hideturtle()
```

可缩写为

```
turtle.ht()
```

该方法的作用是使"海龟"在绘图区域中不可见。当绘制复杂图形时应当隐藏"海龟",因为隐藏"海龟"可显著加快绘制速度。例如:

```
>>>turtle.hideturtle()
```

(9) isvisible():判断"海龟"是否在绘图区域中可见,其语法格式为

```
turtle.isvisible()
```

该方法用于返回"海龟"是否可见。如果"海龟"正常在绘图区域中显示,则返回 True;如果已经将"海龟"从绘图区域中隐藏,则返回 False。例如:

```
>>>turtle.hideturtle()   #在绘图区域中隐藏"海龟"
>>>turtle.isvisible()    #从返回的结果中可知,"海龟"此时处于隐藏状态
False
>>>turtle.showturtle()   #在绘图区域中显示"海龟"
#从返回的结果中可知,"海龟"此时在绘图区域中正常显示
>>>turtle.isvisible()
True
```

（10）shape()：设置“海龟”的形状，其语法格式为

```
turtle.shape(name=None)
```

其中，参数 name 为一个有效的形状名字符串。该方法可以设置“海龟”形状为参数 name 指定的形状名，如未指定形状名则返回当前的形状名。“海龟”的形状初始时有以下几种：“blank”“arrow”“turtle”“circle”“square”“triangle”“classic”，其中字符串“blank”表示不使用任何形状，将会让“海龟”处于隐身状态。利用在绘图区域中绘制印章的方法，可以将这几种形状分别显示在绘图区域中，程序如任务 3-5 所示。

【任务 3-5】 在绘图区域中分别以不同“海龟”形状绘制印章。

示例代码如下：

```
'''
ch03-demo05.py
==================
以不同“海龟”形状绘制印章
'''
import turtle
#返回当前“海龟”的形状名称,初始状态为默认的'classic'
turtle.shape()
turtle.stamp()                  #以默认形状在绘图区域绘制印章
turtle.fd(50)
turtle.shape ('arrow')          #以箭头形状在绘图区域绘制印章
turtle.stamp()
turtle.fd(50)
turtle.shape('turtle')          #以“海龟”形状在绘图区域绘制印章
turtle.stamp()
turtle.fd(50)
turtle.shape('circle')          #以圆形在绘图区域绘制印章
turtle.stamp()
turtle.fd(50)
turtle.shape('square')          #以正方形在绘图区域绘制印章
turtle.stamp()
turtle.fd(50)
turtle.shape('triangle')        #以三角形在绘图区域绘制印章
turtle.stamp()
turtle.done()
```

在该程序中，从初始位置开始，“海龟”分别以不同的形状在绘图区域绘制印章，每个印章之间间隔 50 个单位，最终的图形绘制效果如图 3-2-4 所示。

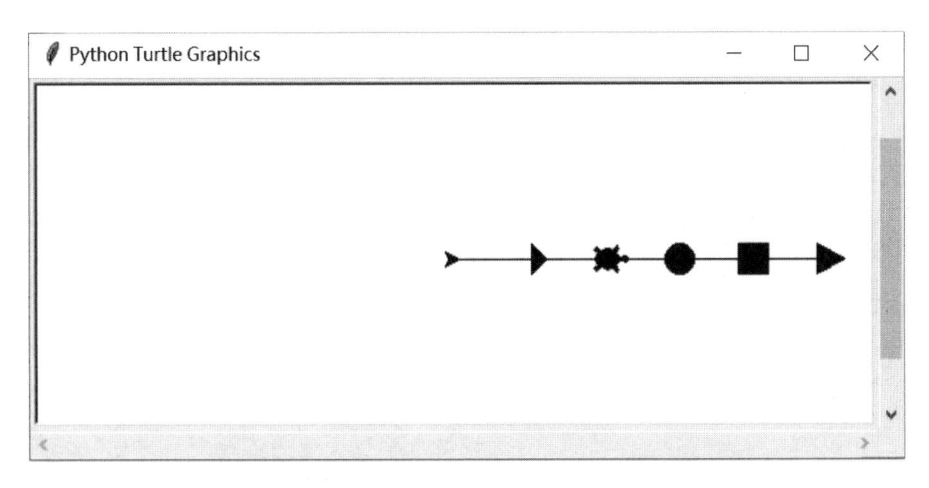

图 3-2-4　在绘图区域中以不同的“海龟”形状绘制印章

(11) getshapes():获得“海龟”当前可设置的形状种类,其语法格式为

```
turtle.getshapes()
```

该方法用于返回所有当前可用“海龟”形状的列表。例如:

```
>>>turtle.getshapes()        #返回默认情况下,“海龟”可用的形状种类
['arrow','blank','circle','classic','square','triangle','turtle']
```

3.2.3　设置度量单位

在使用“海龟”绘制图形的过程中,既可以使用角度作为夹角的单位,也可以使用弧度作为夹角的单位。默认情况下是以角度作为夹角的单位。如果想要使用弧度作为夹角的单位,则需要进行设置。

(1) degrees():使用角度作为夹角单位,其语法格式为

```
turtle.degrees(fullcircle=360.0)
```

其中,参数 fullcircle 为一个数字对象。该方法用于设置夹角的度量单位,即设置一个圆周为多少“度”,默认值为 360 度。例如:

```
#将“海龟”设置到初始状态,此时“海龟”朝向 0 度的方向
>>>turtle.home()
#“海龟”左转 90 度,默认情况下,是以角度表示的
>>>turtle.left(90)
>>>turtle.heading()          #返回此时的“海龟”朝向,即 90 度
90.0
#将夹角单位设置为一个圆周为 400 度,“海龟”朝向并未改变
>>>turtle.degrees(400.0)
>>>turtle.heading()          #再次返回此时的“海龟”朝向,为 100 度
100.0
```

（2）radians()：使用弧度作为夹角单位，其语法格式为

```
turtle.radians()
```

该方法用于设置夹角的度量单位为弧度。例如：

```
#将“海龟”设置到初始状态，此时“海龟”朝向0度的方向
>>>turtle.home ()
#“海龟”左转180度，默认情况下，是以角度表示的
>>>turtle.left(180)
>>>turtle.heading()          #返回此时的“海龟”朝向，即180度
180.0
>>>turtle.radians()          #将夹角单位设置为弧度
#再次返回此时的“海龟”朝向，为角度180度对应的弧度值π
>>>turtle.heading()
3.141592653589793
```

3.3 画笔的控制

3.3.1 改变绘图状态

由之前所学的“海龟”绘图程序可知，默认情况下，“海龟”在绘图区域中移动时会留下移动痕迹，从而完成绘制图形的任务。那么有没有方法可以让“海龟”在移动的过程中不留下痕迹呢？这就需要继续学习Turtle模块中用于改变绘图状态的一系列方法。

（1）pendown()、pd()或down()：使画笔落下，其语法格式为

```
turtle.pendown()
```

可缩写为

```
turtle.pd()或者turtle.down()
```

该方法将设置画笔为落下的状态，此时移动“海龟”将会在移动轨迹上留下痕迹。

（2）penup()、pu()或up()：使画笔抬起，其语法格式为

```
turtle.penup()
```

可缩写为

```
turtle.pu()或者turtle.up()
```

该方法将设置画笔为抬起的状态，此时移动“海龟”不会在移动轨迹上留下痕迹。

使用上述方法，可以在绘制图形的过程中隐藏不需要绘制的图形，程序如任务3-6

所示。

【任务 3-6】 在绘图区域中央绘制一个倾斜的正方形,并且没有“海龟”最初的移动轨迹。

示例代码如下:

```
'''
ch03-demo06.py
==================
绘制倾斜正方形,并且没有最初移动轨迹
'''
import turtle
turtle.up()
turtle.setpos(0,200/2**0.5)
turtle.down()
turtle.seth(180+45)
turtle.forward(200)
turtle.left(90)
turtle.forward(200)
turtle.left(90)
turtle.forward(200)
turtle.left(90)
turtle.forward(200)
turtle.left(90)
turtle.done()
```

该程序中,在语句 turtle.setpos( ) 前加上 turtle.up( ) 完成抬笔的操作,这样“海龟”的移动便不会留下痕迹。当“海龟”通过 turtle.setpos( ) 方法移动到指定位置后,再运行 turtle.down( ) 完成落笔的操作,此后将会留下“海龟”移动的轨迹。该程序绘制的图形如图 3-3-1 所示。

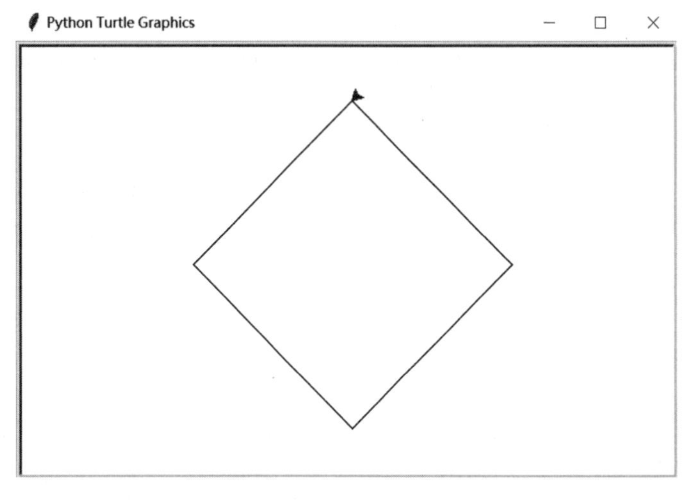

图 3-3-1 使用“海龟”绘制倾斜的正方形并隐藏不需要的多余图形

（3）pensize( )或 width( ):改变画笔粗细,其语法格式为

```
turtle.pensize(width=None)
```

或者

```
turtle.width(width=None)
```

其中,参数 width 为一个正值数字对象。该方法用于设置线条的粗细为参数 width 对应的值或返回该值。在使用该方法时,如未指定参数,则返回当前的 pensize 值。例如:

```
>>>turtle.pensize()          #返回当前表示画笔粗细的数值
1
>>>turtle.pensize(10)        #将画笔的粗细设置为10个单位
```

（4）isdown( ):判断画笔是否落下,其语法格式为

```
turtle.isdown()
```

调用该方法后,如果画笔落下,则返回 True;如果画笔抬起,则返回 False。例如:

```
>>>turtle.penup()              #将画笔的状态设置为抬起
>>>turtle.isdown()
False
>>>turtle.pendown()            #将画笔的状态设置为落下
>>>turtle.isdown()
True
```

3.3.2 颜色控制

为了给绘图区域中的形状加上五彩缤纷的颜色,我们需要使用 Turtle 模块中用于颜色控制的一系列方法,接下来将逐一介绍。

（1）colormode( ):返回或设置绘图时采用的颜色模式,其语法格式为

```
turtle.colormode(cmode=None)
```

其中,参数 cmode 为浮点数 1.0 或整数 255。该方法的作用是返回当前所采用的颜色模式或将颜色模式设置为 1.0 或 255。需要说明的是,在计算机中表示一种颜色的方法是分别记录组成该颜色的红色、绿色和蓝色的分量,以这种方法表示的颜色被称为 RGB 颜色。在颜色模式为 1.0 时,代表这 3 种颜色分量的取值范围为 0~1.0;在颜色模式为 255 时,代表这 3 种颜色分量的取值范围为 0~255。例如:

```
>>>turtle.colormode(1)         #将绘图时采用的颜色模式设置为1.0
>>>screen.colormode()          #返回当前采用的颜色模式
1.0
```

```
>>>screen.colormode(255)        #将绘图时采用的颜色模式设置为 255
>>>screen.colormode()           #返回当前采用的颜色模式
255
```

（2）pencolor()：返回或设置画笔颜色，其语法格式为

```
turtle.pencolor( *args)
```

该方法有以下 4 种形式。

pencolor()：当以没有任何参数的形式使用该方法时，将返回描述颜色的字符串对象或表示当前画笔颜色的三元组。

pencolor(colorstring)：当以参数为一个表示颜色的字符串对象的形式使用该方法时，该方法将画笔颜色设置为参数 colorstring 所指定的颜色，如“red”、“yellow”或“#33cc8c”，其中“#33cc8c”表示的是一个 RGB 颜色，代表红色、绿色和蓝色分量的数值分别是十六进制的 33、cc 和 c8(2 位十六进制数的取值范围为 00~ff)。

pencolor((r,g,b))：当以参数为三元组(r,g,b)的形式使用该方法时，该方法将设置画笔颜色为以(r,g,b)三元组表示的 RGB 颜色。其中，r、g、b 分别表示该颜色的红色、绿色和蓝色的分量值，且三者的取值范围在默认的颜色模式下为 0~1 范围内的浮点数。

pencolor(r,g,b)：当以 3 个参数 r、g、b 的形式使用该方法时，该方法将设置画笔颜色为以 r、g、b 分别作为红色、绿色和蓝色分量表示出的 RGB 颜色，其中，r、g、b 的取值范围在默认的颜色模式下为 0~1 范用内的浮点数。

使用 turtle.color()方法设置画笔颜色的范例如下：

```
>>>colormode()                  #返回当前采用的颜色模式
1.0
#返回当前画笔的颜色,返回值为代表红色的字符串对象
>>>turtle.pencolor()
'red'
#设置画笔的颜色为棕色,参数为代表棕色的字符串对象
>>>turtle.pencolor("brown")
>>>turtle.pencolor()            #返回当前画笔的颜色
'brown'
>>>tup=(0.2,0.8,0.55)           #创建三元组对象,并与变量 tup 关联
#将变量 tup 关联的三元组作为 RGB 颜色参数,设置画笔颜色
>>>turtle.pencolor(tup)
#返回当前画笔的颜色,返回值为代表 RGB 颜色的三元组
>>>turtle.pencolor()
(0.2,0.8,0.5490196078431373)
>>>colormode(255)               #改变颜色模式
#在 255 颜色模式下,返回代表 RGB 颜色的三元组
>>>turtle.pencolor()
(51.0,204.0,140.0)
#以 RGB 颜色字符串(十六进制)作为参数指定画笔颜色
```

```
>>>turtle.pencolor('#32c18f')
#返回画笔的颜色,返回值是代表 RGB 颜色的三元组(十进制)
>>>turtle.pencolor()
(50.0,193.0,143.0)
```

(3) fillcolor():返回或设置填充颜色,其语法格式为

```
turtle.fillcolor( *args)
```

该方法有以下 4 种形式。

fillcolor():当以没有任何参数的形式使用该方法时,将返回描述颜色的字符串对象或表示当前填充颜色的三元组。

fillcolor(colorstring):当以参数为一个表示颜色的字符串对象的形式使用该方法时,该方法将填充颜色设置为参数 colorstring 指定的颜色描述字符串,如"red"、"yellow"或"#33cc8c",其中"#33cc8c"表示的是一个 RGB 颜色,代表红色、绿色和蓝色分量的数值分别是十六进制的 33、cc 和 c8(2 位十六进制数的取值范围为 00~ff)。

fillcolor((r,g,b)):当以参数为三元组(r,g,b)的形式使用该方法时,该方法将设置填充颜色为以(r,g,b)三元组表示的 RGB 颜色。其中,r、g、b 分别表示该颜色的红色、绿色和蓝色的分量值,且三者的取值范围在默认的颜色模式下为 0~1 范围内的浮点数。

fillcolor(r,g,b):当以 3 个参数 r、g、b 的形式使用该方法时,该方法将设置填充颜色为以 r、g、b 分别作为红色、绿色和蓝色分量表示出的 RGB 颜色,其中,r、g、b 的取值范围在默认的颜色模式下为 0~1 范围内的浮点数。

使用 turtle.fillcolor 设置填充颜色的范例如下:

```
>>>turtle.fillcolor("violet")        #设置填充颜色为紫罗兰色
#返回当前的填充颜色,返回值为代表紫罗兰色的字符串对象
>>>turtle.fillcolor( )
'violet'
#将三元组作为 RGB 颜色参数,设置填充颜色
>>>turtle.fillcolor ((50,193,143))
#返回当前的填充颜色,返回值为代表 RGB 颜色的三元组
>>>turtle.fillcolor()
(50.0,193.0,143.0)
#将 RGB 颜色字符串(十六进制)作为参数,设置填充颜色
>>>turtle.fillcolor('#ffffff')
#返回填充颜色,返回值是代表 RGB 颜色的三元组(十进制)
>>>turtle.fillcolor()
(255.0,255.0,255.0)
```

(4) color():返回或设置绘图颜色,其语法格式为

```
turtle.color( *args)
```

该方法用于返回或设置画笔颜色和填充颜色,允许多种输入格式。用户可以按照如

下形式使用。

```
color()
```

如果以没有参数的形式使用 turtle.color( ) 方法,将返回以一对颜色描述字符串或元组表示的当前画笔颜色和填充颜色,两者也可以分别由 pencolor( ) 和 fillcolor( ) 返回。

```
color(colorstring)、color((r,g,b))和 color(r,g,b)
```

如果以 1 个或 3 个参数的形式使用 turtle. color ( ) 方法, 那么参数的使用方法与 pencolor( ) 相同, 设置后的效果是画笔颜色和填充颜色均为参数指定的颜色。

```
color(colorstring1,colorstring2)和 color((r1,g1,b1),(r2,g2,b2))
```

如果以 2 个参数的形式使用 turtle.color( ) 方法,那么相当于同时使用 pencolor(colorstringl) 和 fillcolor(colorstring2) ,或者同时使用 pencolor((r1 , g1 , b1)) 和 fillcolor((r2 , g2 , b2)) ,对画笔颜色和填充颜色进行不同的设置。例如:

```
#将“红色”和“绿色”分别设置为画笔颜色和填充颜色
>>>turtle.color("red","green")
>>>turtle.color()             #返回当前画笔的颜色设定值
('red','green')
#设置当前的画笔颜色和填充颜色(十六进制表示)
>>>color("#285078", "#a0c8f0")
>>>color()                    #返回当前画笔的颜色设定值(十进制表示)
((40.0,80.0,120.0),(160.0,200.0,240.0))
```

3.3.3 填充颜色

上一小节介绍了改变画笔颜色和填充颜色的方法,接下来将逐一介绍在绘图区域中填充颜色的方法。

(1) begin_fill( ):开始填充,即设置填充区域的起始位置,其语法格式为

```
turtle.begin_fill()
```

该方法需要在绘制要填充的形状之前调用,以改变当前画笔的填充状态。

(2) end_fill( ):结束填充,即设置填充区域的结束位置,其语法格式为

```
turtle.end_fill()
```

该方法调用后,将填充上次调用 begin_fill( ) 之后绘制的形状。例如:

```
#设置画笔颜色为黑色、填充颜色为红色
>>>turtle.color("black","red")
>>>turtle.begin_fill()  #设置当前“海龟”的位置为填充区域的起点
>>>turtle.circle(80)    #以 80 作为半径在绘图区域中绘制一个圆形
>>>turtle.end_fill()    #对绘制完毕的圆形进行填充
```

(3) filling()判断当前是否处于开始填充的状态,其语法格式为

```
turtle.filling()
```

该方法用于返回当前的填充状态,如果已经调用过 begin_fill()使画笔处于填充状态则为 True,否则为 False。例如:

```
>>>turtle.begin_fill()
>>>turtle.filling()
True
>>>turtle.end_fill()
>>>turtle.filling()
False
```

使用上述方法,可以在绘图区域中绘制具有填充颜色的图形。例如,将任务 3-4 中小花的花瓣填充为黄色的程序如任务 3-7 所示。

【任务 3-7】 将任务 3-4 中小花的花瓣填充为黄色。

示例代码如下:

```
'''
ch03-demo07.py
==================
将任务 3-4 中小花的花瓣填充为黄色
'''
import turtle
#将画笔颜色设置为黑色,将填充颜色设置为黄色
turtle.color('black','yellow')
turtle.setpos (50,0)    #与之前一样,将“海龟”移动到开始绘制的起点
turtle.seth(0)
#在填充区域的起始位置使用 begin_fill()开始填充
turtle.begin_fill()
turtle.circle(50,270)
turtle.end_fill()       #在填充区域的结束位置使用 end_fill()结束填充

turtle.seth(90)
turtle.begin_fill()     #设置第二朵花瓣的起始填充位置
turtle.circle(50,270)
turtle.end_fill()       #设置第二朵花瓣的结束填充位置

turtle.seth(180)
turtle.begin_fill()     #设置第三朵花瓣的起始填充位置
turtle.circle(50,270)
turtle.end_fill()       #设置第三朵花瓣的结束填充位置
turtle.seth(270)
```

```
turtle.begin_fill()              #设置第四朵花瓣的起始填充位置
turtle.circle(50,270)
turtle.end_fill()                #设置第四朵花瓣的结束填充位置

turtle.home()                    #绘制花蕊
turtle.dot(100,'red')
turtle.done()
```

在该程序中，我们使用 turtle.begin_fill()和 turtle.end_fill()进行填充区域的设置，从而对小花的花瓣进行颜色填充。该程序绘制的图形如图 3-3-2 所示。需要注意的是，在绘制的过程中，由于使用绘制弧线的方法画出花瓣，因此该填充区域的起点和终点并不在同一位置上，此时“海龟”会自动将填充区域的起点和终点相连，从而构成封闭区域进行颜色填充。

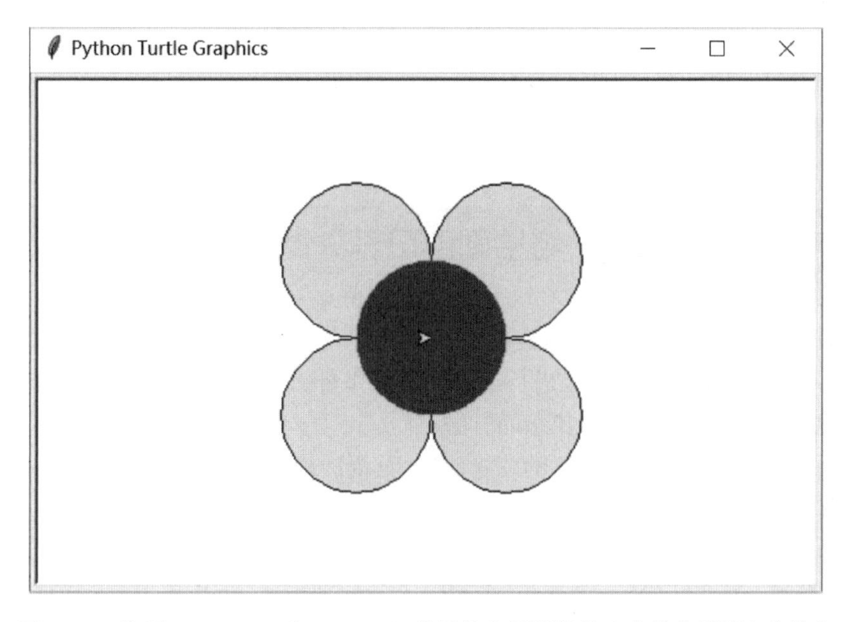

图 3-3-2 使用 begin_fill()和 end_fill()设置填充区域并将小花的花瓣填充为黄色

3.3.4 更多绘图控制

除了改变画笔的状态、改变绘图颜色以及对绘图区域进行颜色填充的方法之外，还有一些完成其他绘图功能的方法，接下来逐一介绍。

(1) clear()：清除当前“海龟”绘制的内容，其语法格式为

```
turtle.clear()
```

该方法的作用是清除当前“海龟”绘制的全部内容，但是并不会改变“海龟”的当前状态。

(2) reset()：清除当前“海龟”绘制的内容，并且重置“海龟”状态，其语法格式为

```
turtle.reset()
```

该方法的作用是清除当前"海龟"绘制的全部内容,同时将"海龟"还原为其初始状态。

(3) write():用于在当前"海龟"位置书写文字,其语法格式为

```
turtle.write(arg,move=False,align="left",font=("Arial",8,
"normal"))
```

其中,参数 arg 为要书写到绘图区域上的字符串对象;参数 move 为逻辑值,表示是否需要在书写完后将画笔移动至字符串的右下角;参数 align 为字符串对象"left"、"center"或"right",表示字符串对象以当前"海龟"位置为基准的对齐方式;参数 font 为表示字体名称、字体大小和字体类型的三元组(fontname,fontsize,fonttype)。例如:

```
>>>turtle.write("Hello Turtle!",True,style="text-align: cen-
ter")
```

上述语句运行后,"海龟"将在当前位置书写字符串"Hello Turtle!",且字符串对象将以"海龟"所在位置作为参照进行居中对齐,书写完后"海龟"会移动到该字符串的右下角。

3.4 与绘图窗口有关的方法

从前面的学习可知,"海龟"的绘图工作是在屏幕上的绘图窗口中完成的。Turtle 模块中除了一系列通过控制"海龟"进行绘图的方法以外,还有一些与绘图窗口有关的非常实用的方法,包括以下设置窗口状态的方法。

(1) bgcolor():设置绘图窗口的背景颜色,其语法格式为

```
turtle.bgcolor(*args)
```

其中,参数 args 可以是一个颜色字符串、3 个分别表示 RGB 颜色分量的数值或一个表示 RGB 颜色的三元组。特别需要注意,此处颜色分量的取值范围由当前采用的颜色模式决定。该方法用于设置或返回当前绘图窗口的背景颜色。例如:

```
#以颜色字符串作为参数,设置绘图窗口的背景颜色为橙色
>>>turtle.bgcolor("orange")
>>>turtle.bgcolor()          #返回当前绘图窗口的背景颜色
'orange'
#以 RGB 颜色字符串(十六进制)作为参数,设置窗口的背景颜色
>>>turtle.bgcolor("#800080")
#返回当前绘图窗口的背景颜色,是一个 RGB 颜色三元组(十进制)
>>>turtle.bgcolor()
(128.0,0.0,128.0)
```

(2) bgpic():设置绘图窗口的背景图片,其语法格式为

```
turtle.bgpic(picname=None)
```

其中,参数 picname 为一个指定图片所在位置及文件名的字符串"nopic"或 None。该方法用于设置背景图片或返回当前背景图片的名称。如果参数 picname 是指定文件所在位置的文件名,则将相应图片设置为背景;如果参数 picname 为"nopic",则删除当前背景图片;如果参数 picname 为 None,则返回当前背景图片的文件名。例如:

```
#返回当前绘图窗口的背景图片,返回值表明当前并未设置
>>>turtle.bgpic()
'nopic'
#将图片 landscape.gif 设置为绘图窗口的背景
>>>turtle.bgpic("landscape.gif")
>>>turtle.bgpic()          #再次返回当前窗口的背景图片,返回值为文件名
"landscape.gif"
```

(3) window_height():返回绘图窗口的高度,其语法格式为

```
turtle.window_height()
```

例如:

```
#返回当前绘图窗口的高度,返回值为 480 像素
>>>turtle.window_height()
480
```

(4) window_width():返回绘图窗口的宽度,其语法格式为

```
turtle.window_width()
```

例如:

```
#返回当前绘图窗口的宽度,返回值为 640 像素
>>>turtle.window_width()
640
```

(5) setup():设置绘图窗口的大小和位置,其语法格式为

```
turtle.setup(width,height,startx,starty)
```

其中,参数 width 如果是一个整数对象,则表示窗口宽度为多少像素;如果是一个浮点数对象,则表示窗口宽度在屏幕宽度中的占比。默认情况下,该参数为屏幕宽度的 50%。参数 height 如果是一个整数对象,则表示窗口高度为多少像素;如果是一个浮点数对象,则表示窗口高度在屏幕高度中的占比。默认情况下,该参数为屏幕高度的 75%。参数 startx 如果为正值,则表示窗口的初始位置距离屏幕左边缘多少像素;如果为负值,则表示距离右边缘多少像素;None 表示窗口水平居中。参数 starty 如果为正值,则表示窗口的初

始位置距离屏幕上边缘多少像素;如果为负值,则表示距离下边缘多少像素;None 表示窗口垂直居中。例如:

```
    #设置绘图窗口的宽度和高度均为 200 像素,且将窗口放置在屏幕的左上角
    >>>turtle.setup (width=200,height=200,startx=0,starty=0)
    #设置绘图窗口尺寸为宽度占屏幕的 75%,高度占屏幕的 50%,且将窗口放置在屏幕的中央
    >>>turtle.setup (width=0.75,height=0.5,startx=None,starty=None)
```

(6) title():设置绘图窗口的标题文字,其语法格式为

```
turtle.title(titlestring)
```

其中,参数 titlestring 为一个字符串对象,显示为“海龟”绘图窗口的标题栏文本。该方法用于设置“海龟”绘图窗口的标题为参数 titlestring 指定的字符串对象。例如:

```
>>>turtle.title("欢迎来到神奇小海龟的世界!")
```

(7) textinput():弹出输入文本的对话框,其语法格式为

```
turtle.textinput(title, prompt)
```

其中,参数 title 和 prompt 均为字符串对象。该方法用于弹出一个对话框提示用户输入一个字符串。参数 title 用于指定对话框的标题,参数 prompt 用于提示用户要输入什么信息。该方法的返回值为用户输入的字符串对象,如果对话框被用户直接关闭或取消则返回 None。例如:

```
>>>turtle.textinput("欢迎","请问您的姓名是:")
```

(8) numinput():弹出输入数字的对话框,其语法格式为

```
turtle.numinput (title, prompt, default = None, minval = None, maxval=None)
```

其中,参数 title 和 prompt 均为字符串对象,参数 default、minval 和 maxval 均为数字对象。该方法用于弹出一个对话框提示用户输入一个数字。参数 title 用于指定对话框的标题,参数 prompt 用于提示用户要输入的数值信息。参数 default 用于指定输入的默认值,参数 minval 用于指定可输入的最小值,参数 maxval 用于指定可输入的最大值。用户输入的数值必须在指定的 minval 至 maxval 的范围内,否则屏幕上将给出提示,并等待用户修改所输入的内容。该方法的返回值为用户输入的数字对象,如果对话框被用户直接关闭或取消则返回 None。例如:

```
>>>turtle.numinput("欢迎","请问您的年龄是:",20,minval=1,maxval=150)
```

（9）bye( )：关闭绘图窗口，其语法格式为

```
turtle.bye()
```

3.5 综合案例：绘制七色彩虹

本节将介绍利用 Turtle 模块提供的绘制图形的各类方法，绘制如图 3-5-1 所示的七色彩虹。

图 3-5-1 使用 Turtle 模块中的绘图方法绘制七色彩虹

为了达到图 3-5-1 所示的效果，我们需要先将绘图区域的背景设置为“天蓝色”，之后按照从大到小的顺序，依次在绘图区域中绘制半圆形并对其进行颜色填充即可。为了实现彩虹的拱桥效果，不要忘记在最内侧还要绘制一个“天蓝色”的半圆。程序如任务 3-8 所示。

【任务 3-8】 绘制七色彩虹。

示例代码如下：

```
'''
ch03-demo08.py
==================
绘制七色彩虹
'''
import turtle
turtle.speed(0)
turtle.colormode(255)        #将颜色模式设置为 255
turtle.bgcolor("skyblue")    #把背景设置成天蓝色
```

```
#从外向内绘制不同颜色的半圆形
turtle.color((255,0,0))       #设置画笔颜色为赤色
turtle.begin_fill()           #以"海龟"初始位置作为填充区域的起点
turtle.goto(200,0)            #将"海龟"移动到绘制半圆形对应的弧的起点
turtle.setheading(90)         #调整好"海龟"的朝向
turtle.circle(200,180)        #开始绘制半圆形对应的弧
turtle.home()                 #回到"海龟"初始的位置,构成封闭的半圆形
turtle.end_fill()             #对"海龟"构成的封闭半圆进行颜色填充

turtle.color((255,165,0))     #设置画笔颜色为橙色
turtle.begin_fill()           #以"海龟"初始位置作为填充区域的起点
turtle.goto(180,0)            #将"海龟"移动到绘制半圆形对应的弧的起点
turtle.setheading(90)         #调整好"海龟"的朝向
turtle.circle(180,180)        #开始绘制半圆形对应的弧
turtle.home()                 #回到"海龟"初始的位置,构成封闭的半圆形
turtle.end_fill()             #对"海龟"构成的封闭半圆进行颜色填充

turtle.color((255,255,0))     #设置画笔颜色为黄色
turtle.begin_fill()
turtle.goto(160,0)
turtle.setheading(90)
turtle.circle(160,180)
turtle.home()
turtle.end_fill()

turtle.color((0,255,0))       #设置画笔颜色为绿色
turtle.begin_fill()
turtle.goto(140,0)
turtle.setheading(90)
turtle.circle(140,180)
turtle.home()
turtle.end_fill()

turtle.color((0,127,255))     #设置画笔颜色为青色
turtle.begin_fill()
turtle.goto(120,0)
turtle.setheading(90)
turtle.circle(120,180)
turtle.home()
turtle.end_fill()

turtle.color((0,0,255))       #设置画笔颜色为蓝色
turtle.begin_fill()
turtle.goto(100,0)
turtle.setheading(90)
```

```
turtle.circle(100,180)
turtle.home()
turtle.end_fill()

turtle.color((139,0,255))                  #设置画笔颜色为紫色
turtle.begin_fill()
turtle.goto(80,0)
turtle.setheading(90)
turtle.circle(80,180)
turtle.home()
turtle.end_fill()

turtle.color('skyblue')                  #设置画笔颜色为天蓝色
turtle.begin_fill()
turtle.goto(60,0)
turtle.setheading(90)
turtle.circle(60,180)
turtle.home()
turtle.end_fill()

turtle.done()                            #结束绘制
```

上述程序中存在很多相似的代码段,利用“复制”并“粘贴”的方法将绘制第一个半圆形的程序复制后,在后续绘制其他半圆形时粘贴即可。那么有没有可能利用 Python 本身提供的功能消除这些重复代码呢?答案当然是肯定的。在接下来的章节中,将介绍一系列控制程序运行流程的新知识。

3.6 常用标准库

3.6.1 random 库

由于在程序中经常使用随机数来解决实际问题,因此,Python 内置了 random 库用于生成各种伪随机数序列。random 库可以生成指定范围内的随机整数或浮点数,还可以在序列中随机选取部分元素或将序列中的元素顺序打乱。

在 Python 中,random 库是标准库中自带的,不需要额外安装。

注意: random()是不能直接访问的,需要先导入 random 模块,然后通过 random 静态对象调用该方法。

3.6.1.1 随机种子函数

在 random 库中设置随机数种子的函数是 seed(),相同的种子数多次生成的随机数序列是相同的。如果不调用该函数设置随机种子数,则随机种子数按照系统时钟的当前值

来设置,这样每次生成的随机数序列是不相同的。

随机种子函数的基本格式如下:

```
random.seed(n=None,version=2)
```

该函数将参数 n 设置为随机数种子,省略参数时使用当前系统时间作为随机数种子。参数 n 为 int 类型时直接将其作为种子。version 为 2(默认)时,str、bytes 或 bytearray 等非 int 类型的参数 n 会转换为 int 类型。version 为 1 时,str 和 bytes 类型的参数 n 可直接作为随机数种子。

调用各种随机数函数时,实质上是从随机数种子对应的序列中取数。随机数种子相同时,连续多次调用同一个随机数函数会依次按顺序从同一个随机数序列中取数,多次运行同一个程序获得的随机数是相同的(顺序相同、数值相同)。没有在程序中调用 random.seed()函数时,默认使用当前系统时间作为随机数种子,从而保证每次运行程序得到不同的随机数。

示例代码如下:

```
import random                       #导入模块
random.seed(5)                      #设置随机数种子
for n in range(5):                  #循环 5 次
print(random.randint(1,10))         #输出一个[1,10]范围内的整数
```

如图 3-6-1 所示,显示了在 Python IDLE 中 3 次运行该程序的结果,可以看到 3 次输出的随机数相同。删除代码中的第 2 行设置随机数种子语句,则每次运行程序可输出不同的随机数。

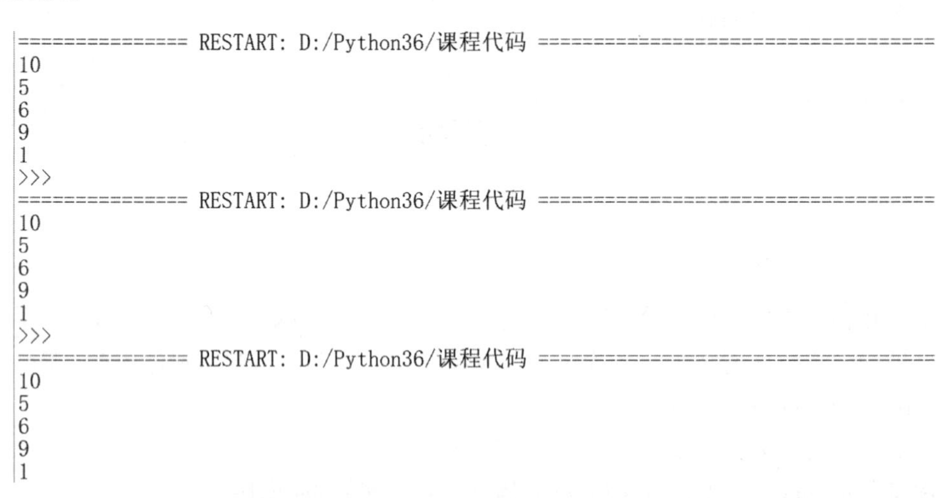

图 3-6-1 种子不变时程序输出相同的随机数

3.6.1.2 random 库的使用方法

1. 生成随机整数

使用 random 库中的 randint()函数可以生成指定范围内的随机整数。该函数接受两

个参数,分别为起始值和结束值。

示例代码如下:

```
import random
num= random.randint(1,100)
print(num)
```

randint()函数可以产生[a,b]间的一个整数 n,n 的取值范围是[a,b]。

```
>>>random.randint(10,20)
11
>>>random.randint(10,20)
12
>>>random.randint(10,20)
13
>>>random.randint(10,20)
14
```

2. 生成随机浮点数

使用 random 库中的 uniform()函数可以生成指定范围内的随机浮点数。该函数接受两个参数,分别为起始值和结束值。

示例代码如下:

```
import random
num=random.uniform(0,1)
print(num)
```

uniform()函数可以产生[a,b]间的一个随机浮点数,区间端点可以不是整数。

```
>>>random.uniform(1.1,5.5)
5.052063475972429
>>>random.uniform(1.1,5.5)
2.4832007418083832
>>>random.uniform(1.1,5.5)
3.5155216096545847
>>>random.uniform(1.1,5.5)
3.018536213546138
```

3. 生成随机布尔值

使用 random 库中的 choice()函数可以从给定序列中随机选择一个元素作为返回值。当给定序列为[True,False]时,即可用于生成随机布尔值。

示例代码如下:

```
import random
bool_value=random.choice([True,False])
print(bool_value)
```

4. 打乱序列顺序

使用 random 库中的 shuffle( ) 函数可以打乱给定序列的顺序。该函数会直接修改原序列,并返回 None。

示例代码如下:

```
import random
ls=[1,2,3,4,5]
random.shuffle(ls)
print(ls)
>>>s=[1,6,7,9,5]
>>>random.shuffle(s)
>>>print(s)
[6,9,1,7,5]
```

5. 生成随机字符串

使用 random 库中的 choices( ) 函数可以从指定字符集中随机选择指定长度的字符,返回一个列表。使用 join( ) 函数将列表转换为字符串即可得到随机字符串。

示例代码如下:

```
import random
import string
str_len=10
char_set=string.ascii_letters+string.digits+string.punctuation
random_str=''.join(random.choices(char_set,k=str_len))
print(random_str)
```

6. 生成随机颜色值

使用 random 库中的 randint( ) 函数可以生成指定范围内的随机整数。当该函数用于 RGB 颜色值时,即可生成随机颜色值。

示例代码如下:

```
import random
r=random.randint(0,255)
g=random.randint(0,255)
b=random.randint(0,255)
color_value=f'#{r:02x}{g:02x}{b:02x}'
print(color_value)
```

3.6.1.3 random 库实例

1. 随机验证码

短信验证码与很多日常应用联系非常紧密,如完成账号注册、密码找回、异常登录等相关操作。短信验证码一般使用随机数来生成,通过编程实现 4 位纯数字验证码的随机生成,以加深开发者对随机数和随机数相关应用的理解。

【**任务 3-9**】　随机生成 4 位纯数字验证码。

随机生成 4 位纯数字验证码的方法有很多,这里给出两种实现方法。

方法一　任务分析:生成 4 位纯数字验证码可以使用 random 库提供的 randint(0,9)函数。调用一次该函数产生一个 0~9 范围内的数字,重复调用 4 次 random.randint(0,9)得到 4 个随机数字,最后把这 4 个数字拼接起来就得到了 4 位数字验证码。数字拼接可以先将每个数字转换成字符串类型,然后通过字符串连接操作来完成。

示例代码如下:

```
'''
ch03-demo09.py
==================
演示随机生成 4 位纯数字验证码,方法一
'''
import random
check_code=''
for i in range(4):
        code=str(random.randint(0,9))
        check_code += code
print(check_code)
```

程序输出结果如图 3-6-2 所示。

```
============== RESTART: D:\Python36\课程代码\ch03\ch03-demo09.py ==============
 9140
>>>
============== RESTART: D:\Python36\课程代码\ch03\ch03-demo09.py ==============
 9051
>>>
============== RESTART: D:\Python36\课程代码\ch03\ch03-demo09.py ==============
 1657
```

图 3-6-2　程序输出结果

方法二　任务分析:我们可以将 4 位纯数字随机验证码看作一个 4 位随机整数,而 4 位随机整数的取值范围为 1000~9999,因此,只需调用 random.randint(1000, 9999)函数一次就能得到 4 位数字验证码。

示例代码如下:

```
'''
ch03-demo10.py
==================
演示生成随机 4 位纯数字验证码,方法二
'''
import random
check_code=random.randint(1000, 9999)
print(str (check_code))
```

程序输出结果如图 3-6-3 所示。

```
>>>
5645
=============== RESTART: D:/Python36/课程代码/ch03/ch03-demo10.py ===============
>>>
8680
=============== RESTART: D:/Python36/课程代码/ch03/ch03-demo10.py ===============
>>>
7336
=============== RESTART: D:/Python36/课程代码/ch03/ch03-demo10.py ===============
```

图 3-6-3 程序输出结果

这里需要注意,第二种方法可能不太随机,因为产生的是 1000~9999 的随机整数,漏掉了 0~999 的那些数字构成的验证码。学习了列表数据类型后,我们就知道系统可以生成更为随机的验证码。

2. 随机密码

大多数系统支持账号和密码方式登录,这些系统的安全性与用户的账号密码保护意识密切相关。如果用户使用比较简单的密码,则密码容易被不法分子破解,因此需要增强密码的复杂程度来保证账号的安全。但由于用户自己设置的密码往往趋于简单易记,不利于保障系统安全,因此,有些软件系统通过生成有一定复杂度的密码来供用户使用,而不是让用户自己来设置。

【任务 3-10】 随机生成指定长度的密码,且密码包含大小写字母、数字和标点符号。

任务分析:随机生成指定长度密码的方法不唯一,这里只介绍其中的一种方法。由于密码中必须包含大小写字母、数字和标点符号,因此,首先通过 string 模块的 ascii_uppercase 属性获取全体大写英文字母,通过 ascii_lowercase 属性获取全体小写英文字母,通过digits 属性获取所有数字字符,通过 punctuation 属性获取所有标点符号。再通过 input()函数输入密码的长度,假设用变量 n 保存。由于生成的密码必须包含大小写字母、数字字符和标点符号,因此,除去这 4 种字符各至少一个之后,另外还需生成 n-4 位的密码。因为没有规定每种字符最多只能包含多少个,所以这里可以调用随机函数 random.randint(1,n-3)来产生大写英文字母的个数,记入变量 len_upp 中(第二个参数为 n-3 的原因是小写字母、数字符号和标点符号各预留了 1 个长度,这样,大写字母最多为 n-3 个)。再次调用 random.randint(1,n-len_upp-2)来产生小写英文字母的个数,保存到变量 len_low 中(小写字母的个数为 n 减去已经生成的大写字母的个数 len_upp,再减去 2, 2 是为数字字符和标点符号预留的最小长度),使用类似的方法可以得到数字和标点符号的个数。在确定了构成密码的大小写字母、数字和标点符号的个数之后,接下来使用 random 库的 sample()函数从前述 string 模块的相关属性中随机抽取指定个数的字符生成字符列表。连续 4 次使用 sample()函数,可获取分别由大写字母、小写字母、数字和标点符号构成的 4 种随机字符列表,将这些列表拼接起来形成一个完整的列表,然后对拼接形成的列表使用 shuffle()函数打乱其中字符的排列顺序。最后利用 join()函数将打乱后的字符列表的所有字符拼接成一个字符串,就得到了符合要求的随机密码。

程序代码如下:

```
'''
ch03-demo11.py
==================
演示随机生成指定长度的密码,且密码包含大小写字母、数字和标点符号
'''
import string
import random
str_upp=string.ascii_uppercase
str_low=string.ascii_lowercase
str_num=string.digits
str_pun=string.punctuation
#随机设置4种类型字符的个数(总数为n)
n=int(input('请输入密码长度(要求大于或等于4):').strip())
len_upp=random.randint(1,n-3)
print("大写字母个数为:",len_upp)          #大写字母个数
len_low=random.randint(1,n-len_upp-2)
print("小写字母个数为:",len_low)          #小写字母个数
len_num=random.randint(1,n-len_upp-len_low-1)
print("数字字符个数为:",len_num)          #数字字符个数
len_pun=n-(len_upp + len_low+len_num)
print("标点符号个数为:",len_pun)          #标点符号个数
#打乱列表元素
password=random.sample(str_upp,len_upp)+random.sample(str_low,len_low)+random.sample(str_num,len_num)+random.sample(str_pun,len_pun)
#将列表元素转换为字符串
random.shuffle(password)
new_password=''.join(password)
print("生成的随机密码为:",new_password)
```

程序运行结果如图 3-6-4 所示。

```
=============== RESTART: D:/Python36/课程代码/ch03/ch03-demo11.py ===============
请输入密码长度（要求大于或等于4):5
大写字母个数为: 1
小写字母个数为: 2
数字字符个数为: 1
标点符号个数为: 1
生成的随机密码为: M ! f s 7
>>>
```

图 3-6-4　程序运行结果

在这个例子中使用了 string 模块,它提供了一些字符串常量,可以很方便地获取各种 ASCII 字符。同时还使用了 random 库的 randint( ) 函数、sample( ) 函数和 shuffle( ) 函数实现各种功能。

random 库是 Python 标准库中非常实用的一个模块,可以方便地生成各种类型的随机数。在实际开发中,我们可以根据具体需求灵活运用 random 库中的各种函数,提高开发

效率。在使用 random 库时需要注意以下几点。

(1) 在多线程环境下,使用 random 库时需要使用 threading 模块中的 Lock 类进行线程同步。

(2) 在生成随机数时需要注意范围,避免超出范围。

(3) 在生成随机字符串或密码时需要使用 string 模块中的常量,避免出现非法字符。

3.6.2 time 库

Python 中内置了一些与时间处理相关的库,如 time、datetime 和 calendar 库。其中 time 库是 Python 中处理时间的标准库,是最基础的时间处理库。

time 库的功能如下:

(1) 计算机时间的表达。

(2) 提供获取系统时间并格式化输出功能。

(3) 提供系统级精确计时功能,用于程序性能分析。

格式如下:

```
import time
time.<b>()
```

time 库包括三类函数。时间获取:time()、ctime()、gmtime()、localtime();时间格式化:strftime()、strptime()、asctime();程序计时:sleep()、perf_counter()。

time 库的基本概念如下:

1. Epoch

Epoch 指时间起点,取决于平台,通常为“1970 年 1 月 1 日 00:00:00(UTC)”。可调用 time.localtime(0)函数返回当前平台的 Epoch,示例代码如图 3-6-5 所示。

```
>>> import time
>>> time.localtime(0)
time.struct_time(tm_year=1970, tm_mon=1, tm_mday=1, tm_hour=8, tm_min
=0, tm_sec=0, tm_wday=3, tm_yday=1, tm_isdst=0)
>>>
```

图 3-6-5 返回当前平台的 Epoch

2. 时间戳(timestamp)

时间戳是一种表示时间的方式,它是一个浮点数或整数,代表从某个特定时间点到现在的秒数。

3. UTC

UTC 指 Coordinated Universal Time,即协调世界时间,之前的名称是格林尼治天文时间(GMT),是世界标准时间。

4. DST

DST 指 Daylight Saving Time,即夏令时。

5. struct_time

time.struct_time 类表示时间对象,gmtime()、localtime()和 strptime()等函数返回

struct_time 对象表示的时间。struct_time 对象包含的字段见表 3-6-1。

表 3-6-1　struct_time 对象包含的字段

索引	属性
0	tm_year
1	tm_mon
2	tm_mday
3	tm_hour
4	tm_min
5	tm_sec
6	tm_wday
7	tm_yday
8	tm_isdst

3.6.2.1　时间处理函数

常用的时间处理函数有 time.time()、time.gmtime()、time.localtime()和 time.ctime()。

1. time.time()

获取当前时间戳(从世界标准时间的 1970 年 1 月 1 日 00:00:00 开始到当前这一时刻为止的总秒数),即计算机内部时间值,为浮点数。示例代码如下:

```
import time
print(time.time())
```

程序运行结果如图 3-6-6 所示。

```
>>> import time
>>> print(time.time())
1705469961.9862788
>>>
```

图 3-6-6　返回自 Epoch 以来的时间的秒数

2. time.asctime()和 time.ctime()

time.asctime()和 time.ctime()都可以用于获取当前的时间。time.ctime()函数与 time.asctime()函数为一对互补函数,返回字符串。time.ctime()函数用于将一个时间戳(以 s 为单位的浮点数)转换为“星期 月份 当月号 时分秒 年份”这种形式(若该函数未收到参数,则默认以 time.time()作为参数),如“Sat Jan 13 21:56:34 2018”。示例代码如下:

```
import time
print(time.ctime())
print(time.ctime(34.56))
```

程序运行结果如图 3-6-7 所示。

```
>>> import time
>>> print(time.ctime())
Sat Dec  9 11:07:54 2023
>>> print(time.ctime(34.56))
Thu Jan  1 08:00:34 1970
>>>
```

图 3-6-7 time.ctime( )程序运行结果

3. time.localtime( )和 time.gmtime( )

Python 提供了可以获取结构化时间的 localtime( )函数和 gmtime( )函数获取以当前时间，表示为计算机可处理的时间格式(struct_time 格式)。localtime( )函数和 gmtime( )函数都可将时间戳转换为以元组表示的时间对象(struct_time 格式)，但是 localtime( )函数得到的是当地时间，gmtime( )函数得到的是世界统一时间。格式如下所示：

```
localtime([secs])
gmtime([secs])
```

其中，secs 是一个表示时间戳的浮点数，若不提供该参数，默认以 time( )函数获取的时间戳作为参数。

time.localtime( )函数示例代码如下：

```
import time
print(time.localtime())
#默认以 time()函数获取的时间戳作为参数，为当地时间
print(time.localtime(34.54))          #参数为浮点数
```

程序运行结果如图 3-6-8 所示。

```
>>> import time
>>> print(time.localtime())
time.struct_time(tm_year=2023, tm_mon=12, tm_mday=9, tm_hour=10, tm_min=55,
tm_sec=11, tm_wday=5, tm_yday=343, tm_isdst=0)
>>> print(time.localtime(34.54))
time.struct_time(tm_year=1970, tm_mon=1, tm_mday=1, tm_hour=8, tm_min=0, tm_
sec=34, tm_wday=3, tm_yday=1, tm_isdst=0)
>>>
```

图 3-6-8 time.localtime( )程序运行结果

time.gmtime( )函数示例代码如下：

```
import time
print(time.gmtime())              #世界统一时间
print(time.gmtime(34.54))
```

程序运行结果如图 3-6-9 所示。

```
>>> import time
>>> print(time.gmtime())
time.struct_time(tm_year=2023, tm_mon=12, tm_mday=9, tm_hour=2, tm_min=57, t
m_sec=47, tm_wday=5, tm_yday=343, tm_isdst=0)
>>> print(time.gmtime(34.54))
time.struct_time(tm_year=1970, tm_mon=1, tm_mday=1, tm_hour=0, tm_min=0, tm_
sec=34, tm_wday=3, tm_yday=1, tm_isdst=0)
>>>
```

图 3-6-9 time.gmtime( )程序运行结果

将元组数据转换为日期,示例代码如下:

```
t=(2024,1,17,11,42,31,0,0,0)
time.asctime(t)
```

程序运行结果如图 3-6-10 所示。

```
>>> import time
>>> t=(2024, 1, 17, 11, 42, 31, 0, 0, 0)
>>> time.asctime(t)
'Mon Jan 17 11:42:31 2024'
>>>
```

图 3-6-10 将元组数据转换成日期

3.6.2.2 时间格式化

时间格式化是将时间以合理的方式展示出来。格式化类似字符串格式化,需要有展示模板,展示模板由特定的格式化控制符组成。

1. strftime( )函数

strftime( )函数可以将时间格式输出为字符串(与 strptime( )函数互补)。strftime(格式,时间)主要决定时间的输出格式。

strftime( )函数借助时间格式控制符来输出格式化的时间字符串,其中%a、%d、%b 等是 time 库预定义的用于控制不同时间或时间成分的格式控制符。

time 库中常用的时间格式控制符及其说明如下:

%Y:四位数的年份,取值范围为 0001~9999,如 1900。

%m:月份(01~12),如 10。

%d:月中的一天(01~31),如 25。

%B:本地完整的月份名称,如 January。

%b:本地简化的月份名称,如 Jan。

%A:本地完整的周日期,Monday~Sunday,如 Wednesday。

%a:本地简化的周日期,Mon~Sun,如 Wed。

%H:24 小时制小时数(00~23),如 12。

%I:12 小时制小时数(01~12),如 7。

%p:上下午,取值为 AM 或 PM。

%M:分钟数(00~59),如 26。

%S:秒(00~59),如 26。

strftime( )函数有两个参数,其中一个为 tpl(格式化的模板字符串参数,用来定义输出

效果),另一个为 ts(是计算机内部时间类型变量)。格式如下:

```
strftime(tpl,ts)
```

示例代码如下:

```
import time
t=time.gmtime()
print(time.strftime("%Y-%m-%d %H: %M: %S",t))
```

程序运行结果如图 3-6-11 所示。

```
>>> import time
>>> t=time.gmtime()
>>> print(time.strftime("%Y-%m-%d %H:%M:%S", t))
2023-12-09 05:27:42
>>>
```

图 3-6-11 利用格式控制符输出计算机时间

2. strptime()函数

strptime(字符串,格式)主要将该格式的字符串输出为 struct_time。格式如下:

```
strptime(str,tpl)
```

其中,tpl 是格式化模板字符串,用来定义输入效果,str 是字符串形式的时间值,输出的格式为 struct_time。

示例代码如下:

```
import time
print(time.strptime("2018-1-26 12: 55: 20",'%Y-%m-%d %H: %M: %S'))
```

程序运行结果如图 3-6-12 所示。

```
>>> print(time.strptime("2018-1-26 12:55:20",'%Y-%m-%d %H:%M:%S'))
time.struct_time(tm_year=2018, tm_mon=1, tm_mday=26, tm_hour=12, tm_min=55, tm_s
ec=20, tm_wday=4, tm_yday=26, tm_isdst=-1)
>>>
```

图 3-6-12 程序输出结果

3.6.2.3 程序计时

程序计时应用广泛。程序计时指测量起止动作所经历时间的过程。测量时间指的是能够记录时间的流逝:perf_counter()获取计算机中 CPU 也就是中央处理器以其频率运行的时钟纳秒计算,非常精确。

产生时间函数 sleep(),可以让程序休眠或者产生一定的时间。perf_counter()返回一个 CPU 级别的精确时间计数值,单位为秒,由于这个计数值起点不确定,连续调用差值才有意义。

示例代码如下:

```
import time
start=time.perf_counter()
end=time.perf_counter()
print(start)
print(end)
print(end-start)
```

程序运行结果如图 3-6-13 所示。

```
4e-07
7e-07
3e-07
>>>
```

图 3-6-13　程序运行结果

sleep(s)中，s 是拟休眠的时间，单位是秒，可以是浮点数。示例代码如下：

```
import time
print("开始")
time.sleep(3.3)
print("结束")
```

程序输出“开始”后，经过 3.3 秒后输出“结束”。程序运行结果如图 3-6-14 所示。

```
==================== RESTART:
开始
结束
>>>
```

图 3-6-14　程序运行结果

3.6.3　os 库(操作系统相关功能)

os 库是 Python 提供的操作系统相关功能的标准库，可以让用户与操作系统进行交互。它提供了一系列函数，用于执行常见的文件和目录操作。

以下是一个示例，演示如何使用 os 库获取当前工作目录和列出目录下的文件和子目录。

```
import os
#获取当前工作目录
cwd=os.getcwd()
print(cwd)
#列出目录下的文件和子目录
files=os.listdir('.')
print(files)
```

os 库还提供了其他功能，如创建和删除目录、重命名文件、执行系统命令等。

3.6.4 urllib 库(URL 操作)

urllib 库是 Python 提供的用于处理 URL 的标准库,它包含一组模块,用于执行 URL 的各种操作,如打开、读取、发送请求等。

以下是一个示例,展示如何使用 urllib 库进行 URL 操作。

```
from urllib import request
#打开 URL 并读取内容
response=request.urlopen('www.cjgz.edu.cn')
content=response.read()
print(content)
```

urllib 库还提供了其他功能,如发送 HTTP 请求、处理 URL 编码等。

3.6.5 csv 库(CSV 文件读写)

csv 库是 Python 提供的用于读写 CSV(Comma-Separated Values)文件的标准库。它提供了函数和方法,使得读取和写入 CSV 数据变得简单且便捷。

以下是一个示例,演示如何使用 csv 库进行 CSV 文件读写。

```
import csv
#读取 CSV 文件
with open('data.csv', 'r') as file:
    reader=csv.reader(file)
    for row in reader:
        print(row)
#写入 CSV 文件
with open('output.csv', 'w') as file:
    writer=csv.writer(file)
    writer.writerow(['Name', 'Age'])
    writer.writerow(['John', 30])
```

3.6.6 datetime 库(日期和时间操作)

datetime 库是 Python 提供的用于处理日期和时间的标准库。它提供了多个类和方法,使得日期和时间的创建、格式化、计算等操作变得简单且方便。

以下是一个示例,展示如何使用 datetime 库进行日期和时间操作。

```
from datetime import datetime,timedelta
#获取当前日期和时间
current_datetime=datetime.now()
print(current_datetime)
#格式化日期和时间
formatted_datetime=current_datetime.strftime('%Y-%m-%d %H:
%M: %S')
```

```
print(formatted_datetime)
#计算日期差值
future_datetime=current_datetime+timedelta(days=7)
print(future_datetime-current_datetime)
```

datetime 库还提供了其他功能,如日期和时间的比较、时区的处理等。

3.6.7 calendar 库(日历操作)

calendar 库是 Python 提供的用于处理日历的标准库。它提供了函数和方法,用于生成日历、获取周几等操作。

以下是一个示例,展示如何使用 calendar 库进行日历操作。

```
import calendar
#生成指定年份的日历
cal=calendar.calendar(2023)
print(cal)
#判断是否为闰年
is_leap=calendar.isleap(2023)
print(is_leap)
#获取某个月的日历
month_cal=calendar.month(2023,6)
print(month_cal)
```

calendar 库还提供了其他功能,如判断某个日期是周几、计算某个月的天数等。

3.6.8 math 库(数学函数)

math 库是 Python 提供的用于数学运算的标准库。它提供了大量的数学函数,包括三角函数、指数函数、对数函数、数值操作等。

以下是一个示例,展示如何使用 math 库进行数学运算。

```
import math
#求平方根
sqrt_value=math.sqrt(16)
print(sqrt_value)
#求正弦值
sin_value=math.sin(math.pi/2)
print(sin_value)
#求自然对数
log_value=math.log(math.e)
print(log_value)
```

math 库还提供了其他功能,如常数的定义、数值取整等。

3.6.9 statistics 库（统计函数）

statistics 库是 Python 提供的用于统计分析的标准库。它提供了多个统计函数，包括平均值、中位数、方差等。

以下是一个示例，展示如何使用 statistics 库进行统计分析。

```
import statistics
#计算列表的平均值
mean_value=statistics.mean([1,2,3,4,5])
print(mean_value)
#计算列表的中位数
median_value=statistics.median([1,2,3,4,5])
print(median_value)
#计算列表的方差
variance_value=statistics.variance([1,2,3,4,5])
print(variance_value)
```

statistics 库还提供了其他功能，如标准差的计算、数据采样等。

第四章 程序控制结构

知识目标

目标1：掌握程序控制的三种结构。

目标2：掌握 if、if-else、if-elif-else 选择控制语句。

目标3：掌握 for、while 循环控制语句。

目标4：掌握 break、continue 流程控制语句。

目标5：掌握简单的数学问题求解方法。

技能目标

目标1：能够根据需求设计并编写包含选择结构和循环结构的 Python 代码。

目标2：能够应用条件判断进行数据验证和逻辑控制。

目标3：能够使用循环语句完成重复任务、遍历数据结构，并能结合索引与切片实现复杂的数据处理。

素养目标

目标1：培养利用程序控制结构设计和实施解决方案的能力。

目标2：培养逻辑思维与创新能力。

目标3：培养团队协作与交流能力。

4.1 程序控制结构

结构化程序设计（SP，structured programming）的概念最早是由艾兹格·迪科斯彻（E. W.Dijkstra）在1965年提出的，该概念的提出是软件发展的一个重要里程碑，它的主要观点是采用“自顶向下、逐步求精”及模块化的程序设计方法。在结构化程序设计中，主要使用三种基本控制结构来构造程序，即顺序结构、选择结构和循环结构。使用结构化程序设计编写的程序在结构上具有以下特点。

（1）各个模块通过顺序、选择、循环控制结构进行连接，并且只有一个入口、一个出口；

(2) 从上至下顺序地阅读程序文本,程序的出错率和维护成本大大减少;

(3) 程序的静态描述与执行时的控制流程容易对应,具有一个合理结构,以保证和验证程序的正确性,从而开发出正确、合理的程序。

4.1.1 程序控制结构——三种基本程序结构

Python 程序控制结构是指程序中用来控制程序执行流程的语句和结构,是 Python 语言中的重要组成部分。在 Python 中,比较常见的控制结构有三种,分别是顺序结构、选择结构、循环结构,如图 4-1-1 所示。这些结构可以帮助程序员实现各种复杂的功能,提高程序的可读性和可维护性。

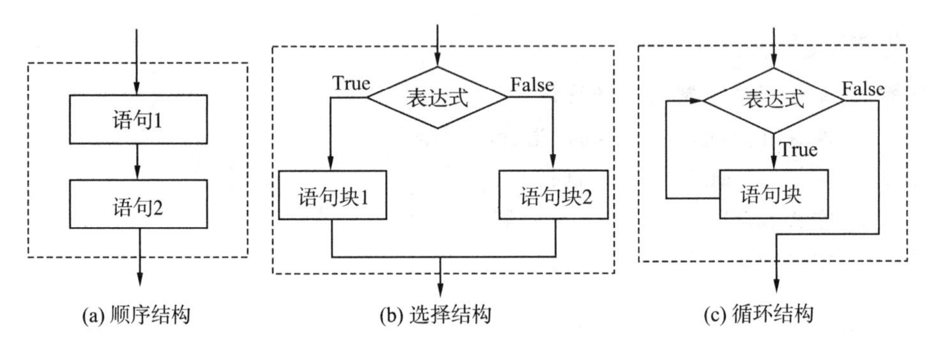

图 4-1-1 程序控制结构

顺序结构是指代码按照我们指定的顺序执行,将每一行语句一步一步地执行,该结构最简单,是最基本的结构。

假设存在 a、b、c 三个整数,如果按照以下顺序执行:

```
c=a+b
b=c-a
a=b+c
```

与按照以下顺序执行所得出的 a、b、c 的结果是不同的。

```
b=c-a
a=b+c
c=a+b
```

这里需要注意:要实现上述功能,需要严格按照顺序来执行每一个步骤。如果顺序错误,那么便会得出错误的结果。

【任务 4-1】 对任意两个整数求和。

任务分析:a 和 b 是两个变量,用于存放输入的两个整数。input()函数输入的默认数据类型为字符串,可通过 int()函数转换为整数类型。

示例代码如下:

```
'''
ch04-demo01.py
==================
演示任意两个整数相加
'''
a=int(input('请输入 a 的值:'))
b=int(input('请输入 b 的值:'))
c=a+b
print(c)
```

任务 4-1 运行的结果如图 4-1-2 所示。

```
=============== RESTART: D:/Python36/课程代码/ch04/ch04-demo01.py
=
请输入a的值：3
请输入b的值：5
8
>>>
```

图 4-1-2　程序输出结果

从运行效果可以看出,input()和 print()函数中可用字符串作为参数,起提示作用。

【任务 4-2】　输入两个正整数 a 和 b,交换 a、b 的值(使 a 的值等于 b,b 的值等于 a)。

示例代码如下:

```
'''
ch04-demo02.py
==================
演示输入两个正整数 a 和 b,交换 a、b 的值
'''
a=int(input('请输入 a 的值:'))
b=int(input('请输入 b 的值:'))
c=a
a=b
b=c
print(a,b)
```

任务 4-2 运行的结果如图 4-1-3 所示。

```
=============== RESTART: D:/Python36/课程代码/ch04/ch04-demo02.py
=
请输入a的值：3
请输入b的值：5
5 3
>>>
```

图 4-1-3　程序输出结果

【任务 4-3】　输入正方体的棱长,计算正方体对应的表面积和体积。

任务分析:正方体的表面积=6×棱长×棱长,正方体的体积=棱长×棱长×棱长,因此,解决该问题的步骤如下。

第1步：使用input( )函数获取手动输入的正方体棱长。

第2步：将input( )函数返回的字符串类型数据转换为数值类型，这里可以使用eval( )函数实现类型转换，并将转换后的棱长赋予变量a。

第3步：求出正方体的表面积并赋予变量S，求出正方体的体积并赋予变量V。

第4步：输出变量S和V。

使用顺序结构编程可实现以上各个步骤，示例代码如下：

```
'''
ch04-demo03.py
==================
演示输入正方体的棱长，计算正方体对应的表面积和体积
'''
n=input("请输入正方体的棱长：")
a=eval(n)
S=6*a*a
V=a*a*a
print("正方体的表面积为：",S)
print("正方体的体积为：",V)
```

程序运行结果为

```
请输入正方体的棱长：3
正方体的表面积为：54
正方体的体积为：27
```

如果需要先输出体积再输出表面积，则只需交换第5行和第6行，代码如下：

```
'''
ch04-demo04.py
==================
演示输入正方体的棱长，计算正方体对应的体积和表面积
'''
n=input("请输入正方体的棱长：")
a=eval(n)
S=6*a*a
V=a*a*a
print("正方体的体积为：",V)
print("正方体的表面积为：",S)
```

程序运行结果为

```
请输入正方体的棱长：3
正方体的体积为：27
正方体的表面积为：54
```

由以上程序运行结果可知，代码的执行顺序和程序代码的编写顺序保持一致。

4.2　选择结构

使用顺序结构可以解决一些比较简单的问题,但很多问题不能单纯地使用顺序结构来解决,例如有些问题需要根据条件来选择不同的处理过程,此时需要用到选择结构。

在 Python 语言中,选择结构的语句包括 if 语句、if-else 语句和 if-elif-else 语句。if 语句用于判断一个条件是否成立,如果成立,则执行相应的语句块,否则不执行。if-else 语句在 if 语句的基础上增加了一个 else 分支,用于处理条件不成立的情况。if-elif-else 语句在 if-else 语句的基础上增加了多个 elif 分支,用于处理多个条件的情况。

4.2.1　单分支结构

Python 语言单分支结构中使用 if 语句,通常表现为“如果满足某种条件,那么就进行某种处理”,语法格式为

```
if <条件表达式>:
        <语句块>
```

这里需要注意以下几点:

(1) 表达式可以是一个单一的值或者变量,也可以是由运算符组成的复杂语句。

(2) if 条件表达式结果为真,则执行 if 之后所控制的语句块。如果表达式的值为假,则跳过语句块,继续执行后面的语句。

(3) 使用缩进来划分语句块,相同缩进的语句在一起组成一个语句块。

(4) 冒号后面的语句块是在条件表达式结果为真的情况下执行,所以称之为真区间或 if 区间。

具体流程如图 4-2-1 所示。

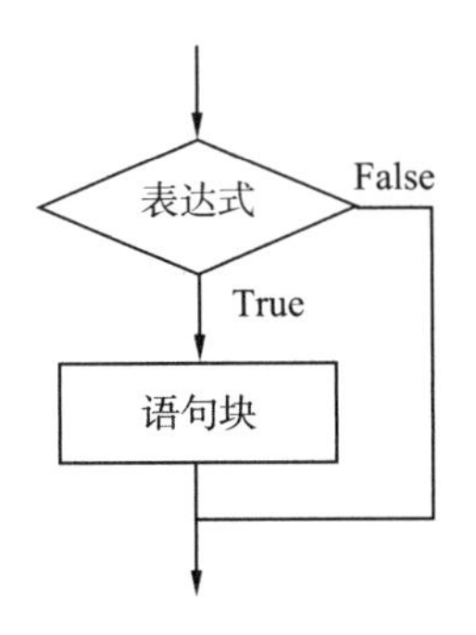

图 4-2-1　单分支结构流程图

【任务 4-4】 使用 if 语句求出两个数的最小值。

示例代码如下:

```
'''
ch04-demo05.py
===================
演示使用 if 语句求出两个数的最小值
'''
a=input("请输入第一个数:")
b=input("请输入第二个数:")
if a>b:
   c=b
if a<b:
   c=a
print("两个数的最小值是:",c)
```

任务 4-4 运行的结果如图 4-2-2 所示。

```
=============== RESTART: D:/Python36/课程代码/ch04/ch04-demo05.py
=
请输入第一个数:3
请输入第二个数:5
两个数的最小值是:  3
>>>
```

图 4-2-2 程序运行结果

4.2.2 双分支结构

双分支结构在单分支结构的基础上,根据条件的真假来执行不同的语句,通常表现为"如果满足某种条件,就进行某种处理,否则进行另一种处理"。使用 if-else 语句的语法格式为

```
if <条件表达式>:

            <语句块 1>
else:

            <语句块 2>
```

这里需要注意以下几点。

(1) 表达式可以是一个单一的值或者变量,也可以是由运算符组成的复杂语句。如果表达式的值为真,则执行语句块 1;如果表达式的值为假,则执行语句块 2。

(2) else 不能单独使用,必须和 if 一起使用。

(3) 双分支结构有两个区间,分别是 True 控制的 if 语句和 False 控制的 if 语句。

(4) if 语句的内容在双分支之间必须缩进。

双分支结构流程如图 4-2-3 所示。

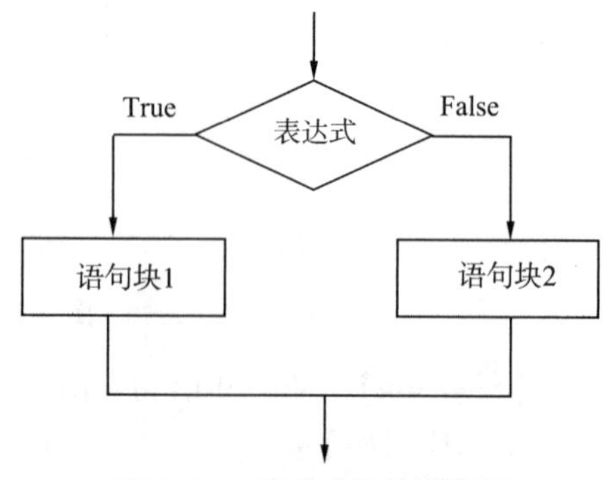

图 4-2-3 双分支结构流程图

除了上述双分支结构外，如果双分支本身比较简单，那么我们还可以使用双分支结构的紧凑形式。紧凑形式格式为

```
<表达式 1> if <条件> else <表达式 2>
```

在上述紧凑形式中，如果条件为真，则会返回表达式 1 的值；如果条件为假，则会返回表达式 2 的值。

双分支结构紧凑形式的示例如下：

```
a=3 if 3>2 else 5
```

上述表达式的正确结果为 3。

【任务 4-5】 判断一个数是奇数还是偶数。

示例代码如下：

```
'''
ch04-demo06.py
==================
演示判断一个数是奇数还是偶数
'''
a=int(input("请输入任意一个整数:"))
if a%2==0:
  print("这是一个偶数。")
else:
  print("这是一个奇数。")
```

任务 4-5 运行的结果如图 4-2-4 所示。

```
============== RESTART: D:/Python36/课程代码/ch04/ch04-demo06.py
=
请输入任意一个整数: 5
这是一个奇数。
>>>
```

图 4-2-4　程序运行结果

4.2.3　多分支结构

除了上述单分支和双分支结构外，Python 还支持多分支结构。多分支结构使用 if-elif-else 语句，用于针对某一事件的多种情况进行处理，通常表现为“如果满足某种条件，就进行某种处理；否则，如果满足另一种条件，则执行另一种处理”，其语法格式为

```
if <条件表达式 1>:
          <语句块 1>
elif <条件表达式 2>:
          <语句块 2>
...
elif <条件表达式 N-1>:
```

```
        <语句块N-1>
else:
        <语句块N>
```

这里需要注意以下几点。

(1) 表达式可以是一个单一的值或者变量,也可以是由运算符组成的复杂语句。如果表达式1的值为真,则执行语句块1;如果表达式1的值为假,则进入elif的判断,以此类推,只有在所有表达式都为假的情况下,才会执行else中的语句。

(2) 多分支结构可以添加无限个elif分支,但无论如何,只会执行众多分支的其中一个。

(3) elif和else都不能单独使用,必须和if一起使用。

(4) 执行完一个分支后,分支结构就会结束,后面的分支都不会判断,也不会执行。

(5) 多项分支的判断顺序是自上而下逐个分支进行判断的。

(6) 多分支结构在使用时要特别注意条件的包含关系,应该合理地划分条件,以使程序正确执行并得到想要的结果。如果if和elif后的条件划分不当,那么就会出现程序能够正常运行但是不能得到正确结论的情况。

多分支结构流程图如图4-2-5所示。

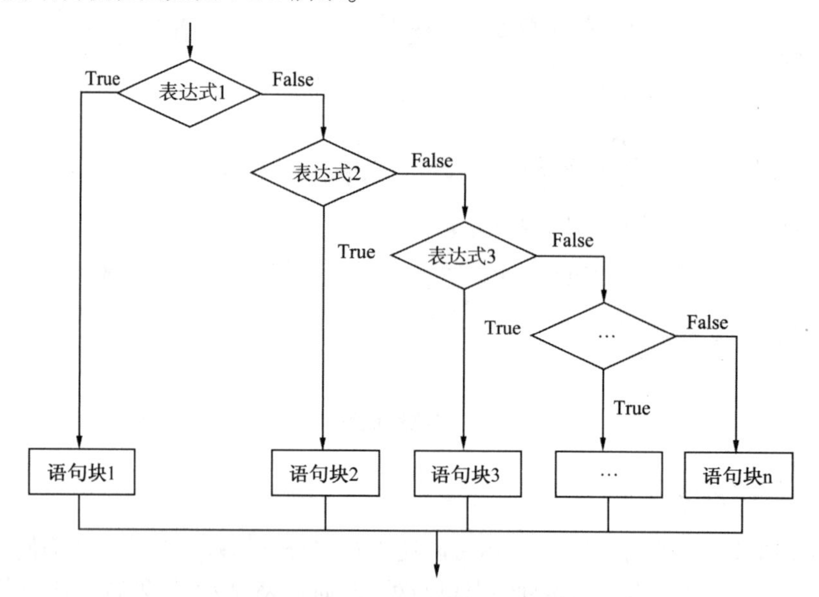

图4-2-5 多分支结构流程图

多分支程序示例代码如下:

```
'''
==================
演示判断各个不同的年龄段
'''
age=20
```

```
if 0<=age<=6:
    print("童年")
elif 7<=age<=17:
    print("少年")
elif 18<=age<=40:
    print("青年")
elif 41<=age<=65:
    print("中年")
else:
    print("老年")
```

程序运行结果为

```
青年
```

【任务4-6】 $PM_{2.5}$的数值在0~50代表空气质量为优,50~100代表空气质量为良,100以上则代表有污染。输入当天$PM_{2.5}$的数值,输出空气质量的提示信息。

任务分析:根据上述规定,$PM_{2.5}$大致可以分为3个等级。不同等级的提示信息不同,我们可以使用多分支结构来控制输出结果。首先,提示用户输入当天$PM_{2.5}$的数值,如果输入值大于或等于0且小于50,则输出“空气优质,快去户外运动!”。如果输入值大于或等于50且小于100,则输出“空气良好,适度户外运动!”。如果输入值不满足以上两种条件,就执行else后面的语句,输出“空气污染,不适宜户外运动!”。

示例代码如下:

```
'''
ch04-demo07.py
===================
演示输入当天PM2.5的数值,输出空气质量的提示信息
'''
PM=eval(input("请输入当天PM2.5的数值:"))
if 0<=PM<50:
   print("空气优质,快去户外运动!")
elif 50<=PM<100:
   print("空气良好,适度户外运动!")
else:
   print("空气污染,不适宜户外运动!")
```

运行程序,输入75,程序的输出结果如图4-2-6所示。

```
=============== RESTART: D:/Python36/课程代码/ch04/ch04-demo07.py
=
请输入当天PM2.5的数值: 75
空气良好, 适度户外运动!
>>>
```

图4-2-6　程序输出结果

程序的运行过程：输入 75 到变量 PM，条件 0<=PM<50 为假(False)，不执行 if 之后的语句。接下来分析条件 50<=PM<100 为真(True)，因此执行该条件之后的语句，输出"空气良好，适度户外运动！"，然后结束整个多分支语句的执行。

上述程序代码中的条件只使用了关系运算符，实际上也可以通过逻辑运算符来实现。程序代码如下：

```
'''
ch04-demo08.py
==================
演示使用逻辑运算符输入当天 PM2.5 的数值，输出空气质量的提示信息
'''
PM=eval(input("请输入当天 PM2.5 的数值："))
if PM>=0 and PM<50:
   print("空气优质，快去户外运动！")
elif PM>=50 and PM<100:
   print("空气良好，适度户外运动！")
else:
   print("空气污染，不适宜户外运动！")
```

运行程序，输入 45，程序的输出结果如图 4-2-7 所示。

```
=============== RESTART: D:/Python36/课程代码/ch04/ch04-demo08.py
=
请输入当天PM2.5的数值：45
空气优质，快去户外运动！
>>>
```

图 4-2-7　程序运行结果

4.2.4 if 语句的嵌套

前面介绍了三种形式的选择语句，即 if 语句、if-else 语句和 if-elif-else 语句，这三种选择语句可以相互嵌套。例如，在最简单的 if 语句中嵌套 if-else 语句，语法格式为

```
if 表达式1:
      if 表达式2:
              语句块1
      else:
              语句块2
```

也可以在 if-else 语句中嵌套 if-else 语句，语法格式为

```
if 表达式1:
      if 表达式2:
              语句块1
      else:
              语句块2
else:
      if 表达式3:
```

```
            语句块 3
      else:
            语句块 4
```

在程序开发过程中,需要根据具体的应用场景选择合适的嵌套方案。需要注意的是,在使用语句嵌套时,一定要遵守不同级别语句块的缩进规范。

【任务 4-7】 判断是否为酒后驾车。假设规定车辆驾驶员的血液中酒精含量小于 20 mg/100 mL 不构成酒驾,酒精含量大于或等于 20 mg/100 mL 为酒驾,酒精含量大于或等于 80 mg/100 mL 为醉驾。

示例代码如下:

```
'''
ch04-demo09.py
==================
演示判断是否为酒后驾车
'''
alcohol=int(input("请输入驾驶员每100mL血液中酒精的含量:"))
if alcohol < 20:
    print("驾驶员不构成酒驾")
else:
    if alcohol < 80:
        print("驾驶员已构成酒驾")
    else:
        print("驾驶员已构成醉驾")
```

程序运行结果如图 4-2-8 所示。

```
=============== RESTART: D:/Python36/课程代码/ch04/ch04-demo09.py
=
请输入驾驶员每100mL血液中酒精的含量: 35
驾驶员已构成酒驾
>>>
```

图 4-2-8　程序运行结果

【任务 4-8】 判断某个年份是否为闰年。

任务分析:已知判断闰年的条件。(1) 能被 4 整除,但不能被 100 整除的年份都是闰年,例如 1996 年、2004 年是闰年;(2) 能被 100 整除,又不能被 400 整除的年份是闰年,如 2000 年是闰年。不符合这两个条件的年份则不是闰年。

示例代码如下:

```
'''
ch04-demo10.py
==================
演示判断某个年份是否为闰年
'''
year=int(input("请输入一个年份:"))
```

```
if (year% 4 ==0 and year% 100!=0) or (year% 400)==0:
    print(year,"年是闰年")
else:
    print(year,"年不是闰年")
```

任务 4-8 运行的结果如图 4-2-9 所示。

```
=============== RESTART: D:/Python36/课程代码/ch04/ch04-demo10.py
=
请输入一个年份：2024
2024 年是闰年
>>>
```

图 4-2-9 程序运行结果

4.3 循环结构

如果在满足条件时需要反复执行某些操作,我们可以使用循环结构实现。

循环结构是使用得最多的一种结构。循环结构是指在满足一定的条件下,重复执行某段代码的一种编码结构。

构造循环结构有两个要素,即循环体和循环条件。循环体,即重复执行的语句和代码;循环条件,即重复执行的语句和代码所要满足的条件。在 Python 中,常见的循环结构是 while 循环和 for 循环。

根据循环执行次数是否确定,循环可分为确定次数的循环和非确定次数的循环。确定次数的循环为“遍历循环”,Python 中通常使用 for 语句来实现,可以使用 range( ) 函数来控制循环的次数;非确定次数的循环,则要通过判断循环条件是否满足来确定是否继续执行循环,Python 中使用 while 语句来实现。

4.3.1 while 循环

事先不能确定循环的执行次数,需要根据条件是否成立来决定是否执行相关的语句,这种循环称为条件循环。Python 编程中使用 while 语句实现条件循环,while 关键字之后的条件表达式用于判断是否可以继续循环。Python 中 while 语句的语法格式为

```
while <条件表达式>:
        <执行语句>
```

首先判断条件是否为真,再往下执行,只要给定条件为真(True),while 循环语句将重复执行这条语句;当判断条件为假(False)时,循环结束。当条件为永真时,while 循环为无限循环。

【任务 4-9】 计算 sum=1+2+3+…+100。

任务分析：这是一个累加求和的问题,循环结构的算法是定义两个整数变量,i 表示加数,其初值为 1;sum 表示和,其初值为 0。首先将 sum 和 i 相加,然后 i 增加 1,再与 sum

相加并存入 sum;直到 i 大于 100 为止。

示例代码如下:

```
'''
ch04-demo11.py
===================
演示计算 sum=1+2+3+…+100
'''
i=1
sum=0
while i<=100:
    sum +=i             #等价于 sum=sum+i
    i+=1
print("sum=",sum)
```

任务 4-9 运行的结果如图 4-3-1 所示。

```
============== RESTART: D:/Python36/课程代码/ch04/ch04-demo11.py
sum= 5050
>>>
```

图 4-3-1　程序运行结果

这里需要注意以下几点。

(1) 在循环体中应该有改变循环条件表达式值的语句,否则将会造成无限循环(死循环)。

(2) 该循环结构是先判断后执行循环体,因此,若表达式的值一开始就为 False,则循环体一次也不执行,直接退出循环。

(3) 要留心边界值(循环次数)。在设置循环条件时,要仔细分析边界值,以免多执行一次或少执行一次。

在 while 循环中,我们常常用到 break 与 continue 语句。break 用于立即退出 while 循环,不再运行循环中余下的代码,也不管条件判断的结果是否为真。continue 用于结束本次循环,返回到 while 语句开始的位置,接着进行条件判断。如果为真,程序接着执行,否则退出循环。

两者的区别:continue 是跳出本次循环,只跳过本次循环 continue 后的语句;break 是跳出整个循环体,循环体中未执行的循环将不会执行。

【任务 4-10】　打印数字 1—10,如果这个数能被 3 整除,那么就不打印。

方法一　break 方法。示例代码如下:

```
'''
ch04-demo12.py
===================
演示使用 break 方法,打印数字 1-10,如果这个数能被 3 整除,那么就不打印
```

```
'''
for i in range(1,10):
  if i%3==0:
     break                 #结束本轮循环
  print(i)
else:
     print("循环结束")
```

程序运行结果如图 4-3-2 所示。

```
===============          RESTART:D:\Python36\课程代码\ch04\ch04-demo12.py
1
2
>>>
```

图 4-3-2 程序运行结果

由方法一运行结果可以明显地看出,break 的作用是结束整个循环。

方法二 continue 方法。示例代码如下:

```
'''
ch04-demo13.py
===================
演示使用 continue 方法,打印数字 1-10,如果这个数能被 3 整除,那么就不打印
'''
for i in range(1,10):
  if i%3==0:
     continue                 #结束本轮循环
  print(i)
else:
  print("循环结束")
```

其运行结果如图 4-3-3 所示。

```
=============== RESTART: D:/Python36/课程代码/ch04/ch04-demo13.py
1
2
4
5
7
8
循环结束
>>>
```

图 4-3-3 程序运行结果

由方法二运行结果可以很明显地看出,continue 的作用是结束本轮循环,开始下轮循环。

【任务 4-11】 设计一个小游戏,让玩家输入一个数字,通过程序判断是奇数还是偶数。

示例代码如下:

```
'''
ch04-demo14.py
==================
演示输入一个数字,程序判断它是奇数还是偶数
'''
#输入提示
prompt='输入一个数字,我将告诉你,它是奇数,还是偶数哦o(∩_∩)o~'
prompt+='\n 输入“退出”,将退出本程序:'

exit='退出'            #退出指令
content=''             #输入内容
while content !=exit:
    content=input(prompt)
#isdigit()函数用于检测字符串是否只由数字组成
    if content.isdigit():
        number=int(content)
        if (number%2==0):
            print('该数是偶数')
        else:
            print('该数是奇数')
    elif content !=exit:
        print('输入的必须是数字哦')
```

程序运行结果如图 4-3-4 所示。

```
=============== RESTART: D:/Python36/课程代码/ch04/ch04-demo14.py
输入一个数字, 我将告诉你, 它是奇数, 还是偶数哦0(∩_∩)0~
输入“退出”, 将退出本程序: 6
该数是偶数
输入一个数字, 我将告诉你, 它是奇数, 还是偶数哦0(∩_∩)0~
输入“退出”, 将退出本程序: 退出
>>>
```

图 4-3-4 程序运行结果

在编写 while 循环语句时,一定要保证程序正常结束,否则会造成“死循环”(或“无限循环”)。例如,在下面的代码中,i 的值永远小于 100,运行后程序将不停地输出 0。

```
i=0
while i<100:
        print(i)
```

4.3.2 for 循环

Python 中另一个表示循环的结构就是 for 循环语句。for 循环语句可以遍历如列表、元组、字符串等序列成员(列表、元组、字符串也称为序列)。for 循环语句的语法格式为

```
for <变量> in <序列>:
        <执行语句>
```

在 for 循环中,循环变量遍历序列中的每一个值时,循环的语句就执行一次,直至遍历完整个序列。考虑到数值范围经常变化,Python 提供了一个内置 range( ) 函数,它可以生成一个数字序列。range( ) 函数的语法格式为

```
range([start,]end[,step])
```

其中,start 表示计数从 start 开始,缺省时默认从 0 开始,如 range(5) 等价于 range(0,5)。end 表示计数到 end 结束,但不包括 end,如 range(0,5) 是 0,1,2,3,4 数字序列,不包含 5。

step 表示步长,缺省时默认为 1,如 range(0,5) 等价于 range(0,5,1)。参数 step 也可为负数,当参数为负数时,start 的值大于 end 的值,range( ) 函数生成一个从大到小的数字序列,如 range(5,1,-1) 是 5,4,3,2 的数字序列。

【任务 4-12】 for 循环遍历 i 的值。

示例代码如下:

```
'''
ch04-demo15.py
==================
演示 for 循环遍历 i 的值
'''
for i in range(5):
  print(i)
```

程序运行结果如图 4-3-5 所示。

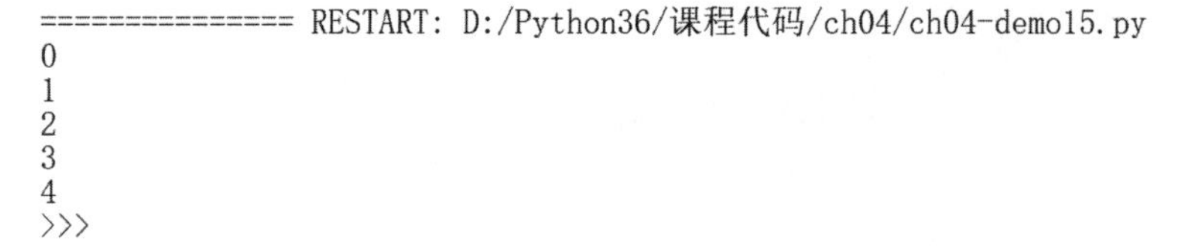
```
=============== RESTART: D:/Python36/课程代码/ch04/ch04-demo15.py
0
1
2
3
4
>>>
```

图 4-3-5 程序运行结果

这里需要注意以下几点。

(1) range( ) 函数生成的是一个左闭右开的等差数字序列。

(2) range( ) 函数接收的参数必须是整数,可以是负数,但不能是浮点数等其他类型。

(3) range( ) 函数是不可变的序列类型,可以进行判断元素、查找元素、切片等操作,但不能修改元素。

(4) range( ) 函数生成的是可迭代对象,但它不是迭代器。

【任务 4-13】 用 for 循环语句实现计算 1~99 的整数和。

示例代码如下:

```
'''
ch04-demo16.py
```

```
  ==================
  演示 for 循环语句实现计算 1~99 的整数和
'''
sum=0
for i in range(1,100):
  sum+=i
print("1 到 99 的整数和是:",sum)
```

程序运行结果如图 4-3-6 所示。

```
=============== RESTART: D:/Python36/课程代码/ch04/ch04-demo16.py
1到99的整数和是: 4950
>>>
```

图 4-3-6 程序运行结果

【任务 4-14】 判断一个数是不是素数。

任务分析:判断一个数 m 是不是素数的算法。让 m 被 2 到[$\sqrt{m}$]+1 除,如果 m 能被 2 到[$\sqrt{m}$]+1 的任意一个整数整除,则可以判断 m 不是素数;如果 m 不能被 2 到[$\sqrt{m}$]+1 的任意一个整数整除,则可以判断 m 是素数。

示例代码如下:

```
'''
ch04-demo17.py
==================
演示判断一个数是不是素数
'''
#由于程序中要用到求平方根的函数 sqrt(),因此需要导入 math 模块
import math
m= int(input("请输入一个数 m:"))
n= int(math.sqrt(m)) #math.sqrt(m)返回 m 的平方根
prime=1
for i in range(2,n+1):
    if m% i==0:
           prime=0
if(prime==1):
    print(m,"是素数")
else:
    print(m,"不是素数")
```

程序运行结果如图 4-3-7 所示。

```
=============== RESTART: D:\Python36\课程代码\ch04\ch04-demo17.py
请输入一个数m:5
5 是素数
>>>
```

图 4-3-7 程序运行结果

4.3.3 嵌套循环

循环嵌套就是一个循环体包含另一个完整的循环结构,而在这个完整的循环体内还可以嵌套其他的循环结构。如果使用嵌套循环,break 语句将只停止它所处层的循环,转到该循环外继续执行语句。

循环嵌套很复杂,while 循环可以嵌套 while 循环,也可以嵌套 for 循环,for 循环可以嵌套 for 循环,也可以嵌套 while 循环。

在 while 循环中嵌套 while 循环的格式为

```
while 表达式1:
        while 表达式2:
                语句块2
        语句块1
```

在 for 循环中嵌套 for 循环的格式为

```
for 迭代变量1 in 对象1:
        for 迭代变量2 in 对象2:
                语句块2
        语句块1
```

在 while 循环中嵌套 for 循环的格式为

```
while 表达式:
        for 迭代变量 in 对象:
                语句块2
        语句块1
```

在 for 循环中嵌套 while 循环的格式为

```
for 迭代变量 in 对象:
        while 表达式:
                语句块2
        语句块1
```

【任务 4-15】 分析以下程序的输出结果。

```
for i in range(4):
         for j in "Python":
            print(j,end='')
         print()
```

以上程序在 for 循环内嵌套了另一个 for 循环。外循环的循环变量 i 从 range(4) 中取值,第一次执行外循环时,i 取 0,外循环的循环体中有两条语句,第一条语句为 for 循环,其作用是依次取出字符串“Python”的各个字符,并在其循环体内执行输出,输出语句为

print(j,end='')，end 参数将每次输出的分隔符规定为空，因此该内循环执行一次的输出结果是 Python；内循环结束后，执行其后的 print 语句，用于输出换行，这时外循环的第一次循环执行结束，开始执行外循环的第二次循环，此时 i 取 1，进入循环体中先执行内循环输出 Python，然后换行。如此往复，直到外循环运行结束。

程序运行结果为

```
Python
Python
Python
Python
```

【任务 4-16】　分别输入学生的 3 门成绩，并分别计算平均成绩。

使用 while 循环嵌套实现，具体代码如下：

```
'''
ch04-demo18.py
===================
演示分别输入学生的 3 门成绩,计算平均成绩
'''
j=1                      #定义外部循环计数器初始值
while j<= 2:             #定义外部循环为执行两次
  sum=0                  #定义成绩初始值
  i=1                    #定义内部循环计数器初始值
#接收用户输入的学生姓名,赋值给 name 变量
  name=input('请输入学生姓名:')
  while i<= 3:           #定义内部函数循环 3 次,就是接收 3 门课程的成绩
     print('请输入第%d 门的考试成绩:'%i)
                         #提示用户输入成绩
     sum= sum+int(input())
                         #接收用户输入的成绩,赋值给 sum 变量
#变量自增 1,1 变为 2,继续执行循环,直到 i 等于 4 时,跳出循环
     i+=1
     avg= sum/(i-1)
                         #计算学生的平均成绩,赋值给 avg 变量
     print(name,'的平均成绩是:%d\n'% avg)
                         #输出学生成绩的平均值
#内部循环执行完毕后,外部循环计数器 j 自增 1,变为 2,再进行外部循环
     j=j+1
print('学生成绩输入完成!')
```

程序运行结果如图 4-3-8 所示。

```
=============== RESTART: D:/Python36/课程代码/ch04/ch04-demo18.py
请输入学生姓名：张三
请输入第1门的考试成绩：
75
张三 的平均成绩是：75

请输入第2门的考试成绩：
60
张三 的平均成绩是：67

请输入第3门的考试成绩：
90
张三 的平均成绩是：75

学生成绩输入完成！
>>>
```

图 4-3-8 程序运行结果

【任务 4-17】 我国古代数学家张丘建在《算经》一书中曾提出过著名的“百钱买百鸡”问题：鸡翁一，值钱五；鸡母一，值钱三；鸡雏三，值钱一。百钱买百鸡，则翁、母、雏各几何？

任务分析：“百钱买百鸡”问题是非常经典的不定方程问题。题目很简单：公鸡每只5元，母鸡每只3元，小鸡3只一元，现要求用100元钱买100只鸡（三种类型的鸡都要买），问公鸡、母鸡、小鸡各买几只？

使用for循环嵌套实现，具体代码如下：

```
'''
ch04-demo19.py
==================
演示百鸡百钱问题
'''
print("公鸡数","母鸡数","小鸡数",sep='\t')
for x in range(1,20):             #公鸡 x：1~20
   for y in range(1,33):          #母鸡 y：1~33
       z=100-x-y                  #小鸡 z：100-公鸡-母鸡(z=100-x-y)
       if 5*x+3*y+z/3==100:  #若满足 5x+3y+z/3=100
          print(x,y,z,sep='\t')  #则输出 x,y,z
```

程序运行结果如图4-3-9所示。

```
=============== RESTART: D:/Python36/课程代码/ch04/ch04-demo19.py
公鸡数  母鸡数  小鸡数
4       18      78
8       11      81
12      4       84
>>>
```

图 4-3-9 程序运行结果

【任务 4-18】 通过编程实现从键盘任意输入一个字符串，将大写字母“T”之外的字符重复输出2次，大写字母“T”输出1次。例如，

输入：abcd1 tTyz2

输出：aabbccdd11 ttTyyzz22

任务分析：首先使用input()函数接收用户输入的字符串，保存到变量中，假设变量为st。由于st中的每个字符至少输出1次，因此，我们可以对st中的每个字符逐一处理，即使用for循环遍历字符串st中的每一个字符，循环变量i依次取得st中的每个字符，大写字母“T”输出1次，除大写字母“T”之外的所有字符均需输出两次，故可以使用for j in range(2)来实现字符的两次输出，这时就形成了嵌套循环。在内循环中，对获取的字符首先输出1次，然后进行判断，如果字符是大写的“T”，则使用break语句提前结束内循环，否则内循环进入第二次循环。由于要求仍以字符串的形式输出，因此，每次输出结束后不能换行，我们可以通过在print()函数中将参数end设置为空来实现(end='')。

示例代码如下：

```
'''
ch04-demo20.py
==================
演示将输入的大写字母“T”之外的字符重复输出2次,大写字母“T”输出1次
'''
st=input("请输入一个字符串:")
for i in st:
    for j in range(2):
        print(i,end='')
        if i=="T":
            break
```

程序运行结果如图4-3-10所示。

```
=============== RESTART: D:/Python36/课程代码/ch04/ch04-demo20.py
请输入一个字符串：abcd1 tTyz2
aabbccdd11  ttTyyzz22
>>>
```

图4-3-10 程序运行结果

【任务4-19】 编写程序输出以下形式的九九乘法口诀表。

```
1×1=1
1×2=2  2×2=4
1×3=3  2×3=6   3×3=9
1×4=4  2×4=8   3×4=12  4×4=16
1×5=5  2×5=10  3×5=15  4×5=20  5×5=25
1×6=6  2×6=12  3×6=18  4×6=24  5×6=30  6×6=36
1×7=7  2×7=14  3×7=21  4×7=28  5×7=35  6×7=42  7×7=49
1×8=8  2×8=16  3×8=24  4×8=32  5×8=40  6×8=48  7×8=56  8×8=64
1×9=9  2×9=18  3×9=27  4×9=36  5×9=45  6×9=54  7×9=63  8×9=
72  9×9=81
```

任务分析：从输出可知，该乘法口诀表一共输出9行，每行输出的表达式个数是变化的(第1行输出1个，第2行输出2个……第9行输出9个)。显然，我们可以通过嵌套循环来实现编程，如外循环的循环变量i控制行数，内循环的循环变量j控制每行表达式的

个数。输出的每个表达式左端有乘数、乘号和被乘数,其中乘数是控制行数的变量 i,被乘数用控制每行表达式个数的变量 j 来表达,这样每个表达式等号"="左边就可以表示成 i * j(乘号×用 * 替换),"="右边的值可以看成是"乘数×被乘数"的结果,也就是说每个表达式中的" * "和"="是不变的,乘数、被乘数和乘积均是变化的。因此,如果用字符串的 format()方法来输出每个表达式,其输出语句为 print('{} * {} = {}'.format(i,j,i * j))。考虑到每一行的每个表达式输出后不换行,所以通过设置"end=' '"实现。最后,通过 print()语句实现一行所有表达式输出完成后的换行功能。

程序代码如下:

```
'''
ch04-demo21.py
==================
演示打印九九乘法口诀表
'''
for i in range(1,10):                    #设置 i 的范围 1~9
  for j in range(1,i+1):                 #在当 i 下,j 的值,范围 1~i
#打印,格式 i * j = 乘积
     print('{0} * {1} = {2}'.format(i,j,i * j),end='')
  print()
```

程序运行结果如图 4-3-11 所示。

```
============= RESTART: D:/Python36/课程代码/ch04/ch04-demo21py.py ====
1*1=1
2*1=2   2*2=4
3*1=3   3*2=6   3*3=9
4*1=4   4*2=8   4*3=12  4*4=16
5*1=5   5*2=10  5*3=15  5*4=20  5*5=25
6*1=6   6*2=12  6*3=18  6*4=24  6*5=30  6*6=36
7*1=7   7*2=14  7*3=21  7*4=28  7*5=35  7*6=42  7*7=49
8*1=8   8*2=16  8*3=24  8*4=32  8*5=40  8*6=48  8*7=56  8*8=64
9*1=9   9*2=18  9*3=27  9*4=36  9*5=45  9*6=54  9*7=63  9*8=72  9*9=81
>>>
```

图 4-3-11 程序运行结果

函数与模块

知识目标

目标 1：理解函数的定义和参数的使用方法。
目标 2：掌握变量的作用范围。
目标 3：理解递归思想。
目标 4：理解模块的概念。

技能目标

目标 1：能够根据编程需要合理编写函数，并确定函数的使用范围。
目标 2：能够根据递归思想通过编程解决实际问题。

素养目标

目标 1：培养具体问题具体分析以及解决实际问题的能力。
目标 2：培养创新思维和实践能力。

5.1　函数定义

在程序设计中，有很多操作或运算是完全相同的或非常相似的，只是处理的数据不同而已，我们固然可以将程序段复制到所需要的位置，但这样不仅烦琐，而且给程序测试和维护带来很大的麻烦。比较好的做法是，将反复要用到的某些程序段写成函数(function)，当需要时直接调用即可，而不需要复制整个程序段。函数能提高程序的模块性和代码的重复利用率，对大型程序的开发很有用。在 Python 中有很多内置函数，如 print()函数，还有标准模块库中的函数，如 math 模块中的 sqrt()函数。这些都是 Python 系统提供的函数，称为系统函数。在 Python 程序中，也可以自己创建函数，称为用户自定义函数。

模块(module)是 Python 最高级别的程序组织单元，一个模块可以包含若干个函数。与函数类似，模块也分系统模块和用户自定义模块，用户自定义的一个模块就是一个.py 程序文件。在导入模块之后才可以使用模块中定义的函数，如要调用 sqrt()函数，就必须用 import 语句导入 math 模块。

在 Python 中，函数的含义不是数学上的函数值与表达式之间的对应关系，而是一种运算或处理过程，即将一个程序段完成的运算或处理放在函数中完成，这就要先定义函数，然后根据需要调用它，而且可以多次调用，这体现了函数的优点。

5.1.1 函数的定义

Python 函数的定义包括对函数名、函数的参数与函数功能的描述。一般形式为

```
def 函数名([形式参数表]):
        函数体
```

下面是一个简单的 Python 函数，该函数接收两个输入参数，返回它们的平方和。

```
def myf(x,y):
        return x*x+y*y
```

1. 函数首部

函数定义以关键字 def 开始，后跟函数名和括号括起来的参数，最后以冒号结束。函数定义的第一行称为函数首部，用于对函数的特征进行定义。

函数名是一个标识符，可以按标识符的规则随意命名。一般给函数命名一个能反映函数功能、有助于记忆的标识符。

在函数的定义中，函数名后面括号内的参数因为没有值的概念，它只是说明了这些参数和某种运算或操作之间的函数关系，所以称为形式参数(formal parameter)，简称形参。形式参数是按需要设定的，也可以没有形式参数，但函数名后面的一对圆括号必须保留。当函数有多个形参时，形参之间用逗号分隔。

2. 函数体

在函数定义中的缩进部分称为函数体，它描述了函数的功能。函数体中的 return 语句用于传递函数的返回值。一般格式为

```
return 表达式
```

一个函数中可以有多个 return 语句，当执行到某个 return 语句时，程序的控制流程返回调用函数，并将 return 语句中表达式的值作为函数值返回。不带参数的 return 语句或函数体内没有 return 语句，则函数返回空(None)。如果函数返回多个值，那么函数就把这些值当成一个元组返回。例如，“return 1,2,3”实际上返回的是元组(1,2,3)。

3. 空函数

Python 允许函数体为空的函数，其形式为

```
def 函数名():
    pass
```

调用此函数时，执行一个空语句，即什么工作也不做。这种函数定义出现在程序中有

以下目的：在调用该函数处，表明这里要调用某某函数；在函数定义处，表明此处要定义某某函数。因函数的算法还未确定，或暂时来不及编写，或有待于完善和扩充程序功能等原因，未给出该函数的完整定义。特别是在程序开发过程中，通常先开发主要的函数，次要的函数或准备扩充程序功能的函数暂写成空函数，这样既能在程序还未写完的情况下调试部分程序，又能为以后程序的完善和功能扩充打下一定的基础。所以，空函数在程序开发中经常被采用。

5.1.2 函数的调用

有了函数定义，凡要完成该函数功能处，就可调用该函数来完成。函数调用的一般形式为

```
函数名(实际参数表)
```

调用函数时，和形式参数对应的参数因为有值的概念，所以称为实际参数(actual parameter)，简称实参。当有多个实际参数时，实际参数之间用逗号分隔。如果调用的是无参数函数，则调用形式为

```
函数名()
```

其中，函数名之后的一对圆括号不能省略。

函数调用时提供的实际参数应与被调用函数的形式参数按顺序一一对应，而且参数类型要兼容。Python 中函数可以在交互式命令提示符下定义和调用。例如下面的代码所示：

```
>>>def myf(x,y):
    return x*x+y*y
>>>print(myf(2,3))
13
```

但通常的做法是，将函数定义和函数调用都放在一个程序文件中，然后运行程序文件。代码如下：

```
def myf(x,y):
    return x*x+y*y
print(2,3)
```

程序运行结果为

```
13
```

上述程序中只定义了一个函数 myf()，还可以定义一个主函数，用于完成对程序的总体调度功能。具体代码如下：

```
def myf(x,y):
    return x*x+y*y
```

```
def main():
    a,b=eval(input())
    print(myf(a,b))
main()
```

程序运行结果为

```
2,3
13
```

程序最后一行是调用主函数,这是调用整个程序的入口。作为一种习惯,通常将一个程序的主函数(程序入口)命名为 main。由主函数来调用其他函数,使得程序呈现模块化结构。

函数要先定义后使用。当 Python 遇到一个函数调用时,在调用处暂停执行,被调用函数的形参被赋予实参的值,然后转为执行被调用函数,执行完成后,返回调用处继续执行主调程序的语句。

调用自定义函数与前面调用 Python 内置函数的方法相同,即在语句中直接使用函数名,并在函数名之后的圆括号中传入参数,多个参数之间以半角逗号隔开。

注意:调用时,即使不需要传入实际参数,也要带空括号。如我们熟悉的 print()。

【任务 5-1】 带参数的函数调用。

示例代码如下:

```
'''
ch05-demo01.py
==================
带参数的函数调用
'''
def myfunc(x,y):
    return x+y
a,b=3.5,4.8
print('*0.2f+*0.2f-&0.2f' &(a,b,myfunc(a,b)))
```

程序运行结果为

```
3.50+4.80=8.30
```

其中,x、y 为形参,a、b 为实参。在函数中经过计算,以函数名将值返回主调程序。

程序调用函数的步骤如下:

(1) 调用程序在调用点暂停执行。

(2) 调用时将实参传递给形参。

(3) 程序转到函数,执行函数体中的语句。

(4) 函数执行结束,转回调用函数的调用点,然后继续执行。

例如,先定义一个函数,该函数用来打印 Fibonacci 数列的前 n 项。所谓 Fibonacci 数列,就是形如1,1,2,3,5,8,13,21,…的数列。

【任务5-2】 求Fibonacci数列的前n项。

示例代码如下:

```
'''
ch05-demo02.py
==================
求Fibonacci数列的前n项
'''
def fib(n):
        """Print a Fibonacci series up to n."""
        a,b=1,1
         item=1
        while item<= n:
              print (a,end='')
               a,b=b,a+b
               item+- 1
```

调用fib()函数的形式如下:

```
fib(10)
```

如果函数定义时没有参数,那么调用时也可以不给出实参,只需要写一对()。

【任务5-3】 定义没有参数的函数。

示例代码如下:

```
'''
ch05-demo03.py
==================
定义没有参数的函数
'''
def hello():
    print("python")
for i in range(3) :
    hello()            #函数调用
```

程序运行结果为

```
python
python
python
```

其中,hello()函数定义时就没有形参,因此只要用hello()的形式调用即可。其执行顺序与带参数的函数的执行完全相同,从调用点转向函数,函数执行完后,回到调用点继续执行后续代码。

5.1.3 函数的返回值

函数执行完后,可以用 return 语句给调用该函数的语句返回一个对象,这个对象可以是该函数运行的结果。

【任务 5-4】 定义函数计算两个数中的最大值。

示例代码如下:

```
'''
ch05-demo04.py
==================
定义函数计算两个数中的最大值
'''
def maximum(x,y):
    if x>y:
        return x
    elif x==y:
        return 'The numbers are equal'
    else:
        return y
a,b=input().aplit("")
print(maximum(a,b))
```

第一次运行,输入:

```
2.3  4.5
```

运行结果为

```
4.5
```

再次运行,输入:

```
3.3  3.3
```

运行结果为

```
The numbers are equal
```

函数按顺序从函数体第一行开始执行,当执行到 return 语句就返回调用处。任务 5-4 中的 maximum(x,y)函数可以返回输入的 x、y 两个数中的较大值。当 x、y 相等时,返回字符串"The numbers are equal"。调用该函数的语句 maximum(a,b)将 a、b 的值传递给 x、y,并用 print 语句输出函数返回的值。

当函数没有 return 语句,即没有给出要返回的值时,Python 会给它一个 None 值。None 是 Python 中的特殊类型,代表"无"。例如,对任务 5-2 定义的 fib(n)函数进行如下调用。

```
print(fib(10))
```

则输出结果变为

```
1 1 2 3 5 8 13 21 34  55 None
```

输出结果中的 Fibonacci 数字序列是在 fib( ) 函数中实现的,而最后输出 None 是因为 print 语句要输出 fib(n)函数的返回值,而 fib( )是个无返回值的函数。

return 不仅可以返回单个值,还可以返回一组值。例如,任务 5-5 中,fib2(n)没有将满足要求的数列直接输出到屏幕上,而是存储在列表(list)中,并将该列表整体返回给调用者,这样调用者不仅可以完成数列的输出,也可以利用该列表中的值做其他需要的操作。

定义函数 fib2(n),返回 Fibonacci 数列中小于 n 的数列项。调用该函数并输出该数列的程序见任务 5-5。

【任务 5-5】 通过函数的返回值,返回 Fibonacci 数列的前 n 项。

示例代码如下:

```
'''
ch05-demo05.py
==================
通过函数的返回值,返回 Fibonacci 数列的前 n 项
'''
def fib2(n):
        """-print a Fibonacci series up to n."""
        ff=[ ]                      #ff 是一个列表
        a,b=0,1
        while b<=n:
            ff.append(b)    #这条语句将会不断地向列表中添加新的元素
            a,b=b,a+b
        return ff

f=fib2(100)             #函数调用
print (f)
```

程序运行结果为

```
[1,1,2,3,5,8,13,21,34,55,89]
```

任务 5-5 在函数 fib2( )内定义了列表 ff,并通过计算将 Fibonacci 数列不大于 n 的各项赋给 ff,然后用 return 语句将该列表对象返回给调用者。调用者将该值又赋给对象 f,然后就可以直接用 print 输出,当然还可以对 f 进行其他的操作。该程序用到了列表的一个操作 append,其作用是在列表最后增加一个新的元素。

5.1.4　匿名函数

1. 匿名函数的定义

匿名函数是指没有函数名的简单函数,只可以包含一个表达式,不允许包含其他复杂

的语句,表达式的结果是函数的返回值。

对于只有一条表达式语句的函数,可以用关键字 lambda 定义为匿名函数(anonymous functions),使程序更简洁,提高可读性。匿名函数的定义形式如下:

```
lambda[参数列表]:表达式
```

匿名函数没有函数名,参数可有可无,有参数的匿名函数其参数个数任意。但是作为函数体的表达式时,仅能包含一条表达式语句,因此只能表达有限的逻辑。这条表达式语句执行的结果就作为函数的值返回。

【任务 5-6】 匿名函数使用方法举例。

示例代码如下:

```
'''
ch05-demo06.py
==================
匿名函数的使用方法举例
'''
s= lambda:"python".upper ()     #定义无参匿名函数,将字母改成大写
f= lambda x: x*10               #定义有参匿名函数,将数字扩大 10 倍
print(s() )                     #调用无参匿名函数,注意要加一对()
print(f(7.5))                   #调用有参匿名函数,传入参数
```

程序运行结果为

```
PYTHON
75.0
```

2. 匿名函数的调用

匿名函数还可以作为函数调用中的一个参数来传递。

【任务 5-7】 把匿名函数作为参数传递。

示例代码如下:

```
'''
ch05-demo07.py
==================
把匿名函数作为参数传递
'''
points= [(1,7),(3,4),(5,6)]
#调用函数 sort 按元素第二列进行升序排列
points.sort (key=lambda point: point[1])
print(points)
```

运行后输出结果为

```
[(3,4),(5,6),(1,7)]
```

匿名函数也是一个函数对象,也可以把匿名函数赋值给一个变量,再利用变量来调用该函数。例如:

```
>>>f=lambda x,y: x+y
>>>f(5,10)
15
```

该匿名函数等价于使用 def 关键字以标准方式定义的函数。

```
def  f(x,y):
    return x+y
```

又如:

```
>>>f1,f2=lambda x,y: x+y,lambda x,y: x-y
>>>f1(5,10)
15
>>>f2(5,10)
-5
```

定义或调用匿名函数时也可以指定默认值参数和关键字参数。

【任务 5-8】 lambda 函数的定义与调用。

示例代码如下:

```
'''
ch05-demo08.py
==================
lambda 函数的定义与调用
'''
f=lambda a,b=2,c=5: a*a-b*c                        #使用默认值参数
print("Value of f: ",f(10,15))
print("Value of f: ",f(20,10,38))
print("Value of f: ",f(c=20,a=10,b=38))      #使用关键字实参
```

程序运行结果为

```
Value of f: 25
Value of f: 20
Value of f: -660
```

3. 把匿名函数作为普通函数的返回值

可以把匿名函数作为普通函数的返回值返回。

```
def f():
    return lambda x,y: x*x+y*y
fx=f()
print(fx(3,4))
```

定义 f( ) 函数时,以匿名函数作为返回值。语句"fx=f( )"执行时将 f( ) 函数的返回值(匿名函数)赋给 fx 变量,所以可以通过 fx 作为函数名来调用匿名函数。程序运行结果为

```
25
```

4. 把匿名函数作为序列或字典的元素

可以把匿名函数作为序列或字典的元素,以列表为例,一般格式为

```
列表名=[匿名函数1,匿名函数2,…,匿名函数n]
```

这时可以以序列或字典元素引用作为函数名来调用匿名函数,一般格式为

```
列表或字典元素引用(匿名函数实参)
```

例如:

```
>>>f=[lambda x,y: x+y,lambda x,y: x-y]
>>>print (f[0] (3,5),f[1] (3,5))
8 -2
>>>f={'a': lambda x,y: x+y,'b': lambda x,y: x-y}
>>>f['a'] (3, 4)
7
>>>f['b'] (3,4)
-1
```

5.2 函数参数

调用带参数的函数时,调用函数与被调用函数之间会有数据传递。形参是函数定义时由用户定义的形式上的变量,实参是函数调用时,主调函数为被调用函数提供的原始数据。

5.2.1 参数传递方式

在 Python 中,实参向形参传送数据的方式是"值传递",即实参的值传给形参,是一种单向传递方式,不能由形参传给实参。在函数执行过程中,形参的值可能被改变,但这种改变对与它所对应的实参没有影响。由于在 Python 中函数的参数传递是值传递,所以也存在局部和全局的问题,这和 C 语言中的函数有一定的相似性。

参数传递过程中有两个规则。

(1) 通过引用将实参复制到局部作用域的函数中,意味着形参与传递给函数的实参无关。

看下面的例子。

```
def change(number,string,lst):
    number=5
    string='GoodBye'
    lst=[4,5,6]
    print("Inside: ",number,string,lst)
num=10
string='Hello'
lst=[1,2,3]
print('Before: ',num,string,lst)
change(num,string,lst)
print('After: ',num,string,lst)
```

程序运行结果为

```
Before: 10 Hello [1,2,3]
Inside: 5 GoodBye [4,5,6]
After: 10 Hello [1,2,3]
```

从上面的结果可以看出,函数调用前后,数据并没有发生改变,虽然在函数局部区域对传递来的参数进行了相应的修改,但是仍然不能改变实参对象的内容。这和C语言中的操作非常相似,因为传递来的三个参数在函数内部进行了相关的修改,相当于三个形参分别指向了不同的对象(存储区域),但这三个形参都不改变实参,所以函数调用前后实参指向的对象并没有发生改变。这说明如果在函数内部对参数重新赋值,并不会改变实参的对象。这就是函数参数传递的第一个规则。

(2) 可以在适当位置修改可变对象。

可变对象主要就是列表和字典,这个适当位置就是前面分析的对列表或字典的元素的修改不会改变其ID。对于不可变类型,是不可能进行修改的,但是对于可变的列表或字典,局部区域的值是可以改变的。看下面的例子。

```
def change(lst,dict):
    lst[0]=10
    dict['a']=10
    print('Inside lst = { },dict= { }'.format(lst,dict))
dict={'a': 1,'b': 2,'c': 3}
lst=[1,2,3,4,5]
print('Before lst = { },dict = { }'.format(lst,dict))
change(lst,dict)
print('After lst = { },dict = { }'.format(lst,dict))
```

程序运行结果为

```
Before lst=[1,2,3,4,5],dict = {'c': 3, 'a': 1, 'b': 2}
Inside lst=[10,2,3,4,5],dict = {'c': 3, 'a': 10, 'b': 2}
After lst=[10,2,3,4,5],dict = {'c': 3, 'a': 10, 'b': 2}
```

从程序运行结果可以看出，在函数内部修改列表、字典的元素或者没有对传递来的列表、字典变量重新赋值，而是修改变量的局部元素，这时就会导致外部实参指向对象内容的修改，就相当于在 C 语言中对指针指向的内存单元进行修改，这样的修改必然会导致实参指向区域内容的改变。

在 C 语言中返回多个值时必然会引入指针的操作，因为对指针的修改实质上会反映到实参，这样就实现了数据的返回操作。而在 Python 中采用元组的形式返回多个值。但是，知道了函数参数的传递特性，完全可以采用函数的参数实现一些基本的操作，如交换两个数的问题，可以采用以下程序。

```
def swap(lst):
    lst[0],lst[1]=lst[1],lst[0]
lst1=list(eval(input()))
swap(lst1)
print(lst1)
```

程序运行结果为

```
10,20↙
[20,10]
```

从语句执行结果可知，swap( )函数实现了数据的交换。

5.2.2 参数的类型

可以使用不同的参数类型来调用函数，包括位置参数、关键字参数、默认值参数和可变长度参数。

1. 位置参数

函数调用时的参数通常采用按位置匹配的方式，即实参按顺序传递给相应位置的形参。这里实参的数目应与形参完全匹配。例如，调用函数 mysum( )，一定要传递两个参数，否则会出现语法错误。

```
def mysum(x,y):
    return x+y
mysum(54)
```

当运行上面的程序时，提示以下 TypeError 错误。

```
TypeError: mysum() missing 1 required positional argument: 'y'
```

意思是 mysum( )函数漏掉了一个必需的位置固定的参数。

2. 关键字参数

关键字参数的形式为

```
形参名=实参值
```

在函数调用中使用关键字参数是指,通过形式参数的名称来指示为哪个形参传递什么值,这样可以跳过某些参数或脱离参数的顺序。例如,使用关键字调用 mykey( ) 函数。

```
def mykey(x,y):
    print("x=",x,"y=",y)
mykey(y=10,x=20)
```

程序运行结果为

```
x= 20  y= 10
```

3. 默认值参数

默认值参数是指定义函数时,假设一个默认值,如果不提供参数的值,则取默认值。默认值参数的形式为

```
形参名=默认值
```

例如,定义 mydefa( ) 函数时使用默认值参数。

```
def mydefa(x,y=200,z=100):
    print ("x=",x, "y=",y,"z=", z)
mydefa(50,100)
```

程序输出结果为

```
x=50  y=100  z=100
```

调用带默认值参数的函数时,可以不对默认值参数进行赋值,也可以通过显式赋值来替换其默认值。在调用 mydefa( ) 函数时,为第一个形参 x 传递实参 50,为第二个形参 y 传递实参 100(不使用默认值 200),第三个参数使用默认值 100。

注意:默认值参数必须出现在形参表的最右端。也就是说,第一个形参使用默认值参数后,它后面的所有形参也必须使用默认值参数,否则会出错。

带默认值参数的函数调用示例如下:

```
def myfunc(x,y=2):
    return x+y
a,b=2.5,3.6
print('%0.2f+默认值=%0.2f'%(a,myfunc(a)))
print('%0.2f+%0.2f=%0.2f'%(a,b,myfunc(y=b,x=a)))
```

程序运行结果为

```
2.50+默认值=4.50
2.50+3.60=6.10
```

4. 可变长度参数

在程序设计过程中,可能会遇到函数参数个数不固定的情况,这时就需要使用可变长度的函数参数来实现程序功能。在 Python 中,有两种可变长度参数,分别是元组(非关键字参数)和字典(关键字参数)。

在 Python 中定义函数时,在函数的第一行参数列表最右侧增加一个带 * 的参数,其形式为

```
def 函数名([参数列表],*args):
```

和正常的参数相比,可变长度参数即增加了 * 的参数,可以将所有未命名的变量参数(字典类型除外)存在一个元组(tuple)中供函数使用。

(1) 元组可变长度参数。

使用可变长度参数可让 Python 的函数处理比初始声明时更多的参数。在函数声明时,若在某个参数名称前面加一个星号"*",则表示该参数是一个元组类型可变长度参数。在调用该函数时,依次将必须赋值的参数赋值完毕后,将继续依次从调用时所提供的参数元组中接收元素值为可变长度参数赋值。如果在函数调用时没有提供元组类型的参数,则相当于提供了一个空元组,即不必传递可变长度参数。

例如:

```
def myvarl(*t):
    print(t)
myvarl(1,2,3)
```

```
myvarl(1,2,3,4,5)
```

程序运行结果为

```
(1,2,3)
(1,2,3,4,5)
```

带元组类型可变长度参数的函数调用示例如下:

```
def printse_series (d,*dtup):
    print("必需参数:",d)
    if len(dtup)!=0:
      print("元组参数:",end='')
      for i in dtup:
          print(i,end='')

printse_series(10)
printse_series(10,20,30,40)
```

程序运行结果为

```
必需参数：10
必需参数：10
元组参数：20 30 40
```

【任务 5-9】 输出两位学生的课程成绩单及各自的平均成绩。

示例代码如下：

```
'''
ch05-demo09.py
==================
输出两位学生的课程成绩单及各自的平均成绩
'''
def grade(name,num, * scores):
    print(name)
    print("{ }门课程成绩为：".format(num))
    ave=0
    for var in scores:
        print(var,end='')
        ave=ave + var
    ave=ave /num
    print("\n 平均成绩为(: .2f)".format(ave))
#接下来调用函数
grade("Zhang",3,90,100,98)
grade("Huang",4,92,98,99,90)
```

程序运行结果为

```
Zhang
3 门课程成绩为：
90 100 98
平均成绩为 96.00
Huang
4 门课程成绩为：
92 98 99 90
平均成绩为 94.75
```

在上述示例中，因为两个学生选修的课程数不同，所以传递成绩需要可变长度参数，调用后以元组形式存入形参 scores 中，因为元组是一种序列结构，所以在函数中可以用 for 语句访问，将各科成绩逐个输出并用于计算平均成绩。

(2) 字典可变长度参数。

在函数声明时，若在其某个参数名称前面加两个星号“ ** ”，可以有任意多个实参，则表示该参数是一个字典类型可变长度参数。在调用该函数时，以实参变量名等于字典值的方式传递参数，由函数自动按字典值接收，实参变量名以字符形式作为字典的键。由于字典是无序的,因此字典的键值对也不分先后顺序。

如果在函数调用时没有提供字典类型的参数,则相当于提供了一个空字典,即不必传递可变长度参数。

实参的形式为

```
关键字=实参值
```

在字典可变长度参数中,关键字参数和实参值参数被放入一个字典,分别作为字典的键和字典的值。例如:

```
def myvar2( ** t):
    print(t)
myvar2(x=1,y=2,z=3)
myvar2(name='bren',age=25)
```

程序运行结果为

```
{'y': 2, 'x': 1,'z': 3}
{'age': 25,'name': 'bren'}
```

所有其他类型的形式参数,必须放在可变长度参数之前。下面的例子说明了几种不同形式的参数混合使用的方法。

```
#写出下列程序的执行结果
def mytotal(x,y=30, * z1, ** z2):
t =x+y
    for i in range(0,len(z1)):
        t+=z1[i]
    for k in z2.values():
        t+=k
    return t
s=mytotal(1,20,2,3,4,5,k1=100,k2=200)
print(s)
```

调用 mytotal()函数时,实参和形参结合后 x=1,y=20,z1=(2,3,4,5),z2={'k2':200, 'k1': 100}。函数体中首先计算 x+y 的值 t(t=21),然后累加元组 z1 的全部元素(t=35),再累加字典 z2 的全部值(t=335)。程序运行结果为

```
335
```

带元组类型和字典类型可变长度参数的函数调用示例如下:

```
def printse_series2(d, * dtup, ** ddic):
    print('必需参数:',d)
    if len(dtup)!=0:
```

```
        print('元组:',end='')
        for i in dtup:
            print(i,end='')
    if len(ddic)!=0:
        print('\n 字典:',ddic)
        for k in ddic:
            print('%s 对应 ts'%(k,ddic[k]))
printse_series2(1,2,3,4,5,6,x=10,y=20,z=30)
```

程序运行结果为

```
必需参数:1
元组:23456
字典:{'z':30,'y':20,'x':10}
z 对应 30
y 对应 20
x 对应 10
```

5. 高阶函数

Python 是面向对象的程序,对象名可以指向函数。高阶函数(higher-order function)就是允许将函数对象的名称作为参数传入的函数。应注意的是,这里对象名称的类型是函数而不是字符串。

高阶函数调用示例如下:

```
def add (x,y):
    return x+y
def subtract(x,y):
    return x-y
def myfunc(x,y,f):              #形参 f 的类型为函数对象
    return f(x,y)
a,b=5,2
method=add                      #注意,add 不加引号
print('%s:参数 1 为%d,参数 2 为%d,结果为%d'%(method,a,b,myfunc
(a,b,method)))
method=subtract
print('%s:参数 1 为%d,参数 2 为%d,结果为%d'%(method,a,b,myfunc
(a,b,method)))
```

程序运行结果为

```
<function add at 0x01E0C8E8>:参数 1 为 5,参数 2 为 2,结果为 7
<function subtract at 0x01E0C858>:参数 1 为 5,参数 2 为 2,结果为 3
```

5.3 变量的作用范围

Python 程序可以由若干函数组成,每个函数都要用到一些变量。需要完成的任务越复杂,组成程序的函数就越多,涉及的变量也越多。一般情况下,要求各函数的数据各自独立,但有时候又希望各函数有较多的数据联系,甚至组成程序的各文件之间共享某些数据。因此,在程序设计中,必须重视变量的作用范围。

变量的作用域是指在程序中能够对该变量进行读/写操作的范围。根据作用域的不同,变量分为函数中定义的变量(Local,简称 L)、嵌套中父级函数的局部作用域变量(Enclosing,简称 E)、模块级别定义的全局变量(Global,简称 G)和内置模块中的变量(Built-in,简称 B)。

程序执行对变量的搜索和读/写操作时,优先级由近及远,即函数中定义的变量(L)>嵌套中父级函数的局部作用域变量(E)>模块级别定义的全局变量(G)>内置模块中的变量(B),也就是 LEGB 的顺序。

Python 允许出现同名变量。若具有相同命名标识的变量出现在不同的函数体中,则各自代表不同的对象,既不相互干扰,也不能相互访问;若具有相同命名标识的变量在同一个函数体中或具有函数嵌套关系,则不同作用域的变量也各自代表不同的对象,程序执行时按优先级进行访问。

作用域也可理解为一个变量的命名空间。程序中变量被赋值的位置就决定了哪些范围的对象可以访问这个变量,这个范围就是命名空间。Python 在给变量赋值时生成了变量名,作用域也就随之确定。根据变量的作用域不同,变量分为局部变量和全局变量。

5.3.1 局部变量

在一个函数体内或语句块内定义的变量称为局部变量。局部变量只在定义它的函数体或语句块内有效,即只能在定义它的函数体或语句块内部使用它,而在定义它的函数体或语句块之外不能使用它。例如,有以下程序片段。

```
def fun1(x):
    m,n=10
......                  #这里可以使用形参 x 和局部变量 m、n
def fun2(x,y):
    m,n=100
......                  #这里可以使用形参 x、y 和局部变量 m、n
def main():
    a,b=1000
......                  #这里可以使用 a、b
```

说明:

(1) 主函数 main()定义了变量 a 和 b,fun1()函数和 fun2()函数中都定义了变量 m

和 n,这些变量各自在定义它们的函数体中有效,其他函数不能使用它们。另外,不同的函数可以使用相同的标识符命名各自的变量。同一名字在不同函数中代表不同对象,互不干扰。

(2) 对于带参数的函数来说,形式参数的有效范围也局限于函数体。如 fun1( ) 函数体中可使用形参 x,其他函数不能使用它。同样地,同一标识符可作为不同函数的形参名,它们也被作为不同对象。

局部变量的作用域示例如下:

```
def fun(discount):
    price= 200                          #在函数体中定义局部变量
    price= price * discount
    print("fun: price",price)

fun(0.8)
print("main: price",price)
```

运行该程序,输出如下报错信息。

```
NameError: name 'price' is not defined
```

表面上来看,函数 fun( ) 中的 price 是局部变量,在函数 fun( ) 内部可以访问,但是离开函数后,price 就不能被访问了。

变量作用域测试示例如下:

```
x=0                         #global(全局)
def outer ():
    x=1                     #enclosing(嵌套)
    def inner():
        x=2                 #local(局部)
        print('local: x=',x)
    inner()
    print('enclosing: x=',x)
outer()
print('global: x=',x)
```

程序运行结果为

```
local: x=2
enclosing: x=1
global: x=0
```

在默认条件下,不属于当前局部作用域的变量是只读的,如果为其进行赋值操作,则 Python 认为是在当前作用域又声明了一个新的同名局部变量。

5.3.2 全局变量

在函数定义之外定义的变量称为全局变量,它可以被多个函数引用,如下面的程序。

```
s=1                   #全局变量定义
def f1():
    print(s,k)
k=10                  #全局变量定义
def f2():
    print(s,k)
f1()
f2()
```

变量 s 与 k 都是全局变量,在函数 f1()和 f2()中可以直接引用全局变量 s 和 k,程序运行结果为

```
1  10
1  10
```

当内部作用域变量需要修改全局作用域的变量的值时,要在内部作用域中使用 global 关键字对变量进行声明。

同理,当内部作用域变量需要修改嵌套中的父级函数的局部作用域变量的值时,要在内部作用域中使用 nonlocal 关键字对变量进行声明。

全局变量声明测试示例如下:

```
sum=0
def func ():
    global sum            #用 global 关键字声明对全局变量的改写操作
    print (sum)           #累加前
    for i in range(5):
        sum+=1
    print (sum)           #累加后
func()
print(sum)                #观察执行函数后全局变量发生的变化
```

程序运行结果为

```
0
5
5
```

说明:

(1) 在函数体中,如果要为在函数外的全局变量重新赋值,可以使用 global 语句,表明变量是全局变量。

【任务 5-10】 写出以下程序的输出结果。

示例代码如下：

```
'''
ch05-demo10.py
==================
写出以下程序的输出结果
'''
def f():
    global x                    #说明 x 为全局变量
    x=30
    y=40                        #定义局部变量 y
    print("No2:",x,y)
x=10                            #定义全局变量 x
y=20                            #定义全局变量 y
print("No1:",x,y)
f()
print("No3:",x,y)
```

程序运行结果为

```
No1: 10 20
No2: 30 40
No3: 30 20
```

第一行输出全局变量 x 和 y 的值，分别为 10 和 20；第二行是函数中的输出结果，x，y 分别为 30 和 40；第三行是函数执行完后返回主程序的输出结果，x，y 分别为 30 和 20。这说明，函数中的 x 变量通过 global 语句说明为全局变量，其值带回到主程序，但 y 没有用 global 语句说明，相当于在函数中建立了一个与全局变量 y（值为 20）同名的局部变量（值为 40），局部变量 y 只在函数中有效，所以返回到主程序后取全局变量 y 的值，即值为 20。

根据程序的执行结果，可以总结为：在同一程序文件中，如果全局变量与局部变量同名，则在局部变量的作用范围内，全局变量不起作用。

【任务 5-11】 写出程序的输出结果。

示例代码如下：

```
'''
ch05-demo11.py
===================
写出程序的输出结果
'''
def f():
    global x
    x='ABC'
    def g():
        global x
```

```
        x+='abc'
        return x
    return g()
print(f())
```

程序运行结果为

```
ABCabc
```

函数 f()的函数体中嵌套定义了函数 g(),函数 f()中的“x='ABC'”语句定义了局限于函数 f()的局部变量 x(x 相对于函数 g()来说是全局的)。函数 g()中的“x+='abc'”定义了局限于函数 g()的局部变量 x,在局部变量起作用的范围内全局变量不起作用。但通过 global 语句说明 x 在各自函数中是一个全局变量,其值可以互用。

(2) 如果要更改外部作用域里的变量,最简单的办法就是用 global 语句将其放入全局作用域(如上例)。在 Python 2.x 中,内层函数只能读外层函数的变量,而不能改写它。如果要对 x 进行赋值操作,在 Python 2.x 中只能使用 global 全局变量说明。为了解决这个问题,Python 3.x 引入了 nonlocal 关键字,只要在内层函数中用 nonlocal 语句说明变量,就可以让解释器在外层函数中修改变量的值。任务 5-11 的程序又可以写为

```
def f() :
    x='ABC'
    def g():
        nonlocal x
        x+='abc'
        return x
    return g()
print(f())
```

程序输出结果与任务 5-11 的输出结果相同。

(3) 在程序中定义全局变量的主要目的是,为函数间的数据联系提供一个直接传递的通道。在某些应用中,函数将执行结果保留在全局变量中,使函数能返回多个值。在另一些应用中,将部分参数信息放在全局变量中,以减少函数调用时的参数传递。因程序中的多个函数能使用全局变量,其中某个函数改变全局变量的值就可能影响其他函数的执行,产生副作用。因此,不宜过多地使用全局变量。

5.4 递归思想

5.4.1 递归的基本概念

递归(recursion)是指在连续执行某一处理过程时,该过程中的某一步要用到它自身的上一步或上几步的结果。在一个程序中,若存在程序自己调用自己的现象就构成了递

归。递归是一种常用的程序设计技术。在实际应用中,许多问题的求解方法具有递归特征,利用递归描述这种求解算法,思路清晰简洁。

Python 允许使用递归函数。递归函数是指一个函数的函数体中直接或间接地调用该函数本身的函数。如果函数 a 中又调用函数 a,则称函数 a 为直接递归。如果函数 a 中先调用函数 b,函数 b 中又调用函数 a,则称函数 a 为间接递归。程序设计中常用的是直接递归。

数学中用递归定义的函数很多。例如,当 n 为自然数时,求 n 的阶乘 n!。

n!的递归表示:

$$n! = \begin{cases} 1 & n \leqslant 1 \\ n(n-1)! & n > 1 \end{cases}$$

从数学角度来说,如果要计算出 f(n)的值,就必须先算出 f(n-1),而要求 f(n-1)就必须先求出 f(n-2)。这样递归下去直到计算出 f(0)为止。若已知 f(0),就可以向回推,计算出 f(1),再往回推计算出 f(2),一直往回推计算出 f(n)。

5.4.2　递归函数的调用过程

下面用一个简单的递归程序来分析递归函数的调用过程。

【任务 5-12】　用递归函数求 n!的值。

根据 n!的递归表示形式,用递归函数描述如下:

```
'''
ch05-demo12.py
===================
用递归函数求 n!的值
'''
def fact(n):
    if n==0:
        return 1
    else:
        return n * fact(n-1)
m=fact(5)
print(m)
```

程序运行结果为

```
120
```

上述程序中使用了 n * fact(n-1)的表达式,该表达式中调用了 fact( )函数,这是一种函数自身的调用,是典型的直接递归调用,fact( )是递归函数。显然,就程序的简洁性来说,函数用递归描述比用循环控制结构描述更自然、更简洁。但是,对初学者来说,递归函数的执行过程比较难以理解。以计算 5!为例,设有某函数以 m=fact(5)的形式调用函数 fact( ),其计算流程如图 5-4-1 所示。

函数调用 fact(5)的计算过程大致如下:

为计算5!,以fact(5)去调用函数fact();当n=5时,函数fact()的值为5＊4!,用fact(4)去调用函数fact();当n=4时,函数fact()的值为4＊3!;当n=3时,函数fact的值为3＊2!,用fact(2)去调用函数fact();当n=2时,函数fact()的值为2＊1!,用fact(1)去调用函数fact();当n=1时,函数fact()以结果1返回;当n=0时,返回到发出调用fact(1)处,继续计算得到2!的结果2并返回;返回到发出调用fact(2)处,继续计算得到5!的结果120并返回。

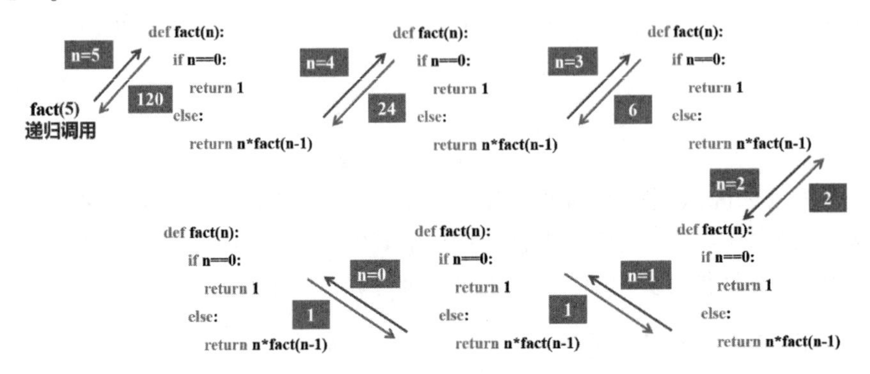

图5-4-1 fact(5)的计算流程

递归计算n!有一个重要特征,为求n的解,化为求n-1的解,求n-1的解又化为求n-2的解,以此类推。特别是,对于1的解是可立即得到的。这是将大问题分解为小问题的递推过程。有了1的解以后,接着是一个回溯过程,逐步获得2的解,3的解,…,直至n的解。

编写递归程序要注意两点:一要找出正确的递归算法,这是编写递归程序的基础;二要确定算法的递归结束条件,这是决定递归程序能否正常结束的关键。

【任务5-13】 计算Fibonacci数列第15项的值。

任务分析:Fibonacci数列,又称黄金分割数列,数列为1、1、2、3、5、8、13、21、34……除前两项外,每项的值等于前两项之和。由此可设计函数Fibonacci(i)用递归方式表达:Fibonacci(i-1)+Fibonacci(i-2)。示例代码如下:

```
'''
ch05-demo13.py
===================
计算Fibonacci数列第15项的值
'''
def Fibonacci(i):
    if i==0:
        return 0
    elif i==1:
        return 1
    else:
        return Fibonacci(i-1)+Fibonacci(i-2)

n=15
print('Fibonacci数列的第%d项为%d'%(n,Fibonacci(n)))
```

程序运行结果为

```
Fibonacci 数列的第 15 项为 610
```

【任务 5-14】 用辗转相除法求最大公约数。

用循环结构编程的思路为：两个正整数 a,b,且 a>b,设其中 a 作为被除数,b 作为除数,求 a/b 的余数 temp。若 temp 为 0,则 b 为最大公约数;若 temp 不为 0,则把 b 赋值给 a,temp 赋值给 b,重新求 a/b 的余数,直至余数为 0。示例代码如下：

```
'''
ch05-demo14.py
==================
用辗转相除法求最大公约数
'''
a=162
b=189
temp=100                #可设任意非 0 整数
if b>a:
    b,a=a,b
while temp!=0:
    temp=a%b
    if temp==0:
        print('最大公约数是',b)
        break
    else:
        a,b=b,temp
```

而用递归函数实现以上过程则更为简洁。示例代码如下：

```
'''
ch05-demo15.py
==================
用递归方法求最大公约数
'''
def gcd (a,b):
    if b==0:
        return a
    else:
        return gcd (b,a%b)
a=162
b=189
print('%d 与%d 的最大公约数是%d'% (a,b,gcd(a,b)))
```

【任务 5-15】 汉诺(Hanoi)塔问题。

有三根柱子 A、B、C,A 柱上堆放了 n 个盘子,盘子大小不等,大的在下,小的在上,如图 5-4-2 所示。现在要求把这 n 个盘子从 A 柱移到 C 柱,在移动过程中可以借助 B 柱作为中转,每次只允许移动一个盘子,且在移动过程中在 3 根柱子上都保持大盘在下,小盘在上。要求打印出移动的步骤。

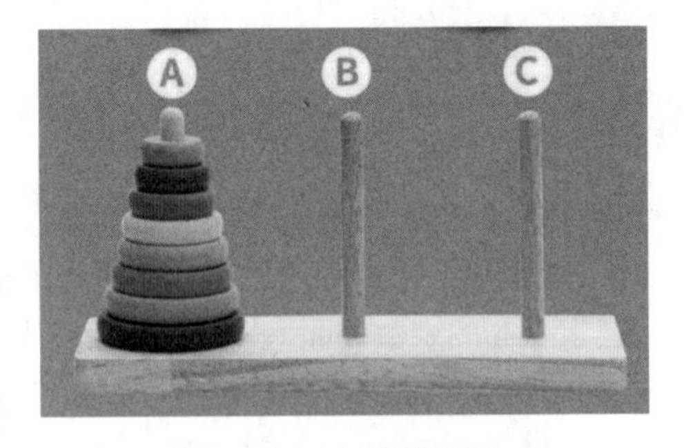

图 5-4-2 汉诺塔问题

任务分析:汉诺塔问题是典型的递归问题。分析发现,想把 A 柱上的 n 个盘子移到 C 柱,必须先把上面的 n-1 个盘子移到 B 柱,然后把第 n 个盘子移到 C 柱,最后再把 n-1 个盘子移到 C 柱。整个过程可以分解为以下三个步骤:

(1) 将 A 柱上的 n-1 个盘子借助于 C 柱先移到 B 柱上。

(2) 把 A 柱上剩下的一个盘子移到 C 柱上。

(3) 将 B 柱上的 n-1 个盘子借助于 A 柱移到 C 柱上。

也就是说,要解决 n 个盘子的问题,先要解决 n-1 个盘子的问题。而这个问题与前一个是类似的,可以用相同的办法解决。最终会出现只有一个盘子的情况,这时直接把盘子从 A 柱移到 C 柱即可。

例如,将三个盘子从 A 柱移到 C 柱可以分为如下三步:

(1) 将 A 柱上的 1~2 号盘子借助于 C 柱移到 B 柱上。

(2) 将 A 柱上的 3 号盘子移到 C 柱上。

(3) 将 B 柱上的 1~2 号盘子借助于 A 柱移到 C 柱上。

步骤(1)又可分解成如下三步:

① 将 A 柱上的 1 号盘子从 A 柱移到 C 柱上。

② 将 A 柱上的 2 号盘子从 A 柱移到 B 柱上。

③ 将 C 柱上的 1 号盘子从 C 柱移到 B 柱上。

步骤(3)也可分解为如下三步:

① 将 B 柱上的 1 号盘子从 B 柱移到 A 柱上。

② 将 B 柱上的 2 号盘子从 B 柱移到 C 柱上。

③ 将 A 柱上的 1 号盘子从 A 柱移到 C 柱上。

综合上述过程,将三个盘子由 A 柱移到 C 柱需要如下步骤:

1 号盘子 A→C,2 号盘子 A→B,1 号盘子 C→B,3 号盘子 A→C,1 号盘子 B→A,2 号盘子 B→C,1 号盘子 A→C。

可以把上面的步骤归纳为两类操作:

(1) 将 1~n-1 号盘子从一个柱子移动到另一个柱子上。

(2) 将 n 号盘子从一个柱子移动到另一个柱子上。

基于以上分析,分别用两个函数实现上述两类操作,用 hanoi( ) 函数实现上述第一类操作,用 move( ) 函数实现上述第二类操作。hanoi( ) 函数是一个递归函数,可以实现将 n 个盘子从一个柱子借助于中间柱子移动到另一个柱子上,如果 n 不为 1,以 n-1 作实参调用自身,即将 n-1 个盘子移动,依次调用自身,直到 n 等于 1,结束递归调用。move( ) 函数实现将 1 个盘子从一个柱子移至另一个柱子的过程。

示例代码如下：

```
'''
ch05-demo16.py
==================
汉诺塔问题
'''
cnt=0                    #统计移动次数,cnt 是一个全局变量
def hanoi(n,a,b,c):
    global cnt
    if n==1:
        cnt+=1
        move(n,a,c)
    else:
        hanoi(n-1,a,c,b)
        cnt+=1
        move(n,a,c)
        hanoi(n-1,b,a,c)
def move(n,x,y):
    print("{:5d}: {:s}{:d}{:s}{:s}{:s}{:s}".format(cnt,"Move
disk",n,"\from tower",x," to tower",y))
def main():
    print("TOWERS OF HANOT:")
    print("The problem starts with n plates on tower A.")
    print ("Input the number of plates:")
    n=eval(input())
    print ("The step to moving (:d) plates:".format(n))
    hanoi (n, 'A', 'B','C')          #借助 B 将 n 个盘子从 A 移至 C
main()
```

若在程序运行过程中输入盘子个数为 3，则程序运行结果为

```
TOWERS OF HANOI:
The problem starts with n plates on tower A.
Input the number of plates:
3√                 #(enter 键)
The step to moving3 plates:
1: Move disk 1 from tower A to tower c.
2: Move disk 2 from tower A to tower B.
3: Move disk 1 from tower C to tower B.
4: Move disk 3 from tower A to tower C.
5: Move disk 1 from tower B to tower A.
6: Move disk 2 from tower B to tower C.
7: Move disk 1 from tower A to tower C.
```

从程序运行结果可以看出,只需 7 步就可以将三个盘子由 A 柱移到 C 柱上。但是随着盘子数的增加,所需步数会迅速增加。实际上,如果要将 64 个盘子全部由 A 柱移到 C 柱,共需 $2^{64}-1$ 步。这个数字有多大呢?假定以每秒一步的速度移动盘子,日夜不停,则需要 5800 亿年才能完成。

5.5 模 块

Python 模块可以在逻辑上组织 Python 程序,将相关的程序组织到一个模块中,使程序具有良好的结构,增加程序的重用性。模块可以被其他程序导入,以调用该模块中的函数,这也是使用 Python 标准库模块的方法。

5.5.1 模块的定义与使用

Python 模块是比函数级别更高的程序组织单元,一个模块可以包含若干个函数。与函数相似,模块也分标准库模块和用户自定义模块。

1. 标准库模块

标准库模块是 Python 自带的函数模块,也称为标准链接库。Python 提供了大量的标准库模块,可实现很多常见功能,包括数学运算、字符串处理、操作系统功能、网络和 Internet 编程、图形绘制、图形用户界面创建等,这些功能为应用程序开发提供了强有力的支持。

标准库模块并不是 Python 语言的组成部分,而是由专业开发人员预先设计好并随语言提供给用户使用的。用户可以在安装了标准 Python 系统的情况下,通过导入命令来使用所需要的模块。

标准库模块种类繁多,可以使用 Python 的联机帮助命令来熟悉和了解标准库模块。

2. 用户自定义模块

用户自定义一个模块就是建立一个 Python 程序文件,其中包括变量、函数的定义。下面是一个简单的模块,程序文件名为 support.py。

```
def print_func(par):
    print("Hello:",par)
```

一个 Python 程序可通过导入一个模块来读取该模块的内容。从本质上讲,导入就是在一个文件中载入另一个文件,并且能够读取那个文件的内容。可以通过执行 import 语句来导入 Python 模块,语句格式为

```
import 模块名1[,模块名2,…,模块名n]
```

当 Python 解释器执行 import 语句时,如果模块文件出现在搜索路径中,则导入相应的模块。例如:

```
>>>import support
>>>support.print_func("Brenden")
Hello: Brenden
```

第一个语句导入 support 模块，第二个语句调用模块中定义的 print_func( )函数，函数执行后得到相应的结果。

Python 的 from 语句可以从一个模块中导入特定的项目到当前的命名空间，语句格式为

```
from 模块名 import 项目名1[,项目名2,…,项目名n]
```

此语句不导入整个模块到当前的命名空间，而只是导入指定的项目，这时在调用函数时不需要加模块名作为限制。例如：

```
>>>from support import print_func          #导入模块中的函数
>>>print func("Brenden")                   #调用模块中定义的函数
Hello: Brenden
```

也可以通过如下形式的 import 语句导入模块的所有项目到当前的命名空间。

```
from 模块名 import *
```

【任务 5-16】 创建一个 fibo.py 模块，求 Fibonacci 数列，导入该模块并调用其中的函数。

首先创建一个 fibo.py 模块。

```
'''
ch05-demo17.py
===================
创建 fibo.py 模块
'''
def fib1(n):
    a,b=0,1
    while b<n:
        print(b,end='')
        a,b=b,a+b
    print()
def fib2(n):
    result=[]
    a,b=0,1
    while b<n:
        result.append(b)
        a,b=b,a+b
return result
```

然后进入 Python 解释器，使用下面的语句导入这个模块。

```
>>>import fib()
```

这里并没有把直接定义在 fibo.py 模块中的函数名称写入语句中,所以需要使用模块名来调用函数。例如:

```
>>>fibo.fib1(1000)
1 1 2 3 5 8 13 21 34 55 89 144 233 377 610 987
>>>fibo.fib2(100)
[1,1,2,3,5,8,13,21,34,55,89]
```

还可以一次性把模块中的所有函数、变量都导入当前命名空间,这样就可以直接调用函数。例如:

```
>>>from fibo import *
>>>fib1(500)
1 1 2 3 5 8 13 21 34 55 89 144 233 377
```

上述方法将把所有的名字都导入进来,但是那些名称由下划线(_)开头的项目不在此列。大多数情况下,Python 程序员不使用这种方法,因为导入的其他来源的项目名称很可能覆盖已有的定义。

5.5.2 Python 程序结构

简单的程序可以只用一个程序文件实现,但对于绝大多数 Python 程序,一般都是由多个程序文件组成的,其中每个程序文件就是一个.py 源程序文件。Python 程序的结构是指将一个求解问题的程序分解为若干源程序文件的集合以及将这些文件连接在一起的方法。

Python 程序通常由一个主程序以及多个模块组成。主程序定义了程序的主控流程,是执行程序时的启动文件,属于顶层文件。模块则是函数库,相当于子程序。模块是用户自定义函数的集合体,主程序可以调用模块中定义的函数来完成应用程序的功能,还可以调用标准库模块。同时,模块也可以调用其他模块或标准库模块定义的函数。

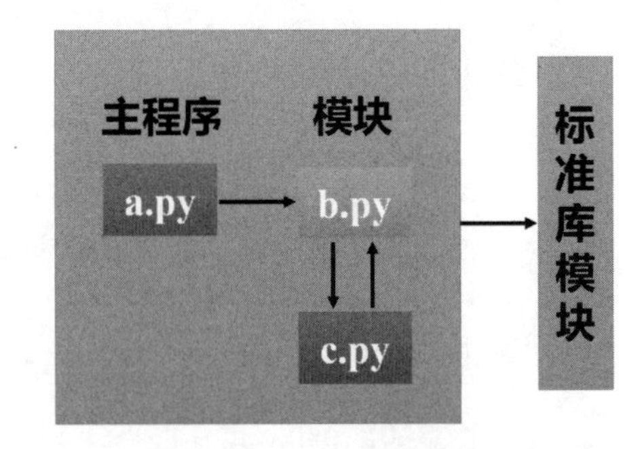

图 5-5-1 Python 程序结构

如图 5-5-1 所示描述了一个由三个程序文件 a.py、b.py 和 c.py 组成的 Python 程序结构,其中 a.py 是主程序,b.py 和 c.py 是模块,箭头指向代表了程序之间的相互调用关系。模块 b.py 和 c.py 一般不能直接执行,该程序的执行只能从主程序 a.py 开始。

设模块 b.py 中定义了三个函数 hello()、bye()和 disp(),建立 b.py 文件如下:

```
import math
def hello(person):
    print("Hello",person)
def bye(person):
    print("Bye",person)
def disp(r):
    print(math.pi * r * r)
```

设模块 c.py 中定义了函数 show( ),建立 c.py 文件如下:

```
import b
def show(n):
    b.disp(n)
```

再设在程序 a.py 中要调用模块 b.py 和 c.py 中的函数,建立 a.py 文件如下:

```
import b,c
b.hello("Jack")
b.bye("Jack")
c.show(10)
```

主程序 a.py 中调用了模块 b.py 和 c.py,而模块 b.py 调用了标准模块 math,模块 c.py 又调用了模块 b.py,运行 a.py 得到结果如下:

```
Hello Jack
Bye Jack
314.1592653589793
```

5.5.3 模块的有条件执行

每一个 Python 程序文件都可以视为一个模块,模块以磁盘文件的形式存在。模块中可以是一段能直接执行的程序(也称为脚本),也可以定义一些变量、类或函数,让其他模块导入或调用,类似于库函数。

模块中的定义部分,如全局变量定义、类定义、函数定义等,因为没有程序执行入口,所以不能直接运行。但对主程序代码部分,有时希望只让它在模块直接执行时才执行,被其他模块加载时就不执行。在 Python 中,可以通过系统变量_name_(注意 name 前后都有下划线)的值来区分这两种情况。

_name_是一个全局变量,在模块内部是用来标识模块名称的。如果模块是被其他模块导入的,_name_的值是模块的名称,主动执行时它的值就是字符串"_main_"。例如,建立模块 m.py,内容如下:

```
def test():
    print(_name_)
test()
```

在 Python 交互方式下第一次执行 import 导入命令，可以看到打印的_name_值就是模块的名称，结果如下：

```
>>>import m
m
```

如果通过 Python 解释器直接执行模块，则_name_会被设置为“_main_”这个字符串值，结果如下：

```
_main_
```

利用_name_变量的这个特性，一个模块文件既可以作为普通的模块库供其他模块使用，又可以作为一个可执行文件进行执行。具体做法是在程序执行入口之前加上 if 判断语句，即模块 m.py 写成：

```
def test():
    print(_name_)
if_name_='_main_':
    test()
```

当使用 import 命令导入 m.py 时，_name_变量的值是模块名“m”，所以不执行 test( ) 函数调用。当运行 m.py 时，_name_变量的值是“_main_”，所以执行 test( ) 函数调用。

第六章　数据结构

知识目标

目标1：理解列表的语法规则和使用方法。

目标2：理解列表的循环遍历方法。

目标3：理解列表嵌套的使用方法。

目标4：理解元组的语法规则和使用方法。

目标5：理解字典的语法规则和使用方法。

技能目标

目标1：掌握列表的使用方法。

目标2：掌握元组的使用方法。

目标3：掌握字典的使用方法。

素养目标

目标1：培养创新意识和团队精神。

目标2：培养逻辑思维能力。

6.1　列　表

字符串这种序列结构有一个局限性，即字符串中的元素只能是字符。Python 提供了一个功能强大的通用序列类型——列表(list)，允许把任意 Python 数据类型组合到一起，成员之间用逗号分隔，放置在方括号[　]里面，示例代码如下：

```
>>>[1,2,3.14,'a','b',(5,6,7)]
[1, 2, 3.14, 'a','b', (5, 6, 7)]
>>>['Hello,Python!', 5.6,'Nice to Meet You!',8.8]
['Hello,Python!', 5.6, 'Nice to Meet You!',8.8]
```

列表在逻辑上把相关的数据组织到一起，方便数据的管理和传递。由于列表可以把任意 Python 数据类型组织到一起,所以它是 Python 中最通用和最常用的数据类型。

列表具有如下典型特点:

(1) 有序化,列表的元素被有序地组织在一起。

(2) 可以包含任意类型对象。

(3) 列表的元素可以通过索引访问;可迭代,可遍历。

(4) 支持自动解包。

(5) 列表可以任意嵌套,即可以包含其他列表作为子列表。

(6) 列表的大小是可变的。

(7) 列表是可变对象,即列表元素可以增加、更改或删除。

下面将介绍列表的基本操作等。

6.1.1 创建列表

在 Python 中,可以用 list( )函数或方括号[ ]创建列表。创建空列表时,二者结果一致。创建有元素的列表时,用 list( )函数只能输入一个可迭代对象,然后把可迭代对象的元素加入列表。用方括号[ ]可以输入多个对象,把输入的对象作为元素整体加入列表。示例代码如下:

```
>>>list1=list()             #用 list()创建一个空列表
>>>list2=[]                 #用[]创建一个空列表
>>>list3=list('Hello,Python!')
                            #用 list()创建一个有初始化元素的列表
>>>list3                    #把可迭代对象的元素加入列表
['H', 'e', 'l', 'l', 'o', ',', 'P', 'y', 't', 'h', 'o', 'n', '!']
>>>list4=['Hello,Python!',1,2.4,False]
                            #用[]创建一个有初始化元素的列表
>>>list4                    #把对象作为元素整体加入列表
['Hello,Python!',1,2.4,False]
```

Python 提供了两个用于测量运行时间的魔术命令(magic command)。

(1) %timeit:用于测量单行语句或表达式的运行时间。

(2) %%timeit:用于测量多行语句的运行时间。

用%timeit 命令分别测试运行 list( )和[ ]1000 次的平均时间,用方括号[ ]创建空列表的时间远远少于 list( )函数,表达方式也比 list( )函数更加简洁,所以资深 Python 程序员更喜欢用方括号[ ]而不是 list( )函数来创建空列表,这也符合"Python 之禅(The Zen of Python)"中的"简单胜过复杂(Simple is better than complex)"原则。

在创建有初始化元素的列表时,为了确保用方括号[ ]创建的列表与用 list( )函数创建的列表是一样的,需要对方括号中的可迭代对象进行解包(unpacking)操作,即在可迭代对象前加上"*"操作符。

6.1.2 列表解包

把元素放入列表,就像把货物放入集装箱,方便存储和传输;把元素从列表中取出来,相当于把货物从集装箱里取出来,方便操作和使用。把元素从列表中取出来,有解包、索引和切片等方式。

解包操作指从可迭代对象中把元素逐个取出来分发给对应的变量。列表是可迭代对象,自然支持解包操作。在 Python 中,解包是自动完成的,这使得解包操作的实现非常简洁。

例如:对容器类型列表解包。

```
list1=[1,2,3,4]
print(*list 1)
```

输出结果为

```
1 2 3 4
```

6.1.3 索引列表元素

类似字符串索引操作,Python 列表中的元素可以用下标来索引,如图 6-1-1 所示。

(1) 从左到右索引,使用正数,最左边的字符下标从 0 开始。

(2) 从右到左索引,使用负数,最右边的字符下标从-1 开始。

(3) 索引越界会产生错误。

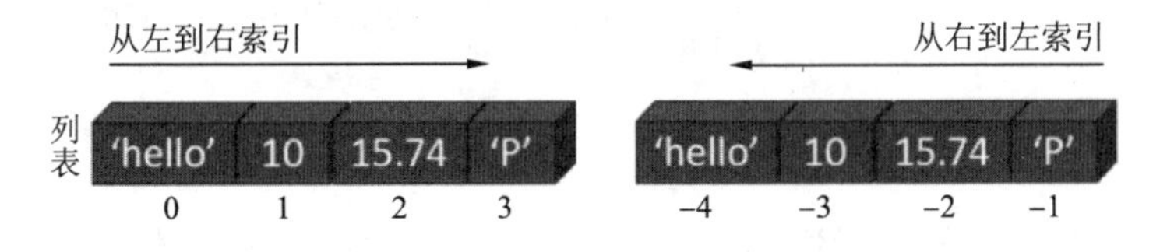

图 6-1-1　从两个方向索引列表元素

索引列表中的首元素、末元素、第三个元素、倒数第三个元素的代码如下:

```
>>>list1=['hello',10,15.74,'P']   #创建一个列表
>>>list1[0]                       #索引首元素
'hello'
>>>list1[-1]                      #索引末元素
'P'
>>>list1[2]                       #索引第三个元素
15.74
>>>list1[-3]                      #索引倒数第三个元素
10
>>>list1[4]                       #索引越界,报错
Traceback (most recent call last):
  File "<pyshell#6>", line 1, in <module>
    list1[4]                      #索引越界,报错
IndexError: list index out of range
```

列表是可变对象,即列表的元素可以增加、更改或删除。通过赋值操作符“=”可以更

改列表中的元素,具体代码如下:

```
>>>list1=['Hello',1,2,3,'a','b',9.9]     #创建一个列表
>>>list1[0]='Python!'                     #更改首元素
>>>list1                                  #查看更改结果
['Python!',1,2,3,'a','b',9.9]
```

6.1.4 列表切片

使用切片运算符(slice operator):[起点(start):终点(end):步长(step)],可以对列表进行切片。切片是指索引列表的一个子集,具体代码如下:

```
>>>list1=[1,2,3,4,5,6]      #创建一个列表
>>>list1=[1:4]              #索引第 2 到第 4 个元素
[2,3,4]
>>>list1=[:3]               #索引从首元素到第 3 个元素
[1,2,3]
>>>list1=[1:]               #索引从第 2 个元素到末元素
[2,3,4,5,6]
>>>list1=[::2]              #以步长为 2 索引列表元素
[1,3,5]
>>>list1=[1:10]             #索引越界自动处理为边界值
[2,3,4,5,6]
```

说明:

(1) 切片运算符包含起点索引值对应的元素,不包含终点索引值对应的元素。

(2) 若省略起点,则表明起点是首元素。

(3) 若省略终点,则表明终点是末元素。

(4) 索引越界会被 Python 解释器自动处理为边界值,不会报错。

6.1.5 列表操作

与字符串一样,列表不仅支持连接"+"、重复"*"、列表长度 len()、最大元素 max()和最小元素 min()这些基本操作,还支持检查成员资格和迭代操作,如表 6-1-1 所示。

表 6-1-1 列表操作

操作	作用	范例	结果
+	列表连接	[1,2]+[3,4]+[5,6]	[1,2,3,4,5,6]
L*n	列表 L 重复 n 次	['hi']*4	['hi','hi','hi','hi']
len()	获得列表元素个数	len([1,2,3,4,5,6])	6
max()	获得列表中的最大元素,max()要求列表中的元素必须是同一类型,不能是混合类型	max([1,2,3,4,5,6])	6

续表

操作	作用	范例	结果
min()	获得列表中的最小元素，min()要求列表中的元素必须是同一类型，不能是混合类型	min({'x': 1,'y': 2,'z': 3 })	'x'
sum()	列表元素求和，sum()要求列表中的元素必须全是数值型	sum([1,2,3,4,5,6])	21
in	检查成员资格，即列表中是否有该成员	1 in [1,2,3,4,5,6] 10 in [1,2,3,4,5,6]	True False
for x in L	迭代操作列表 L 里面的每一个成员 x	for x in [1,2,3]: print (x)	123
list(seq)	把序列 seq 转换为列表	list('hello')list((1,2,3))	['h','e','l','l','o'][1,2,3]
del(L)	删除列表对象 L	del(L)	name 'L' is not defined
del(L[i])	删除由 i 索引的列表对象元素 L[i]	L=[1,2,3,4,5,6] del(L[0])	[2,3,4,5,6]

用"+"实现列表连接时，需要注意"+"两侧必须都是列表对象，否则会引发语法报错。当需要将列表和其他非列表可迭代对象连接成一个新的列表时，用方括号[ ]结合解包操作来实现会更加简洁，如图 6-1-2 所示。

常规思维，不推荐	Pythonic 风格，推荐
In[1]: list1=[1,2,3] In[2]: list2=list('hello') In[3]: list1+list2 Out[3]: [1,2,3,'h','e','l','l','o']	In[1]: list1=[1,2,3] In[2]: [*list1, *'hello'*] Out[2]: [1,2,3,'h','e','l','l','o']

图 6-1-2　连接列表对象和非列表可迭代对象

列表既是 Python 中最基本的数据结构，又是最常用的数据类型。可以把列表看作一个大的表格，表格中的每个元素都分配一个数字，即它的位置或索引，第一个索引是 0，第二个索引是 1，以此类推。创建一个列表，将用逗号分隔开的不同数据项包括在方括号中。如下所示，创建一个 person 列表，第 0、1、2 个元素分别是一个人的名字、性别、年龄。

```
person=['Xiao','Male',18]
```

6.1.5.1　列表的基本操作

一个列表有以下三种基本操作。

1. 访问列表元素

可以根据下标访问列表中的单个元素，例如：

```
>>>list_1=[1,4,9,16,25]
>>>list_1[0]
    1
>>>list_1[1]
    4
```

(1) 倒序访问,例如:

```
>>>list_1[-1]
25
```

(2) 一次访问若干个位置连续的元素,例如:

```
>>>list_1[1:3]
[4,9]
>>>list_1[-3:]
[9,16,25]
>>>list_1[-3:4]
[9,16]
```

2. 更新列表

不同于字符串,在 Python 中列表是可变的,用户可以更新列表中的内容。通过 append()方法在列表的末尾添加一个元素,例如:

```
>>>list_2=[]
>>>list_2.append('Hadoop')
>>>list_2.append('Spark')
>>>list_2
['Hadoop','Spark']
```

也可以通过如下方式在 list 的尾部添加一个列表的元素。

```
>>>list_2=list_2+['Flume', 'Kafka']
>>>list_2
['Hadoop','Spark','Flume','Kafka']
```

还可以修改列表中的元素,例如:

```
>>>list_2[3]='Redis'
>>>list_2
['Hadoop','Spark','Flume','Redis']
```

也可以一次性修改列表中多个位置连续的元素,例如:

```
>>>list_2[1: 3]=['S','F']
>>>list_2
['Hadoop','S','F','Redis']
```

3. 删除列表元素

可以对列表中的元素进行删除操作,例如:

```
>>>list_3=['physics', 'chemistry','mathmatics']
>>>del list_3[1]
>>>list_3
['physics','mathmatics']
```

6.1.5.2 列表的循环遍历

通常所使用的循环语句可以遍历列表中的数据并对其进行处理。下面以 for 循环为例,介绍 Python 中列表的循环遍历。首先创建列表 list,具体代码如下:

```
>>>list=['apple','banana','grape','peach','orange','pear','straw-
berry']
```

1. 按元素遍历

循环中轮流取出元素的值,代码如下:

```
>>>list=['apple','banana','grape','peach','orange','pear','straw-
berry']
>>>for fruit in list:
...print(fruit)
...
apple
banana
grape
peach
orange
pear
strawberry
```

2. 按下标遍历

还可以通过 len()计算出 list 的长度,即 list 下标的取值范围,循环中通过下标访问元素,具体代码如下:

```
>>>for i in range(len(list)):
...print(list[i])
```

3. 使用 enumerate()遍历

enumerate()函数用于将一个可遍历的数据对象(如列表、元组或字符串)组合为一个索引序列,并列出数据和数据下标,一般用在 for 循环中。还可以结合 enumerate()来遍历 list,具体代码如下:

```
>>>for i, val in enumerate(list):
...print("序号: %s 值: %s"% (i+1,val))
    ...
序号: 1 值: apple
序号: 2 值: banana
序号: 3 值: grape
序号: 4 值: peach
序号: 5 值: orange
序号: 6 值: pear
序号: 7 值: strawberry
```

6.1.6 列表对象的常用方法

列表对象的常用方法见表 6-1-2,使用帮助信息,可用 help( )函数查阅详细的方法。例如,查询 append( )方法,用语句: help(list. append)。

表 6-1-2 列表对象的常用方法

方法	作用	范例	结果
append(obj)	在列表末尾添加一个对象	[1,2,3].append(4)	[1,2,3,4]
insert(index,obj)	在列表 index 下标处插入一个对象	[1,2,3].insert(1,4)	[1,4,2,3]
extend(iterable)	把可迭代对象的元素追加到当前列表后面	[1,2,3].extend('OK')	[1,2,3,'O','K']
index (obj, start = 0, stop = 9223372036854775807)	在查询范围[start, stop]内,返回第一个找到的对象 obj 的索引值;若找不到,则报错	[1,2,3].index(3)	2
count(obj)	统计元素对象 obj 出现的次数	[1,2,1,2].count(2)	2
remove(obj)	删除第一个匹配的对象 obj,若没有匹配的对象,则报错	[1,2,3].remove(3)	[1,2]
pop(index=-1)	删除并返回由 index 指定位置的对象,默认删除并返回末端对象。若列表为空,或 index 超出范围,则报错	[1,2,3].pop()	3
clear()	将列表对象清空	[1,2,3].clear()	[ ]
reverse()	将列表倒序	[1,2,3].reverse()	[3,2,1]

续表

方法	作用	范例	结果
sort (key = None, reverse=False)	默认将列表中的元素升序排列; reverse = True 则降序排列	[1,2,3].sort(reverse=True)	[3,2,1]
copy()	返回一个浅拷贝的列表	L1=[1,2,3]L2=L1.copy()	变量 L1 和 L2 引用同样的元素对象

6.1.7　嵌套列表

由于任何对象都可以装入列表,所以列表对象也可以装入列表中。列表中的列表对象,称为子列表(sublist)。列表中有列表,称为嵌套列表(nested list)。嵌套列表的操作与普通列表相似,只需要将子列表看成一个元素即可,具体代码如下:

```
In[1]: nested_list =[[1,2,3],[4,5,6],[7,8,9]]  #创建一个嵌套列表
In[2]: nested_list[1]                #引用第二个列表
Out[2]: [4,5,6]
In[3]: nested_list[1][1]             #引用第二个子列表中的第二个元素
Out[3]: 5
```

下面看一个最简单的列表嵌套的例子。

首先创建两个列表 list 1 和 list 2,具体代码如下:

```
>>>list_1=['I am an inner list']
>>>list_2=['I am an outer list']
```

接下来将 list_1 放入 list_2 中,具体代码如下:

```
>>> list_2.append(list_1)
>>> list_2
['I am an outer list', ['I am an inner list']]
```

【任务 6-1】　一个学校有 3 个兴趣小组,现在有 8 位学生等待小组的分配,请编写程序,完成随机分配。

这里有 3 个兴趣小组,每个兴趣小组将包含随机分配的小组成员,因此需要用到列表的嵌套,具体代码如下:

```
school_teams=[[小组 1],[小组 2],[小组 3]]
```

另外,还需要一个普通的列表保存全体学生的名单,具体代码如下:

```
student_names=["李小明","王华","吴小莉","张三","李四","牛二","王五",
"吴六"]
```

最后,引入随机函数以便分配。函数 random.randint(0,2)将随机产生数字 0~2 作为

小组 1~3 在 school_teams 中的下标。具体代码如下：

```
import random
school_teams=[[],[],[]]
student_names=["李小明","王华","吴小莉","张三","李四","牛二","王五",
"吴六"]
for name in student_names:
team number=random.randint(0,2)
school_teams[team_number].append(name)
for i in school_teams:
print(i)
```

6.1.8 列表的拷贝

列表的拷贝有三种：引用拷贝、浅拷贝(shallow copy)和深拷贝(deep copy)。

用"="实现的拷贝是引用拷贝。例如，语句 list2=list1，将变量 list1 中指向列表对象的引用拷贝给变量 list2，使得变量 list2 和 list1 都关联到相同的列表对象。具体代码如下：

```
>>>list1=[1,2,3]        #创建一个列表，并关联到变量 list1
>>>list2=list1          #将 list1 的引用赋值给 list2
>>>id(list1)            #查看 list1 的 id 是否跟 list2 的 id 一样
2153578776320
>>>id(list2)
2153578776320
```

列表的浅拷贝是指在内存中新建一个原列表对象的副本，并把新建的列表变量关联到原列表的元素对象上，但不会在内存中新建原列表的元素对象，如图 6-1-3 所示。

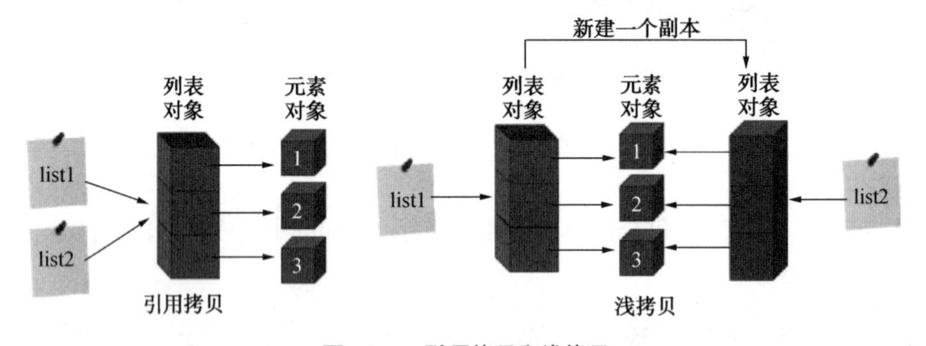

图 6-1-3　引用拷贝和浅拷贝

用 id()函数查阅新旧列表对象，可以看到新列表与旧列表对象的 id 是不一致的；查阅新旧列表中的元素对象，可以看到新旧列表的元素对象的 id 是一致的。具体代码如下：

```
>>>list1=[1,2,3]                     #创建一个列表,并关联到变量 list1
>>>list2=list1.copy()                #将 list1 浅拷贝到 list2
>>>id(list1)
2153610102464
>>>id(list2)
2153574386688
>>>id(list1[0])                      #查看 list1 中第一个元素对象的 id
140731453986464
>>>id(list2[0])                      #查看 list2 中第一个元素对象的 id
140731453986464
```

由于列表浅拷贝不会新建列表的元素对象的副本,当列表为嵌套列表时,列表浅拷贝也不会新建子列表对象的副本。下面的代码中,new_list 由 old_list 浅拷贝生成,当修改 new_list 列表的元素时,old_list 列表的元素也会一起被修改。

```
>>>old_list=[[1,2,3],[4,5,6],[7,8,9]]      #创建一个嵌套列表
#将 old_list 浅拷贝到 new_list
>>>new_list=old_list.copy()
#修改 new_list 第二个子列表的第二元素
>>>new_list[1][1]=10
>>>old_list                                 #old_list 也会受到影响
[[1,2,3],[4,10,6],[7,8,9]]
```

为了避免上述情况发生,要使用深拷贝。列表的深拷贝是指在内存中不仅新建一个列表对象的副本,还要新建所有嵌套子列表的副本,如图 6-1-4 所示。

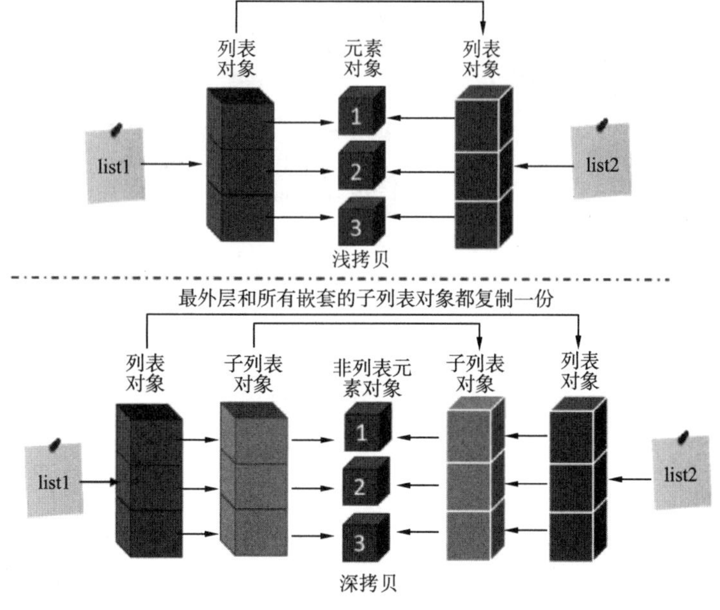

图 6-1-4　深拷贝和浅拷贝

列表的深拷贝由 copy 模块中的 deepcopy()函数实现,具体代码如下:

```
>>>old_list=[[1,2,3],[4,5,6],[7,8,9]]      #创建一个嵌套列表
>>>import copy                             #导入 copy 模块
#将 old_list 深拷贝到 new_list
>>>new_list=copy.deepcopy(old_list)
#修改 new_list 第二个子列表的第二个元素
>>>new_list[1][1]=10
>>>old_list                                #old_list 不会受影响
[[1,2,3],[4,5,6],[7,8,9]]
>>>new_list
[[1,2,3],[4,10,6],[7,8,9]]
```

在图 6-1-5 中,new_list 由 old_list 深拷贝生成,当修改 new_list 列表的元素时,old_list 列表的元素不会受到影响。

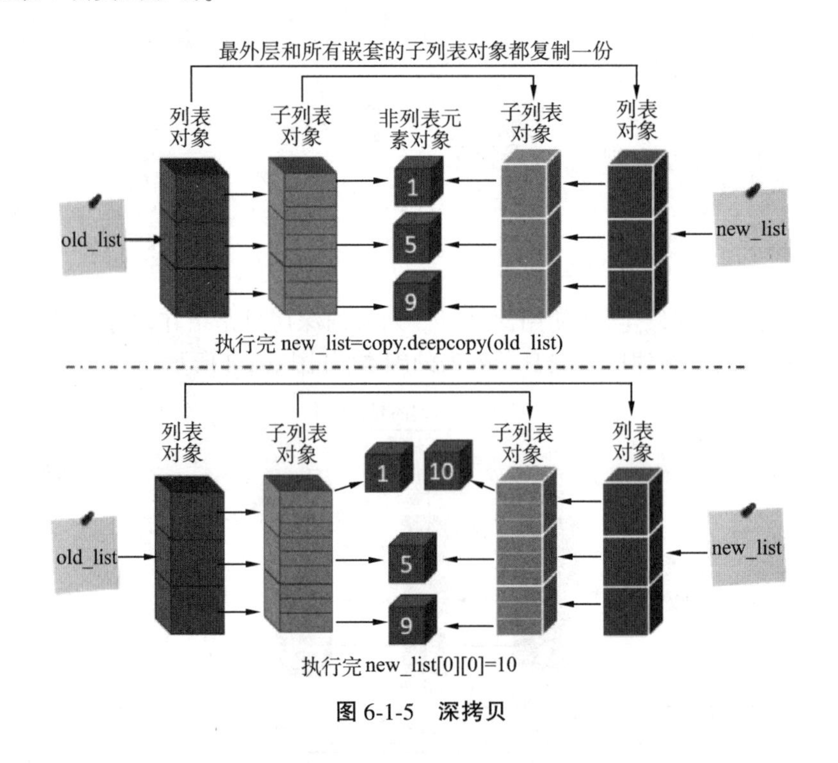

图 6-1-5 深拷贝

6.2 元 组

元组(tuple)与列表一样,也是一个序列类型。可以把元组看作不可变列表,即元组一旦创建,就不能以任何方式对其元素进行增加、更改或删除。Python 的元组与列表类似,不同之处在于元组的元素不能修改,且元组使用小括号,列表使用方括号。由于元组是不可修改的,其主要作用是作为参数传递给函数调用,或是从函数调用处获得参数时,

保护其内容不被外部接口修改。

元组的定义与列表类似,不同之处在于元素被放在小括号( )而不是方括号[ ]中。列表索引的规则与列表的规则相同。

元组具有如下典型特点。

(1) 元组的运行速度和占用空间都优于列表。

(2) 若知道哪些数据不必更改,用元组比用列表好,因为元组可以保护数据免遭意外更改。这个特性在多线程环境下特别有用,因为一个不可变对象本身就是线程安全的,这样可以省去线程间同步的开销。

(3) 元组的元素可以通过索引访问,可迭代,可遍历。

(4) 支持自动解包。

(5) 元组可以任意嵌套,即可以包含其他元组作为子元组。

(6) 元组一旦创建,其大小是不可变的。

(7) 元组是不可变对象,即元组的元素不可以增加、更改或删除。

(8) 一个方法或函数要返回多个值时,元组是一个不错的选择。

6.2.1　创建元组

在 Python 中,可以用 tuple( ) 函数或小括号( ) 创建元组。创建空元组时,二者结果一致;创建有元素的元组时,如下面的代码所示。用 tuple( ) 函数只能输入一个可迭代对象,然后把可迭代对象的元素加入元组。用小括号( ) 可以输入多个对象,把输入的对象作为元素整体加入元组。

```
>>>tuple1=tuple()                        #用 tuple()创建一个空元组
>>>tuple2=()                             #用()创建一个空元组
>>>tuple3=tuple('Hello,Python!')         #创建一个有初始元素的元组
>>>tuple3
('H', 'e', 'l', 'l', 'o', ',', 'P', 'y', 't', 'h', 'o', 'n', '!')
                                         #创建一个有初始元素的元组
>>>tuple4=('Hello,Python!',1,2.4,False)
>>>tuple4
('Hello,Python!', 1,2.4,False)
```

创建一个元组:

```
>>>tuple_1=(1,'physics',98)
```

创建一个空元组:

```
>>>tuple_2=( )
```

创建一个元素的元组:

```
>>>tuple_3=(1,)
```

访问一个元组：

```
>>>tuple_1[0]
    1
>>>tuple_1[1]
'physics'
>>>tuple_1[2]
98
```

元组的连接：

```
>>>tup1= (1,2)
>>>tup2=('a','b')
>>>tup1+tup2
(1,2,'a','b')
```

6.2.2 元组解包

与列表一样，元组也是可迭代对象，支持解包操作。元组解包就是对批量的数据进行批量的赋值，也叫“元组拆包”或“迭代对象解包”等。当然不只是 tuple，任何可迭代对象包括字典、集合、字符串等一切实现了_next_方法的可迭代对象，都支持解包操作。

6.2.3 索引元组元素

类似列表索引操作，元组中的元素也可以用下标来索引，如图 6-2-1 所示。

(1) 从左到右索引，使用正数，最左边的字符下标从 0 开始。

(2) 从右到左索引，使用负数，最右边的字符下标从-1 开始。

(3) 索引越界会引发错误。

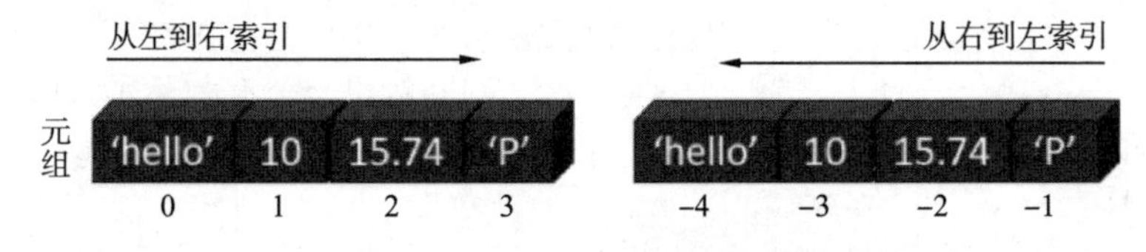

图 6-2-1 从两个方向索引元组元素

索引元组中的首元素、末元素、第三个元素、倒数第三个元素如下面的代码所示。

```
>>>tuple1=('hello',10,15.74,'P')        #创建一个元组
>>>tuple1[0]                            #索引首元素
'hello'
>>>tuple1[-1]                           #索引末元素
'P'
>>>tuple1[2]                            #索引第三个元素
15.74
>>>tuple1[-3]                           #索引倒数第三个元素
```

```
10
>>>tuple1[10]                        #索引越界,报错
Traceback(most recent call last):
  File"<pyshell#22>", line 1, in <module>
    tuple1[10]                       #索引越界,报错
IndexError: tuple index out of range
```

6.2.4 元组切片

使用切片运算符:[起点(start):终点(end):步长(step)],可以对元组进行切片。切片是指索引元组的一个子集,如下面的代码所示。

```
>>>tuple1=(1,2,3,4,5,6)            #创建一个元组
>>>tuple1[1:4]                     #切片第二到第四个元素
(2,3,4)
>>>tuple1[:3]                      #切片从首元素到第三个元素
(1,2,3)
>>>tuple1[1:]                      #切片从第二个元素到末元素
(2,3,4,5,6)
>>>tuple1[::2]                     #从首元素开始,以步长为 2 索引元素
(1,3,5)
>>>tuple1[1:10]                    #索引越界自动处理为边界值
(2,3,4,5,6)
```

需要注意的是:

(1) 切片运算符包含起点索引值对应的元素,不包含终点索引值对应的元素。

(2) 若省略起点,则表明起点是首元素。

(3) 若省略终点,则表明终点是末元素。

(4) 索引越界会被 Python 解释器自动处理为边界值,不会报错。

6.2.5 元组的基本操作

元组是不可变对象,不能用赋值语句更改元组的元素。

与列表一样,元组不仅支持连接“+”、重复“ * ”、元组长度 len()、最大元素 max()和最小元素 min()这些基本操作,还支持检查成员资格和迭代操作,如表 6-2-1 所示。

表 6-2-1 元组的基本操作

操作	作用	范例	结果
+	元组连接	(1,2)+(3,4)+(5,6)	(1,2,3,4,5,6)
T * n	元组 T 重复 n 次	('hi') * 4(1,2) * 4	'hihihihi'(1,2,1,2,1,2,1,2)
len()	获得元组元素个数	len((1,2,3,4,5,6))	6

续表

操作	作用	范例	结果
max()	获得元组中的最大元素,元组中的元素必须是同一类型,不能是混合类型	max((1,2,3,4,5,6))	6
min()	获得元组中的最小元素,元组中的元素必须是同一类型,不能是混合类型	min({'x': 1,'y': 2,'z': 3})	'x'
sum()	元组元素求和,所有元素必须是数值型	sum((1,2,3,4,5,6))	21
in	检查成员资格,即元组中是否有该成员	1 in(1,2,3,4,5,6) 10 in(1,2,3,4,5,6)	True False
for x in T	迭代操作每一个元组 T 里面的成员 x	for x in(1,2,3): print(x)	123
tuple(seq)	把序列 seq 转换为元组	tuple('hello')tuple([1,2,3])	('h','e','l','l','o')(1,2,3)
del(T)	删除元组对象 T	del(T)	name 'T' is not defined

6.2.6 元组对象的常用方法

由于元组对象是不可变对象,所以元组对象内置的方法只有两种,如表 6-2-2 所示。可用 help()函数查阅详细的方法。例如,查询 index()方法,用语句: help(tuple.index)。

表 6-2-2 元组对象的常用方法

方法	作用	范例	结果
index(obj, start = 0, stop = 9223372036854775807)	在查询范围[start, stop]内,返回第一个找到的对象 obj 的索引值;若找不到,则报错	(1,2,3).index(3)	2
count(obj)	统计元素对象 obj 出现的次数	(1,2,1,2).count(2)	2

6.2.7 用 zip()函数创建以元组为元素的列表

zip()函数可以将多个可迭代对象中的对应元素组成元组,并返回 zip 对象。用 list()函数可以将 zip()函数返回的 zip 对象转换为列表,如下面的代码所示。

```
>>>a=(1,2,3,4,5,6)                #可迭代对象 a
>>>b='Python'                     #可迭代对象 b
>>>c=zip(a,b)                     #zip 对象 c
>>>list(c)                        #把 zip 对象转换为列表
[(1, 'P'), (2, 'y'), (3, 't'), (4, 'h'), (5, 'o'), (6, 'n')]
```

6.2.8　用 enumerate( )函数创建以带索引号的元组为元素的列表

enumerate( )函数将一个可遍历的对象(如列表、元组或字符串)的元素加上索引号组合为一个 enumerate 对象。用 list( )函数将 enumerate( )函数返回的对象转换为列表对象,列表中每个元素是一个元组,元组中的元素是索引号和对应元素,如下面的代码所示。

```
>>>a=enumerate('hello')          #返回一个 enumerate 对象
>>>a
<enumerate object at 0x000002740B6316C0>
>>>list(a)      #转换为列表,每个元素是元组,元组里面是索引号和对应数据
[(0,'h'),(1,'e'),(2,'l'),(3,'l'),(4,'o')]
```

enumerate( )函数通常用于既要遍历索引又要遍历元素的情况,比手动创建一个计数器去维护元素的位置索引更加简洁优雅(表 6-2-3)。

表 6-2-3　用 enumerate( )实现索引和元素的同时遍历

常见思维实现版	更加优雅的 Pythonic 实现版
list1=[5,6,7,8] for i in range(len(list1)): print(i,list1[i])	list1=[5,6,7,8] for index,item in enumerate(list1): print(index,item)

6.3　字　典

字典(dictionary)是一种通过名字或关键字引用的数据结构。该方法给字典中的每个值都取了名字——键。在字典中,可以通过这个名字访问对应的数据——值。在一个字典中,键不重复出现,但不同键对应的值可以是相同的。

在 Python 中,一切皆字典(everything in Python is a dictionary)。由此可以看出,字典的使用频率远远高于列表、元组和集合。字典是一种基础元素为键值对、无序可变的、可嵌套可迭代的数据结构,其主要特点如下:

(1) 基础元素为键值对,通过键名而不是索引号来索引访问值。

(2) 字典中的元素是无序的,意味着无法通过索引来访问。

(3) 字典中的元素访问速度远高于列表和元组。

(4) 字典是可变的,元素可以增加、更改或删除。

(5) 支持自动解包。

(6) 字典可以任意嵌套。

(7) 通过键来访问值。

(8) 键必须唯一,若键的输入有重复,最后一次输入的键会被记住。

(9) 值可以是任意类型,而且值可以重复。

(10) 空字典用大括号{ }表示。

键必须是不可变的数据类型,如字符串、数字或元组。键之所以必须是不可变的数据

类型,是因为在 Python 中只有不可变的数据类型才能哈希化(hashable),字典通过哈希化(哈希表)实现高效的数据访问。可以通过_hash_()方法查阅某数据类型是否可以哈希化,不能哈希化的数据类型会返回 NoneType,具体代码如下:

```
>>>type(str._hash_)          #查看 str 的_hash_的类型
<class 'wrapper_descriptor'>
>>>type(list._hash_)         #查看 list 的_hash_的类型
<class 'NoneType'>
>>>type(tuple._hash_)        #查看 tuple 的_hash_的类型
<class 'wrapper_descriptor'>
```

6.3.1 创建字典

字典用大括号{ }定义,在大括号中用冒号“:”分隔键值对,键值对之间用逗号“,”分隔,具体代码如下:

```
d={key1:value1,key2:value2,key3:value3}
```

在 Python 中,可以用 dict()函数或大括号{}创建字典,具体代码如下:

```
>>>d_empty1={}                                  #用{}创建一个空字典
>>>d_empty2=dict()                              #用 dict()创建一个空字典
>>>d_empty1
{}
>>>d_empty2
{}
>>>d1={'x': 1,'y': 2,'z': 3}                    #用{}创建一个字典
>>>d1
{'x': 1, 'y': 2, 'z': 3}
>>>list_keys=['x','y','z']                      #创建键列表
>>>list_values=[1,2,3]                          #创建值列表
>>>d2=dict(zip(list_keys,list_values))  #用 dict()创建字典
>>>d2
{'x': 1, 'y': 2, 'z': 3}
```

从上述代码可以看出,用大括号{ }创建字典的优点是简单清晰,但是,当键值对很多时,手动输入键值对则很不方便。这时,可以用 dict()函数从现有的列表中创建字典。

例如,可以创建一个字典,用于制作电话簿,具体代码如下:

```
>>>tel_book={'Alice': '2341','Beth': '9102','Cecil': '3258'}
>>>tel_book
{'Alice': '2341','Beth': 9102','Cecil': '3258'}
```

若想知道 Alice 的电话号码,可以根据“Alice”这个名字访问,具体代码如下:

```
>>>tel_book['Alice']
'2341'
```

还可以使用字典来描述某个事物的各个属性。比如,描述一个学生的信息,具体代码如下:

```
>>>student = {'Name': 'Lily','Age': 19,'Sex': 'Female', 'Class':
'3163'}
>>>student
{'Name': 'Lily','Age': 19,'Sex': 'Female','Class': '3163'}
```

如果需要知道学生的姓名、年龄等,将属性作为键来访问对应的值即可,具体代码如下:

```
>>>student
>>>student ['Name']
'Lily'
>>>student['Age']
19
```

字典可以直接修改已有属性的值。例如,Lily 长大了一岁,具体代码如下:

```
>>>student ['Age']
19
>>>student ['Age']=student['Age']+1
>>>student['Age']
20
```

还可以添加新属性、删除旧属性。例如,删除 Lily 的班级和年级信息,并添加住址,具体代码如下:

```
>>>del student['Class']
>>>del student['Grade']
>>>student['Address'] = 'Flower Park 111'
>>>student
{'Name': 'Lily','Age': 20,'Sex': 'Female','Address': 'Flower Park
111'}
```

6.3.2　访问字典的值

字典是无序元素的组合,这意味着不能通过索引来访问字典的元素。规定字典通过方括号[ ]和键(key)来访问值(value),若键不存在,则会引发错误,具体代码如下:

```
>>>d1={'Name':'Xiaoming','Age':7,'Class':'First'}
>>>d1['Name']
'Xiaoming'
>>>d1['Age']
7
>>>d1['NoKey']                  #查无此键,报错
Traceback(most recent call last):
  File"<pyshell#18>", line 1, in <module>
    d1['NoKey']
KeyError:'NoKey'
```

字典是可变对象,可以通过方括号[ ]和键名(key)加赋值语句来添加或修改字典元素;通过方括号[ ]和键名(key)加 del()函数来删除字典元素,具体代码如下:

```
>>>d1={'x':1,'y':2,'z':3}                    #创建一个字典对象 d1
>>>d1['a']=4                                 #添加一个字典元素'a':4
>>>d1
{'x': 1, 'y': 2, 'z': 3, 'a': 4}
>>>d1['a']=10                                #修改
>>>d1
{'x': 1, 'y': 2, 'z': 3, 'a': 10}
>>>del(d1['a'])                              #删除一个字典元素
>>>d1
{'x': 1, 'y': 2, 'z': 3}
```

6.3.3 字典解包

与列表一样,字典也是可迭代对象,支持解包操作。(1) 解包后赋值变量:解包后仅把键名(key) 传给变量。(2) 解包后作为参数传递给函数:单星号“ * ”表示解包后把键名(key)作为参数传入函数,键名个数需与形参个数相同;双星号“ ** ”表示把键值(value)作为参数传入函数,函数形参名需与键名相同。

6.3.4 字典的基本操作

字典不支持连接“+”、重复“ * ”操作,但支持长度 len()、最大元素 max()、最小元素 min()、检查成员资格操作符“in”等,如表 6-3-1 所示。

表 6-3-1 字典的基本操作

操作	作用	范例	结果
len()	获得字典键值对个数	len({'x':1,'y':2,'z':3})	3
max()	返回字典中的最大值对应的键	max({'x':1,'y':2,'z':3})	'z'

续表

操作	作用	范例	结果
min()	返回字典中的最小值对应的键	min({'x': 1,'y': 2,'z': 3})	'x'
in	检查键是否在字典中	'x' in {'x': 1,'y': 2,'z': 3} 1 in {'x': 1,'y': 2,'z': 3}	True False
del(D)	删除字典对象 D	del(D)	name 'D' is not defined
del(D[key])	删除由键 key 索引的字典元素	D={'x': 1,'y': 2,'z': 3} del(D['x'])	{'y': 2,'z': 3}

字典的遍历分三种,分别为根据键遍历、根据值遍历、根据字典项遍历。需要先创建字典 dict,具体代码如下:

```
dict={'A': 1, 'B': 2, 'C': 3, 'D': 4, 'E': 5, 'F': 6,'G': 7}
```

根据键遍历字典,代码如下:

```
>>>for key in dict:
...print(key,dict[key])
...
('A',1)
('B',2)
('C',3)
('D',4)
('E',5)
('F',6)
('G',7)
```

根据值遍历字典,代码如下:

```
>>>for value in dict.values( ):
...print(value)
...
1
2
3
4
5
6
7
```

根据字典项遍历字典,代码如下:

```
>>>for item in dict.items( ):
...print(item)
...
('A',1)
('B',2)
('C',3)
('D',4)
('E', 5)
('F',6)
('G',7)
```

6.3.5 字典对象的常用方法

字典对象内置的常用方法见表6-3-2,其中“d”代表字典对象。可用help( )函数查阅详细的方法。例如,查询clear( )方法,用语句:help(dict.clear)。

表6-3-2 字典对象的常用方法

方法	作用	范例	结果
d.clear( )	清除字典内所有元素	{'x': 1,'y': 2,'z': 3}.clear( )	{}
d.copy( )	浅拷贝字典	{'x': 1,'y': 2}.copy( )	{'x': 1,'y': 2}
d.get(k,default=None)	通过键获得值;键不存在,则返回None;或者返回指定的默认值	{'x': 1,'y': 2}.get('x') {'x': 1,'y': 2}.get('z') {'x': 1,'y': 2}.get('z',0)	1 None 0
d.items( )	返回可迭代的键值对列表	{'x': 1,'y': 2}.items( )	[('x',1),('y',2)]
d.keys( )	返回可迭代的键列表	{'x': 1,'y': 2}.keys( )	['x','y']
d.values( )	返回可迭代的值列表	{'x': 1,'y': 2}.values( )	[1,2]
d.pop(k[, v])	删除键所对应的值并返回该值。k必须指定,若k不存在,且指定了返回默认值v,则返回v;否则,报错	{'x': 1,'y': 2}.pop('x') {'x': 1,'y': 2}.pop('z',3) {'x': 1,'y': 2}.pop('z')	1 3 KeyError: 'z'
d.popitem( )	删除字典中最后一对键值对,并以元组形式返回该键值对;若字典为空,则报错	{'x': 1,'y': 2}.popitem( ) {}.popitem( )	('y',2) KeyError:' popitem( ): dictionary is empty '
d=update(d1)	把字典d1添加到字典d中;若字典d中有键与d1重复,则更新这些重复的键对应的值	{'x': 1}.update({'y': 2}) {'x': 1}.update(y=2) {'x': 1}.update({'x': 2})	{'x': 1,'y': 2} {'x': 1,'y': 2} {'x': 2}

在实际开发中,经常遇到不知道字典中有哪些键名的情况。为了避免键名不存在时

用键名直接访问键值而报错,可以使用 get( )方法在键名不存在的情况下返回 None 或设定的默认值,避免报错。

用 items( )方法返回的可迭代对象,经常与 for 语句配合使用,用于遍历字典的元素,这是一种典型的 Pythonic 风格的遍历方法,本书将在 for 语句一节中详述。

6.4 集 合

集合(set)是数学中最基本的概念之一,指定义明确的不同对象的聚集(collection)。其基本操作包括交集、并集、补集等,如图 6-4-1 所示。

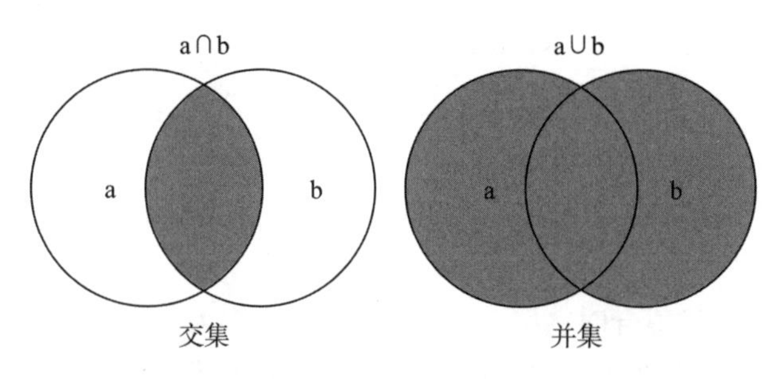

图 6-4-1　交集和并集

Python 中的集合可以看作是数学集合概念的 Python 程序实现。与有序的列表相比,集合是无序且没有重复元素的可变可迭代的数据类型,其主要特点如下:

(1) 集合元素唯一,这意味着集合中没有重复的元素对象。

(2) 集合元素无序,这意味着不能通过下标引用集合元素。

(3) 集合元素可变、可迭代。

(4) 集合只能接受不可变的数据类型作为元素。在 Python 中,不可变的数据类型才能哈希化,Python 通过哈希化实现高效的数据访问。

(5) 集合常用于高效地找出两个数据集中的异同点。

Python 中还有一种集合对象不能改变的集合类型叫冻结集合,它与元组类似,一旦创建,不能改变,其余特性与集合一样。

6.4.1　创建集合

与字典一样,集合也用大括号{ }定义,元素之间用逗号“,”分隔,如下所示。

集合:{元素 1,元素 2,元素 3,…}

用 set( )函数或大括号{ }创建集合,具体代码如下:

```
>>>s1=set()                  #创建空集合
>>>type(s1)
<class 'set'>
>>>s2={}                     #用{}创建空集合,实际创建了空字典
```

```
>>>type(s2)
<class 'dict'>
>>>{'hello'}          #用{}创建集合,会把输入数据作为整体加入集合
{'hello'}
#用 set()创建集合,会把输入数据作为整体加入集合,自动去重
>>>set('hello')
{'l', 'o', 'e', 'h'}
>>>{[1,2,3,4]}        #用{}创建集合,输入数据是可变类型会引发报错
Traceback(most recent call last):
  File"<pyshell#14>", line 1, in <module>
    {[1,2,3,4]}       #用{}创建集合,输入数据是可变类型会引发报错
TypeError: unhashable type: 'list'
>>>set([1,2,3,4])  #用 set()创建集合,输入数据可以是可变类型
{1, 2, 3, 4}
```

需要注意的是:

(1) “{ }”已经被解释为空字典,所以不能用“{ }”来创建空集合,只能用 set()创建空集合。

(2) 当用“{ }”创建集合时,“{ }”会把输入对象作为一个集合元素整体加入集合,所以输入对象不能是可变数据类型。例如,将[1,2,3,4]作为输入对象,由“{ }”创建集合,会引发 unhashable type 的错误。

(3) 当用 set()函数创建集合时,set()函数会把输入对象的元素作为集合元素加入集合,所以输入对象可以是可变数据类型,但其元素必须是不可变数据类型。例如,可以将[1,2,3,4]作为输入对象,由 set()函数创建集合;但将[[1,2],[3,4]]作为输入对象,由 set()函数创建集合,会引发 unhashable type 的错误。

6.4.2 访问集合的元素

集合是无序元素的组合,这意味着不能通过索引来访问集合的元素。集合没有键,无法像字典一样通过键来访问值,Python 没有提供单独索引集合元素的方法。

6.4.3 集合解包

与列表一样,集合也是可迭代对象,支持解包操作。

6.4.4 集合的基本操作

与字典一样,集合不支持连接“+”、重复“ * ”操作,但支持长度 len()、最大元素 max()、最小元素 min()、检查成员资格操作符“in”等,如表 6-4-1 所示。

表 6-4-1　集合的基本操作

操作	作用	范例	结果
len()	获得集合中的元素个数	len({1,2,3})	3
max()	返回集合中的最大值	max({1,2,3})	3
min()	返回集合中的最小值	min({1,2,3})	1
in	检查元素是否在集合中	'x' in {'x','y','z'} 1 in {'x','y','z'}	True False
del(S)	删除集合对象 S	del(S)	name 'S' is not defined

集合的底层是由字典实现的,所以在集合上进行检查成员资格操作也远远快于在列表和元组上的检查成员资格操作。

6.4.5　添加和删除集合元素

可以用集合对象自带的 add()和 update()方法添加集合元素,如表 6-4-2 所示。可用 help( )函数查阅详细的方法。例如,查询 add()方法,用语句：hep(set. add)。

表 6-4-2　添加集合元素

方法	作用	范例	结果
add()	将不可变数据对象添加为集合元素	s1={1,'h'} s1.add(False)	{1,False,'h'}
update()	将一个可迭代且不可改变的对象以并集的方式添加到原来的集合中	s1={1,'h'} s1.update('hello') s1.update({False })	{1,'e','h','l','o'} {1,False,'e','h','l','o' }

可以用集合对象自带的 clear()、discard( )、remove( )和 pop()方法删除集合元素,如表 6-4-3 所示。

表 6-4-3　删除集合元素

方法	作用	范例	结果
clear()	清空集合中的所有元素	s1={1,'h'} s1.clear()	set(),空集合
discard()	从集合中删除指定的元素,若元素不存在,则不做任何事情	s1={1,'h'} s1.discard('e') s1.discard('h')	{1,'h'} {1}
remove()	从集合中删除指定的元素,若元素不存在,则报错	s1={1,'h'} s1.remove('e') s1.remove ('h')	KeyError：'e' {1}
pop()	从集合中删除指定的元素,并将这个元素返回。若集合为空,则报错	s1={1,'h'} s1.pop() s1.pop() s1.pop()	返回：1,s1={'h'} 返回：'h',s1 为空集合

6.4.6 集合的交集、并集、差集、对称差集和子集运算

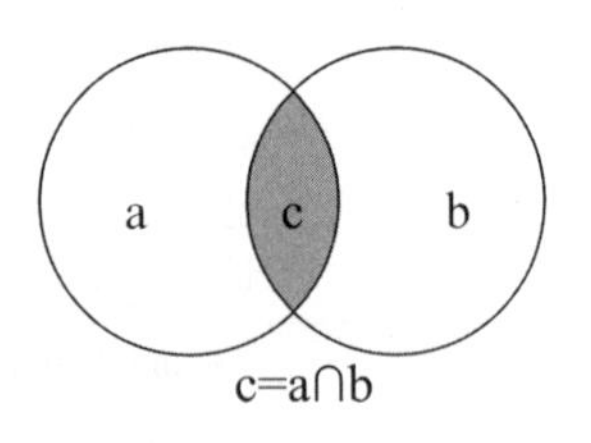

图 6-4-2 交集

交集(intersection)是找出两个集合的共有元素,数学符号为∩,如图 6-4-2 所示。

交集可以由 Python 中集合对象自带的方法 intersection( )或运算符“&”实现,具体代码如下:

```
>>>a={1,2,3,4}                    #创建集合 a
>>>b={3,4,5,6}                    #创建集合 b
>>>a.intersection(b)              #用 intersection()方法实现交集运算
{3,4}
>>>a&b                            #用 & 运算符实现交集运算
{3,4}
```

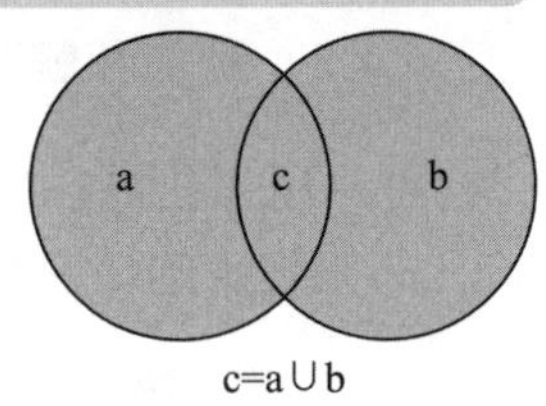

图 6-4-3 并集

并集(union)是合并两个集合,并自动去掉重复的元素,数学符号为∪,常用于元素去重,如图 6-4-3 所示。

并集可以由 Python 中集合对象自带的方法 union( )或运算符“|”实现,具体代码如下:

```
>>>a={1,2,3,4}                    #创建集合 a
>>>b={3,4,5,6}                    #创建集合 b
>>>c=a.union(b)                   #用 union()方法获得并集 c
>>>c
{1,2,3,4,5,6}
>>>d=a|c                          #用|运算符获得并集 d
>>>d
{1,2,3,4,5,6}
```

差集(difference)是找出本集合中有而另一个集合中没有的元素,数学符号为-,如图 6-4-4 所示。需要注意的是:a-b 和 b-a 不一样。

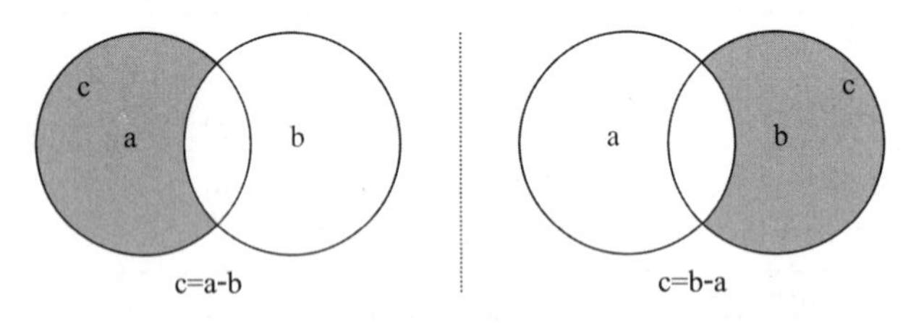

图 6-4-4 差集

差集可以由 Python 中集合对象自带的方法 difference( )或运算符“-”实现,具体代码如下:

```
>>>a={1,2,3,4}                #创建集合 a
>>>b={3,4,5,6}                #创建集合 b
>>>c1=a.difference(b)         #用 difference()方法获得差集 c1
>>>c1
{1,2}
>>>c2=a-b                     #用-运算符获得差集 c2
>>>c2
{1,2}
>>>d1=b.difference(a)         #用 difference()方法获得差集 d1
>>>d1
{5,6}
>>>d2=b-a                     #用-运算符获得差集 d2
>>>d2
{5,6}
```

对称差集(symmetric difference)是找出两个集合中所有不重复的元素,如图 6-4-5 所示。

对称差集可以由 Python 中集合对象自带的方法 symmetric_difference( )实现,具体代码如下:

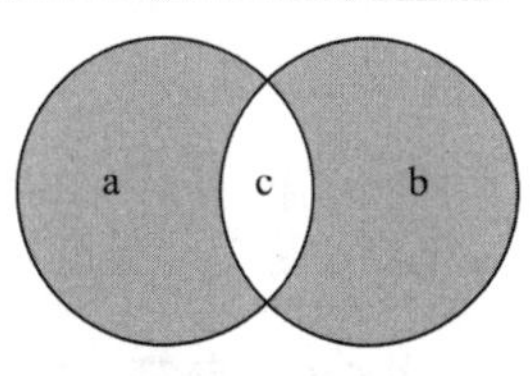

图 6-4-5　对称差集

```
>>>a={1,2,3,4}                        #创建集合 a
>>>b={3,4,5,6}                        #创建集合 b
>>>c=a.symmetric_difference(b)        #求对称差集
>>>c
{1,2,5,6}
```

子集(subset)是检查本集合的所有元素是否都在另一个集合中,由 Python 中集合对象自带的方法 issubset( )实现,具体代码如下:

```
>>>a={1,2,3,4}                        #创建集合 a
>>>b={3,4,5,6}                        #创建集合 b
>>>c={1,2}                            #创建集合 c
>>>a.issubset(b)                      #查看 a 是否为 b 的子集
False
>>>c.issubset(a)                      #查看 c 是否为 a 的子集
True
```

6.4.7　列表、元组、字典和集合的区别

至此,本书已经详细介绍了 Python 中最常用的数据结构类型:列表、元组、字典和集合。为了帮助读者更清晰地了解这四种数据类型的差异,这里给出列表、元组、字典和集合对比表(表 6-4-4)。

表 6-4-4 列表、元组、字典和集合对比表

类别	定义符号	数据类型是否可变	元素是否可变	元素是否有序	元素是否可迭代
列表	[元素 1,元素 2,...]	可变	可变	有序	可迭代
元组	(元素 1,元素 2,...)	不可变	不可变	有序	可迭代
字典	{键 1: 值 1,键 2: 值 2,...}	可变	键不可变,值可变	无序	可迭代
集合	{元素 1,元素 2,... }	可变	不可变	无序	可迭代

6.5 字符串

字符串或串(string)是由数字、字母、下划线组成的一串字符,用一对引号表示。它是编程语言中表示文本的数据类型。通常以串的整体作为操作对象,如在串中查找某个子串、求取一个子串、在串的某个位置插入一个子串以及删除一个子串等。两个字符串相等的充要条件是:长度相等,并且各个对应位置上的字符都相等。

6.5.1 字符串的表示

字符串是 Python 中最常用的数据类型,可以使用单引号(')或者双引号(")表示字符串。

创建字符串很简单,只要为变量赋值即可。例如:

```
>>>var1 ='Hello World!'
>>>var2 ="python"
```

6.5.2 字符串的截取

可以使用方括号[ ]来截取字符串。例如:

```
>>>var1 ='Hello World!'
>>>var1[0]
  'H'
>>>var1[1: 5]
  'ello'
>>>var1[5: ]
  'World!'
```

6.5.3 连接字符串

连接字符串是在原字符串的基础上连接其他字符串形成一个新的字符串。例如:

```
>>>var1='Hello World!'
>>>var2='python'
>>>var1=var1+var2
>>>var1
 'Hello World! python'
```

也可以使用切片操作,在字符串末尾添加指定长度的字符串。例如:

```
>>>var1+=var2[0:2]
>>>var1
 'Hello World! pyt'
```

文件操作

知识目标

目标1：掌握文件的各种操作。

目标2：掌握异常处理的操作。

技能目标

目标1：能够合理运用Python环境实现文件的各项功能。

目标2：能够处理异常环境，解决实际问题。

素养目标

培养实践操作能力和组织协调能力。

7.1 文件操作

文件操作是一种基本的输入/输出方式，在实际问题求解过程中经常遇到。数据以文件的形式进行存储，操作系统以文件为单位对数据进行管理，文件系统仍是高级语言普遍采用的数据管理方式。本章介绍文件的基本概念、文本文件的操作方法、文件管理方法以及文件操作的应用。

7.1.1 文件的概念

1. 文件格式

文件(file)是存储在外部介质上一组相关信息的集合。例如，程序文件是程序代码的集合，数据文件是数据的集合。每个文件都有一个名字，称为文件名。一批数据是以文件的形式存放在外部介质(如磁盘)上的，而操作系统以文件为单位对数据进行管理。也就是说，如果想寻找保存在外部介质上的数据，必须先按文件名找到指定的文件，再从该文件中读取数据。如果要向外部介质存储数据，也必须以文件名为标识先建立一个文件，才能向外部介质写入数据。

在程序运行时，常常需要将一些数据(运行的中间数据或最终结果)输出到磁盘上存储起来，以后需要时再从磁盘中读入计算机内存，这里要用到磁盘文件。磁盘既可作为输入设备，也可作为输出设备，因此有磁盘输入文件和磁盘输出文件。除磁盘文件外，操作系统把每一个与主机相连的输入/输出设备都作为文件来管理，称为标准输入/输出文件。例如，键盘是标准输入文件，显示器和打印机是标准输出文件。

根据文件数据的组织形式，Python 中的文件可分为文本文件和二进制文件。文本文件的每一个字节放一个 ASCII 代码，代表一个字符。二进制文件是把内存中的数据按其在内存中的存储形式原样输出到磁盘上存储。例如，图形图像文件、音频视频文件、可执行文件等都是常见的二进制文件。

在文本文件中，一个字节代表一个字符，因而便于对字符进行逐个处理，也便于输出字符，但一般占用的存储空间较多，而且要花费时间转换（二进制形式与 ASCII 值间的转换）。用二进制形式输出数值，可以节省外存空间和转换时间，但一个字节并不对应一个字符，不能直接输出字符形式。一般中间数据需要暂时保存在外存中且以后还需要读入内存的，常用二进制文件保存。

2. 文件的操作方式

无论是文本文件还是二进制文件，其操作过程是一样的，即首先打开文件并创建文件对象，然后通过该文件对象对文件内容进行读/写操作，最后关闭文件。

文件的读（read）操作就是从文件中取出数据，再输入计算机内存储器；文件的写（write）操作是向文件写入数据，即将内存数据输出到磁盘文件。这里，读/写操作是相对于磁盘文件而言的，而输入/输出操作是相对于内存储器而言的。对文件的读/写过程就是实现数据输入/输出的过程。

7.1.2　文件的打开与关闭

在对文件进行读/写操作之前，首先要打开文件，操作结束后应关闭文件。

1. 打开文件

打开文件是指在程序和操作系统之间建立起联系，程序把所要操作文件的一些信息传输给操作系统。这些信息除包括文件名外，还要指出读/写方式及读/写位置。如果是读操作，则需要先确认此文件是否已存在；如果是写操作，则要检查原来是否有同名文件，如有则先将该文件删除，再新建一个文件，并将读/写位置设定为文件开头，准备写入数据。

（1）open()函数。

Python 提供了基本的函数和对文件进行操作的方法。要读取或写入文件，必须使用内置的 open()函数来打开文件。该函数创建一个文件对象，可以使用文件对象来完成各种文件操作。open()函数的一般调用格式为

```
文件对象=open(文件说明符[,打开方式][,缓冲区])
```

其中，文件说明符指定打开的文件名，可以包含盘符、路径和文件名，它是一个字符串。注意，文件路径中的“\”要写成“\\”。例如，要打开 e:\mypython 中的 test.dat 文件，文件说明符要写成“e:\\mypython\\test.dat”。打开方式指定打开文件后的操作方式，该

参数是字符串,必须小写。文件操作方式是可选参数,默认为r(只读操作)。文件操作方式用具有特定含义的符号表示,如表7-1-1所示。缓冲区设置表示文件操作是否使用缓冲存储方式。如果缓冲区参数被设置为0,则表示不使用缓冲存储;如果该参数设置为1,则表示使用缓冲存储。如果指定的缓冲区参数为大于1的整数,则使用缓冲存储,并且该参数指定了缓冲区的大小。如果缓冲区参数指定为-1,则使用缓冲存储,并且使用系统默认的缓冲区的大小,这也是缓冲区参数的默认设置。

表7-1-1 文件操作方式

打开方式	含义	打开方式	含义
r(只读)	为输入打开一个文本文件	r+(读/写)	为读/写打开一个文本文件
w(只写)	为输出打开一个文本文件	w+(读/写)	为读/写建立一个新的文本文件
a(追加)	向文本文件尾部添加数据	a+(读/写)	为读/写打开一个文本文件
rb(只读)	为输入打开一个二进制文件	rb+(读/写)	为读/写打开一个二进制文件
wb(只写)	为输出打开一个二进制文件	wb+(读/写)	为读/写建立一个新的二进制文件
ab(追加)	向二进制文件尾部添加数据	ab+(读/写)	为读/写打开一个二进制文件

open()函数以指定的方式打开指定的文件,文件操作方式符的含义如下:

① 用“r”方式打开文件时,只能从文件向内存输入数据,而不能从内存向该文件写数据。以“r”方式打开的文件应该已经存在,不能用“r”方式打开一个并不存在的文件(输入文件),否则将出现“File Not Found Error”错误。这是默认打开方式。

② 用“w”方式打开文件时,只能从内存向该文件写数据,而不能从文件向内存输入数据。如果该文件原来不存在,则打开时建立一个以指定文件名命名的文件。如果该文件已存在,则打开时将文件删除,然后重新建立一个新文件。

③ 用“a”方式打开文件时,可以向一个已经存在的文件的尾部添加新数据(保留原文件中已有的数据),如果该文件不存在,则创建新的文件并进行写入。打开文件时,文件的位置指针在文件末尾。

④ 用“r+”“w+”“a+”方式打开的文件可以写入和读取数据。用“r+”方式打开文件时,该文件应该已经存在,这样才能对文件进行读/写操作。用“w+”方式打开文件时,如果文件存在,则覆盖现有的文件;如果文件不存在,则创建新的文件并可进行读/写操作。用“a+”方式打开文件时,保留文件中原有的数据,文件的位置指针在文件末尾,此时,可以进行追加或读取文件操作。如果该文件不存在,则创建新文件并可进行读/写操作。

⑤ 用类似的方法可以打开二进制文件。

(2) 文件对象的属性。

打开文件后查看文件对象的属性可以得到有关该文件的各种信息。文件对象的属性及含义见表7-1-2。

表 7-1-2　文件对象的属性

属性	含义
closed	如果文件被关闭则返回 True,否则返回 False
mode	返回文件的打开方式
name	返回文件的名称

文件属性的引用方法为

```
文件对象名.属性名
```

具体代码如下：

```
fo=open ("file.txt","wb")
print ("Name of the file: ",fo.name)
print("Closed or not: ",fo.closed)
print("Opening mode: ",fo.mode)
```

程序运行结果为

```
Name of the file: file.txt
Closed or not: False
Opening mode: wb
```

(3) 文件对象的常用方法。

Python 文件对象有很多方法(函数),通过这些方法可以实现各种文件操作。以下是文件对象的常用方法(表 7-1-3)。

表 7-1-3　文件对象的常用方法

方法	含义
close()	把缓冲区的内容写入磁盘,关闭文件,释放文件对象
flush()	把缓冲区的内容写入磁盘,不关闭文件
read/([count])	如果有 count 个参数,则文件中取 count 个字节;如果省略 count,则读取整个文件的内容
readline()	从文本文件中读取一行内容
readlines()	从文本文件中读取所有行,也就是读取整个文件的内容,把文件每一行作为列表的成员,并返回这个列表
seek(offset[, where])	把文件指针移动到相对于 where 的 offset 位置。where 为 0 表示文件开始处,这是默认值;1 表示当前位置;2 表示文件结尾
tell()	获得当前文件指针的位置
truncate([size])	删除从当前指针位置到文件末尾的内容。如果指定了 size,则不论指针在什么位置都留下前 size 个字节,其余的被删除

续表

方法	含义
write(string)	把 string 字符串写入文件(文本文件或二进制文件)
writelines(list)	把 list 列表中的字符串一行一行地写入文本文件,是连续写入文件,没有换行
next()	返回文件的下一行,并将文件操作标记移到下一行

2. 关闭文件

文件使用完毕后应关闭,这意味着可以释放文件对象以供其他程序使用,同时也可以避免文件中数据丢失。用文件对象的 close()方法关闭文件,其调用格式为

```
close()
```

close()方法用于关闭已打开的文件,将缓冲区中尚未存盘的数据写入磁盘,并释放文件对象。此后,如果想再次使用刚才的文件,则必须重新打开。具体代码如下:

```
fo=open("file.txt","wb")
print("Name of the file: ",fo.name)
fo.close()
```

7.1.3 文件的读/写操作

文本文件是指以 ASCII 方式存储的文件,确切地说,英文、数字等字符存储的是 ASCII 值,而汉字存储的是机内码。文本文件中除了存储文件的有效字符信息(包括能用 ASCII 字符表示的回车、换行等信息)外,不能存储其他任何信息。文本文件的优点是方便阅读和理解,使用常用的文本编辑器或文字处理器就可以对其创建和修改。

1. 文本文件的读取

Python 对文件的操作都是通过调用文件对象的方法来实现的,文件对象提供了 read()、readline()和 readlines()方法用于读取文本文件的内容。

(1) read()方法。

read()方法的用法如下:

```
变量=文件对象.read()
```

其功能是读取从当前位置直到文件末尾的内容,并作为字符串返回,赋给变量。如果是刚打开的文件对象,则读取整个文件。read()方法通常将读取的文件内容存放到一个字符串变量中。

read()方法也可以带有参数,其用法如下:

```
变量=文件对象.read(count)
```

其功能是读取从文件当前位置开始的 count 个字符,并作为字符串返回,赋给变量。如果文件结束,就读取到文件结束为止。如果 count 大于文件从当前位置到末尾的字符

数,则仅返回这些字符。

用 Python 解释器或 Windows 记事本建立文本文件 data.txt,具体代码如下：

```
Python is very useful.
Programming in Python is very easy.
```

看下列语句的执行结果。

```
>>>fo=open("data.txt"."r")
>>>fo.read()
'Python is very useful.Programming in Python is very easy.\n'
>>>fo=open("data.txt","r")
>>>fo.read(6)'Python'
```

【任务 7-1】 用 read()方法读取文本文件 data.txt,统计元音字母出现的次数。

任务分析：先读取文件的全部内容,得到一个字符串,然后遍历字符串,统计元音字母的个数。

示例代码如下：

```
'''
ch07-demo01.py
==============
用 read()方法读取文本文件 data.txt,统计元音字母出现的次数
'''
infile=open("data.txt","r")      #打开文件,准备输出文本文件
s=infile.read()                  #读取文件全部字符
print(s)                         #显示文件内容
n=0
for c in s:                      #遍历读取的字符串
    if c in 'aeiouAEIOU': n+=1
print(n)
infile.close()                   #关闭文件
```

程序运行结果为

```
Python is very useful.
Programming in Python is very easy.

15
```

(2) readline()方法。

readline()方法的用法如下：

```
变量=文件对象.readline()
```

其功能是读取从当前位置到行末(下一个换行符)的所有字符,并作为字符串返回,

赋给变量。通常用此方法来读取文件的当前行,包括行结束符。如果当前处于文件末尾,则返回空串。例如:

```
>>>fo=open ("data.txt","r")
>>>fo.readline()
'Python is very useful.\n'
>>>fo.readline()
'Programming in Python is very easy.\n'
>>>fo.readline()
''
```

【任务 7-2】 用 readline()方法读取文本文件 data.txt,统计元音字母出现的次数。

任务分析:逐行读取文件,得到一个字符串,然后遍历字符串,统计元音字母的个数。当文件读取完毕,得到一个空串,控制循环结束。

示例代码如下:

```
'''
ch07-demo02.py
===============
用 readline()方法读取文本文件 data.txt,统计元音字母出现的次数
'''
infile=open("data.txt","r")                #打开文件,准备输出文本文件
s=infile.readline()                        #读取一行
n=0
while s!='':                               #还没有读完时继续循环
    print(s[:-1])                          #显示文件内容
    for c in s:                            #遍历读取的字符串
        if c in 'aeiouAEIOU': n+=1
        s=infile.readline()                #读取下一行
print(n)
infile.close()                             #关闭文件
```

程序运行结果为

```
Python is very useful.
Programming in Python is very easy.
15
```

程序中"print(s[:-1])"语句用"[:-1]"去掉每行读入的换行符。如果输出的字符串末尾带有换行符,输出会自动跳到下一行,再加上 print()函数完成输出后会换行,这样各行之间会输出一个空行。也可以用字符串的 strip()方法去掉最后的换行符,即用语句"print(s.strip())"替换语句"print(s[:-1])"。

(3) readlines()方法。

readlines()方法的用法如下:

```
变量=文件对象.readlines()
```

其功能是读取从当前位置直到文件末尾的所有行，并将这些行构成列表返回，赋给变量。列表中的元素即每一行构成的字符串。如果当前处于文件末尾，则返回空列表。例如：

```
>>>fo=open("data.txt","r")
>>>fo.readlines()
['Python is very useful.\n', 'Programming in Python is very easy.\n']
```

【任务 7-3】 用 readlines()方法打开文本文件 data.txt，统计元音字母出现的次数。

任务分析：读取文件所有行，得到一个字符串列表，然后遍历列表，统计元音字母的个数。

示例代码如下：

```
'''
ch07-demo03.py
===============
用 readlines()方法打开文本文件 data.txt,统计元音字母出现的次数
'''
infile=open("data.txt","r")            #打开文件,准备输出文本文件
ls=infile.readlines()                   #读取各行,得到一个列表
n=0
for s in ls:                            #遍历列表
    print(s[:-1])                       #显示文件内容
    for c in s:                         #遍历列表的字符串元素
        if c in 'aeiouAEIOU': n+=1
print(n)
infile.close()                          #关闭文件
```

程序运行结果为

```
Python is very useful.
Programming in Python is very easy.
15
```

2. 文本文件的写入

当文件以写方式打开时，可以向文件中写入文本内容。Python 文件对象提供两种写文件的方法：write()方法和 writelines()方法。

(1) write()方法。

write()方法的用法如下：

```
文件对象.write(字符串)
```

其功能是在文件当前位置写入字符串，并返回字符的个数。例如：

```
>>>fo=open("file1.dat","w")
>>>fo.write("Python 语言")
8
>>>fo.write("Python 程序\n")
9
>>>fo.write("Python 程序设计")
10
>>>fo.close()
```

上面的语句执行后会创建 file1.dat 文件,并会将给定的内容写在该文件中,最后关闭该文件。用编辑器查看该文件内容如下:

```
Python 语言 Python 程序
Python 程序设计
```

从执行结果可看出,每次 write()方法执行完后并不换行。如果需要换行,则在字符串最后加换行符"\n"。

【任务 7-4】 从键盘输入若干字符串,逐个将它们写入文件 data1.txt 中,直到输入"*"时结束。然后从该文件中逐个读出字符串,并在屏幕上显示出来。

任务分析:输入一个字符串,如果不等于"*"则写入文件,然后再输入一个字符串,进行循环判断,直到输入"*"结束循环。

示例代码如下:

```
'''
ch07-demo04.py
===============
从键盘输入若干字符串,逐个写入文件 data1.txt 中,直到输入"*"时结束。然
后逐个读取出来,并在屏幕上显示
'''
fo=open ("data1.txt", "w")            #打开文件,准备建立文本文件
print("输入多行字符串(输入"*"结束):")
s=input()                             #从键盘输入一个字符串
while s!="*":                         #不断输入,直到输入结束标志"*"
    fo.write(s+'\n')                  #向文件写入一个字符串
    s=input()                         #从键盘输入一个字符串
fo.close()
fo=open ("data1.txt","r")             #打开文件,准备读取文本文件
s=fo.read()
print("输出文本文件:")
print(s.strip())
```

程序运行结果为

```
输入多行字符串(输入"*"结束):
Good preparation, Great opportunity.↙
Practice makes perfect.↙
*↙
输出文本文件:
Good preparation, Great opportunity.
Practice makes perfect.
```

(2) writelines()方法。

writelines()方法的用法如下:

```
文件对象.writelines(字符串元素的列表)
```

其功能是在文件当前位置依次写入列表中的所有字符串。例如:

```
>>>fo=open("file2.dat","w")
>>>fo.writelines(["Python 语言","Python 程序\n","Python 程序设计"])
>>>f.close()
```

上面的语句执行后会创建 file2.dat 文件,用编辑器查看该文件内容如下:

```
Python 语言 Python 程序
Python 程序设计
```

writelines()方法接收一个字符串列表作为参数,将它们写入文件。该方法并不会自动加入换行符,如果需要换行,必须在每一行字符串结尾加上换行符。

【任务 7-5】 从键盘输入若干字符串,逐个将它们写入文件 data1.txt 的尾部,直到输入“*”时结束。然后从该文件中逐个读出字符串,并在屏幕上显示出来。

任务分析:首先以“a”方式打开文件,当前位置定位在文件末尾,可以继续写入文本而不改变原有的文件内容。本例考虑先输入若干个字符串,并将字符串存入一个列表,然后通过 writelines()方法将全部字符串写入文件。

示例代码如下:

```
'''
ch07-demo05.py
===============
从键盘输入若干字符串,逐个将它们写入文件 data1.txt 的尾部,直到输入“*”时结束。然后从该文件中逐个读出字符串,并在屏幕上显示出来
'''
print("输入多行字符串(输入"*"结束):")
lst=[ ]
while True:                      #不断输入,直到输入结束标志“*”
    s=input()                    #从键盘输入一个字符串
    if s=="*": break
```

```
    lst.append(s+'\n')                   #将字符串附加在列表末尾
fo=open ("data1.txt","a")                #打开文件,准备追加文本文件
fo.writelines(lst)                       #向文件写入一个字符串
fo.close()
fo=open("data1.txt","r")                 #打开文件,准备读取文本文件
s=fo.read()
print("输出文本文件:")
print(s.strip())
```

程序运行结果为

```
输入多行字符串(输入"*"结束):
Python 语言
Python 程序设计
*
输出文本文件:
Good preparation, Great opportunity.
Practice makes perfect.
Python 语言
Python 程序设计
```

请注意程序中循环实现方式的变化。相对于任务 7-4,任务 7-5 在控制字符串的重复输入时,采用"永真"循环,即循环的条件是"True",当在循环体中输入" * "时通过执行"break"语句退出循环。

7.2 文件管理及文件应用举例

7.2.1 文件管理

Python 的 os 模块提供了类似于操作系统级的文件管理功能,如文件重命名、文件删除、目录管理等。要使用 os 模块,需要先导入该模块,然后调用相关的方法。

1. 文件重命名

可以使用 rename( )方法实现文件重命名,一般格式为

```
os.rename("当前文件名","新文件名")
```

例如,将文件 test1.txt 重命名为 test2.txt,命令如下:

```
>>>import os
>>>os.rename ("test1.txt","test2.txt")
```

2. 文件删除

可以使用 remove( )方法删除文件,一般格式为

```
os.remove("文件名")
```

例如,删除现有文件 test2.txt,命令如下:

```
>>>import os
>>>os.remove("test2.txt")
```

3. Python 中的目录操作

所有的文件都包含在不同的目录中,os 模块通过以下几种方法创建、删除和更改目录。

(1) mkdir()方法。

可以用 mkdir()方法在当前目录下创建目录,一般格式为

```
os.mkdir("新目录名")
```

例如,在当前盘当前目录下创建 test 目录,命令如下:

```
>>>import os
>>>os.mkdir("test")
```

(2) chdir()方法。

可以使用 chdir()方法改变当前目录,一般格式为

```
os.chdir("要成为当前目录的目录名")
```

例如,将“d:\home\newdir”目录设定为当前目录,命令如下:

```
>>>import os
>>>os.chdir ("d:\\home\\newdir")
```

(3) getcwd()方法。

可以使用 getcwd()方法显示当前的工作目录,一般格式为

```
os.getcwd()
```

例如,要显示当前目录,命令如下:

```
>>>import os
>>>os.getcwd()
```

(4) rmdir()方法。

可以使用 rmdir()方法删除空目录,一般格式为

```
os.rmdir("待删除目录名")
```

在用 rmdir()方法删除一个目录时,先要删除目录中的所有内容。例如,删除空目录“d:\aaaa”,命令如下:

```
>>>import os
>>>os.rmdir('d:\\aaaa')
```

7.2.2 文件应用举例

前面讨论了文件的基本操作,这里将介绍一些应用实例来加深对文件操作的认识,以便能更好地使用文件。

【任务 7-6】 有两个文件 f1.txt 和 f2.txt,各存放一行已经按升序排列的字母,要求仍然按字母升序排列,将两个文件中的内容合并,输出到一个新文件 f.txt 中。

任务分析:先分别从两个有序的文件中读取一个字符,将 ASCII 值小的字符写入 f.txt 文件,直到其中一个文件结束而终止。然后将未结束文件复制到 f.txt 文件中,直到该文件结束而终止。

示例代码如下:

```
'''
ch07-demo06.py
===============
合并文件,并输出到一个新文件中
'''
def ftcomb(fname1,fname2,fname3):                          #文件合并
    fo1=open(fname1,"r")
    fo2=open(fname2,"r")
    fo3=open(fname3,"w")
    c1=fo1.read(1)
    c2=fo2.read(1)
    while c1!="" and c2!="":
        if c1<c2:
            fo3.write(c1)
            c1=fo1.read(1)
        elif c1==c2:
            fo3.write(c1)
            c1=fo1.read(1)
            fo3.write(c2)
            c2=fo2.read(1)
        else:
            fo3.write(c2)
            c2=fo2.read(1)
    while c1!="":
        fo3.write(c1)                                      #文件1复制未结束
        c1=fo1.read(1)
    while c2!="":                                          #文件2复制未结束
        fo3.write(c2)
        c2=fo2.read(1)
```

```
    fo1.close()
    fo2.close()
    fo3.close()
def ftshow(fname):                    #输出文本文件
    fo=open (fname, "r")
    s=fo.read()
    print(s.replace('\n',''))         #去掉字符串中的换行符后输出
    fo.close()
def main():
    ftcomb("f1.txt","f2.txt","f.txt")
    ftshow("f.txt")
main()
```

假设 f1.txt 的内容如下：

```
ABDEGHJLXY
```

f2.txt 的内容如下：

```
ADERSxyzzzzzzzzzzz
```

程序执行后,f.txt 的内容如下：

```
AABDDEEGHJLRSXY
xyzzzzzzzzzzz
```

屏幕显示内容如下：

```
AABDDEEGHJLRSXYxyzzzzzzzzzzz
```

【任务 7-7】 number.dat 文件中有若干个不小于 2 的正整数(数据间以逗号分隔),编写程序实现：

(1) 用 prime( ) 函数判断这些整数中的素数并统计其个数。

(2) 在主函数中将 number.bat 中的全部素数以及素数个数输出到屏幕上。

示例代码如下：

```
'''
ch07-demo07.py
===============
编写程序对 number.dat 文件进行处理
'''
def prime(a,n):                      #判断列表 a 中的 n 个元素是否为素数
    k=0
    for i in range(0,n):
        flag=1                       #素数标志
        for j in range(2,a[i]):
```

```
            if a[i]%j==0:
                flag=0
                break
        if flag:
            a[k]=a[i]                   #将素数存入列表
            k+=1                        #统计素数个数
    return k
def main():
    fo=open ("number.dat","r")
    s=fo.read()
    fo.close()
    x=s.split(sep=',')                  #以“,”为分隔符将字符串分割为列表
    for i in range(0,len(x)):           #将列表元素转换成整型
        x[i]=int(x[i])
    m=prime(x,len(x))
    print('全部素数为:',end='  ')
    for i in range(0,m):
        print(x[i],end='  ')            #输出全部素数
    print()                             #换行
    print('素数的个数为:',end='  ')
    print(m)                            #输出素数个数
main()
```

假设 number.dat 的内容为

```
2,3,4,5,6,7,8,9,10,11,12,13,14,15,16,17,18,19,20,21,22,23
```

程序运行结果为

```
全部素数为:2 3 5 7 11 13 17 19 23
素数的个数为:9
```

7.3 异常处理

程序在编制的过程中,难免存在各种各样的缺陷和错误,虽然我们已经尽可能编写正确的程序代码,但这并不足以消除所有导致程序出错的因素,所以,必须学会使用异常处理机制来削弱可能发生的错误对程序执行产生的负面作用。

7.3.1 异常处理

用 Python 语言编写的程序代码中包含 3 种错误,分别是语法错误、语义错误和运行时错误。因为包含语法错误的程序无法顺利被计算机识别,所以 Python 解释器会帮助我们在运行程序之前就修正各种语法错误。语义错误是开发人员采用了错误的算法导致的,

可以通过反复运行程序输入各种类型的测试数据,然后观察程序的运行结果,发现并修正此类错误。而运行时错误往往是程序在执行过程中遇到了开发人员没有考虑到的一些特殊情况导致的,所以软件开发单位一般无法在软件发布前消灭所有的运行时错误。为了提高软件的容错性、改善软件在遇到错误时的用户体验,Python 提供了一种异常处理的机制,这种机制可以帮助程序更好地应对执行过程中遇到的特殊情况,避免软件系统因为遇到错误而直接崩溃。

【任务 7-8】 编写程序打印两个整数的实数商。

新建空白程序,打印两个整数相除的结果,代码如下:

```
'''
ch07-demo08.py
===============
编写程序打印两个整数的实数商
'''
a=36
lst=[2,4,0,3]
for num in lst:
    print(a/num)
```

这个程序可以运行,运行后的结果如下:

```
18.0
9.0
Zero Division Error: division by zero
```

其中,18 是 36/2 的结果,9 是 36/4 的结果,但因为 36/0 的除数为 0,所以就报错“Zero Division Error”,这种错误就是运行时错误,也就是异常。其特点是只有在程序执行过程中执行到会出现异常的语句时才会发生。在该程序中,异常发生后,整个程序会停止运行,不管后面还有多少未执行的语句。因此,以上程序未输出 36/3 的结果 12。

显然,如果软件开发单位提供给用户这样的程序,用户一定不会满意。用户更希望在程序遇到错误时系统能够提供友好的提示,并对错误的操作提出修改建议。异常处理机制就是发现异常并处理异常的机制。

1. try…except 语句

以下为简单的 try…except 的语法。

```
try:
<语句块 1>              #运行的代码
except <异常 1>:        #“异常 1”是发生的异常的名称,可以省略
<语句块 2>              #如果在 try 部分引发了“异常 1”,则执行语句 2
```

用这个结构修改程序,代码见任务 7-9。

【任务 7-9】 打印两个整数的实数商,并带异常处理机制。

示例代码如下:

```
'''
ch07-demo09.py
================
打印两个整数的实数商,并带异常处理机制
'''
a=36
nums=[2,4,0,3]
for num in nums:
    try:
        print(a/num)
    except Zero Division Error:
        print("%d is divided by 0" % a)
```

try 语句将会告诉计算机以下代码可能会遇到异常,接下来在该代码块下方写上 except 关键字,表示下方的代码将告诉计算机遇到异常的处理步骤。except 后跟上可能发生的异常的名称,这里是 Zero Division Error,语句 print("%d is divided by 0" % a)输出发生 Zero Division Error 异常后的提示信息。这段代码的运行结果如下:

```
18
9
36 is divided by zero
12
```

可以看到,36/3 的结果也输出了,也就是异常语句后面的语句也正常执行。当不知道发生的异常的名称时,异常名可以省略。比如,以上代码的 Zero Division Error 可以省略。在 Python 中,每一种异常都有一个名称,如果会发生多个异常,则需要用异常名区分。在程序中处理不同类型的异常,代码如下:

```
a=36
nums=[2,4,0,3]
for i in range(5):
    try:
        print(a/nums[i])
    except Zero Division Error:
        print("%d is divided by 0" % a)
    except Index Error:
        print("Index out of list bounds")
```

在上述代码中,共发生两个异常:当 i 值是 2 时,发生除 0 异常;当 i 值是 4 时,由于列表 nums 只有 4 个元素,最大下标是 3,发生列表访问越界异常。所以,以上代码的执行结果如下:

```
18
9
```

```
36 is divided by 0
12
Index out of list bounds
```

2. finally 语句

为了防止 try 中的语句块没有正常执行完毕,从而导致其他错误产生,还需要给异常处理机制加上一个善后功能,使用 finally 关键字包含一段无论异常是否发生都会执行的代码块。finally 包含的代码块一般用来释放 try 语句块中已执行代码所占用的各类计算机资源,防止计算机资源耗尽而导致整个计算机系统崩溃。例如,在上述程序中加入 finally 语句,并在其中增加一条对应的 print 语句,代码如下:

```
a=36
nums=[2,4,0,3]
for i in range (5):
    try:
        print(a/nums[i])
    except:
        print("Exception happened")
    finally:
        print("%d times" % i)
```

当只知道发生异常而不知道发生什么异常时,可以省略异常名。无论 try 语句包含的代码块是否执行完毕,finally 中的 print 语句都被执行,其内容被打印在屏幕上。

7.3.2 断言

使用 assert 断言是学习 Python 的一个非常好的习惯。在程序未完善前,无法确定哪里会出错,与其让程序在运行时崩溃,不如在出现错误条件时就崩溃,这时就需要 assert 断言的帮助。

断言语句等价于这样的 Python 表达式:如果断言成功,就不采取任何措施,否则引发 Assertion Error(断言错误)的异常。断言的语法如下:

```
assert expression[, arguments]
```

如果 expression 表达式的值为假,就会引发 Assertion Error 异常,该异常可以被捕获并处理;如果 expression 表达式的值为真,则不采取任何措施。例如,以下几个 assert 中的表达式的值为真,不产生任何输出。

不会产生异常的断言语句示例如下:

```
assert 1==1
assert 2+2==2*2
assert len(['my boy',12])<10
assert list(range (4))==[0,1,2,3]
```

以下几个 assert 中的表达式的值为假,会引发异常。将会引发 Assertion Error 异常的语句示例如下:

```
assert 2==1
assert len([1, 2, 3, 4]) >4
```

对任务 7-9 进行改进,包含断言机制的程序代码如下:

```
a=36
nums=[2,4,0,3]
#判断列表 nums 的长度是否大于等于 5,不成立则不执行下面的代码
assert len(nums)>=5
for i in range (5):
#判断列表中是否存在 0,若存在,则数据不合法,不进行下一步运算
    assert nums[i]!=0
for i in range(5):
    print(a/nums[i])
```

以上代码在做除法运算前,先判断列表长度的合法性,如果合法,则继续往下执行;再判断列表中数据的合法性,如果数据中不存在 0,则继续往下执行。上述代码执行后会出现以下结果。

```
Traceback(most recent call last):
File"C:/python-courne/code/7-9.py", line 3,in <module>
    assert len (nums)>=5
Aspertion Error
```

由于列表 nums 的实际长度小于 5,所以第 3 行的 assert 语句被触发,引发 Assert Error 异常,该异常可以用 try…except 语句捕获并处理。

7.3.3 主动引发异常与自定义异常类

前面提及的异常类都是由 Python 库提供的,产生的异常也都是由 Python 解释器引发的。在程序设计过程中,有时需要在编写的程序中主动引发异常,有时需要定义表示特定程序错误的异常类。

1. 主动引发异常

当程序出现错误时,Python 会自动引发异常,也可以通过 raise 显式地引发异常。一旦执行了 raise 语句,raise 后面的语句将不能执行。在 Python 中,要想主动引发异常,最简单的形式就是输入关键字 raise,后面跟要引发的异常的名称。异常名称标识出具体的类,Python 异常处理这些类的对象。执行 raise 语句时,Python 会创建指定的异常类的一个对象。raise 语句还可指定对异常对象进行初始化的参数。raise 语句的格式如下:

```
raise 异常类型[(提示参数)]
```

其中,提示参数用来传递关于这个异常的信息,是可选项。例如:

```
>>>raise Exception("抛出一个异常")
Traceback(most recent call last):
    File"<pyshell#24>", line 1, in <module>
        raise Exception("抛出一个异常")
Exception: 抛出一个异常
```

2. 自定义异常类

Python 允许自定义异常类,用于描述 Python 中没有涉及的异常情况。自定义异常类必须继承 Exception 类,自定义异常类名一般以 Error 或 Exception 为后缀,表示这是异常类。例如,创建异常类(NumberError.py),程序如下:

```
class NumberError (Exception):
    def _init_(self,data):
        self.data=data
```

自定义异常类使用 raise 语句引发,而且只能通过人工方式引发。

【任务 7-10】 处理学生成绩时,成绩不能为负数。利用前面创建的 NumberError 异常类,处理出现负数成绩的异常。程序如下:

```
'''
ch07-demo10.py
===============
处理学生成绩时,成绩不能为负数
'''
from NumberError import *           #导入已创建的异常类 NumberError
def average (data):
    sum=0
    for x in data:
        if x<0: raise NumberError("成绩为负!")  #成绩为负时引出异常
        sum+=x
    return sum/len (data)
def main():
    score-eval (input("输入学生成绩:"))          #将学生成绩存入元组
    print (average (score))
main()
```

程序运行结果为

```
输入学生成绩:34,45,67
48.666666666666664
输入学生成绩:45,67,-89,78
```

此时出现成绩为负,引发异常。

面向对象的程序设计

知识目标

目标1：理解面向对象的程序设计的概念。
目标2：明确类和对象的关系。
目标3：理解类的封装、继承、多态。

技能目标

目标1：能够独立设计类。
目标2：能够使用类创建的对象，并添加属性。
目标3：能够运用类的封装、继承、多态。
目标4：能够重载运算符。

素养目标

培养工匠精神。

8.1 面向过程和面向对象

掌握编程能力，除了学好编程语言的语法外，编程思想也很重要。常见的两种编程思想是面向过程编程和面向对象编程。

面向过程编程(POP，Procedure Oriented Programming)是一种聚焦解决问题的过程的编程思想，是一种具有对象概念的功能强大的编程范式，完美地实现了软件工程的三个主要目标：重用性、灵活性、扩展性。遇到一个问题后，首先分析解决问题所需要的步骤，然后用函数把这些步骤一步一步实现。从面向过程编程的视角来看，程序=算法+数据结构。

面向对象编程(OOP，Object Oriented Programming)是一种聚焦对象及其之间相互作用的编程思想。对象包含属性和方法，对象之间可以通过消息机制传递信息并相互作用。遇到一个问题后，首先分析这个问题可以抽象为哪几类对象，然后通过对象之间相互作用达成目标。从面向对象编程的视角来看，程序=对象+相互作用。

如图 8-1-1 所示,以把大象从冰箱中拿出来这个经典问题为例。

用面向过程编程的编程思想,首先会思考完成整个任务需要哪些步骤,然后根据这些步骤设计对应的函数:第一个函数,把冰箱门打开 open_door( );第二个函数,把大象拿出来 get_elephant( );第三个函数,把冰箱门关上 close_door( )。接着依次调用上述三个函数,来解决问题。

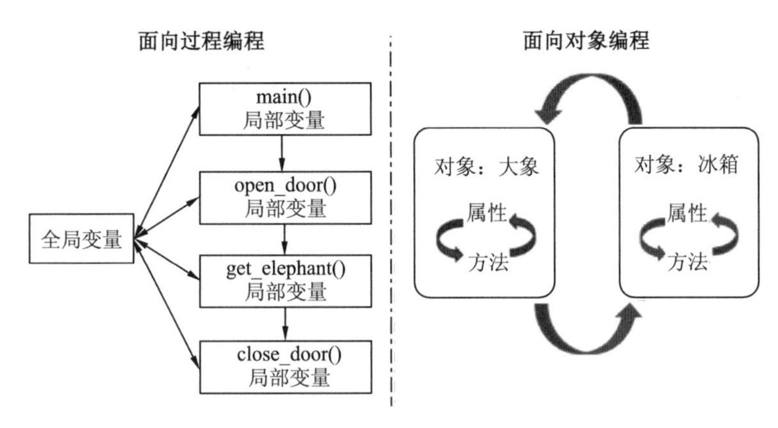

图 8-1-1　面向过程和面向对象

用面向对象编程的编程思想,首先会思考这个问题与哪几类对象有关,然后设计这些对象及其所包含的属性和方法,接着通过对象之间的相互作用完成整个任务。

由此可见,面向对象编程并不拘泥于解决问题的具体步骤,而是更加侧重于对现实世界进行抽象,较之面向过程编程,抽象程度更高。

在 Python 中,一切皆对象。变量、字符串、函数、方法、模块等都是对象,都可用相同的方式来看待。这意味着在 Python 中所有都有自己的属性和方法,都可以将自己的引用赋值给变量并传递。这种对象方式极大地提高了 Python 的易用性。

面向对象编程以对象为核心,该方法认为程序由一系列对象组成。类是对现实世界的抽象,包括表示静态属性的数据和对数据的操作,对象是类的实例化。对象间通过消息传递相互通信来模拟现实世界中不同实体间的相互作用。下面将介绍 Python 程序设计中面向对象的基本知识,包括类的定义和使用、实例化对象、访问对象的属性和方法等。

8.2　类和对象

8.2.1　类的定义

从概念的角度来看,类(class)就像一个模具或设计蓝图,其中包含对象的详细定义,如做糕点的模具、建造大楼用的设计蓝图等,对象(instance)是根据“类”这个模具或设计蓝图制造出来的真实物体,如糕点、大楼等,如图 8-2-1 所示。

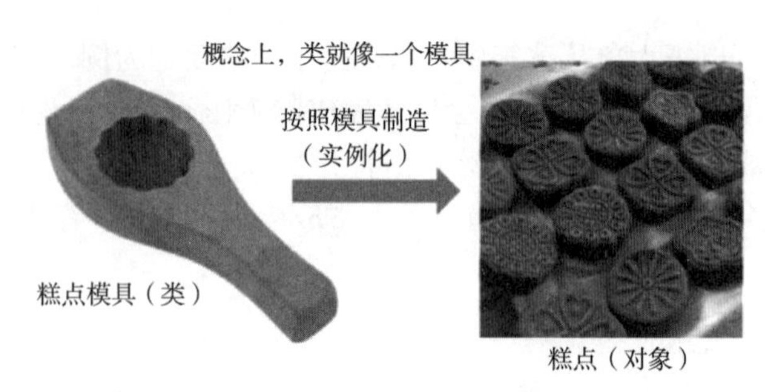

图 8-2-1 类就像一个模具

从代码的角度来看,类是一段可以复用的代码,其中封装了类的属性和方法的详细定义,如图 8-2-2 所示。

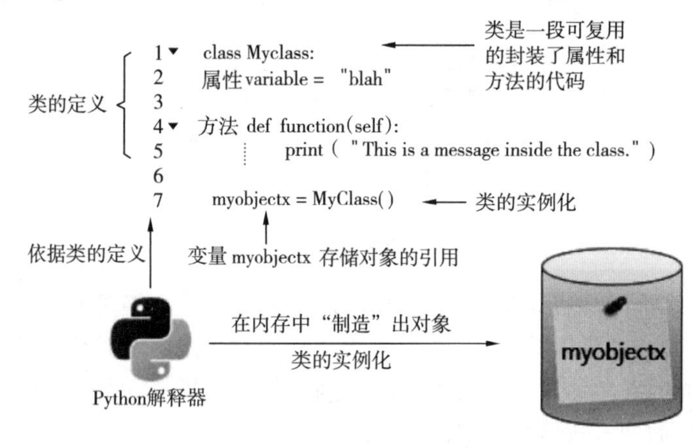

图 8-2-2 类的定义和实例化

在 Python 中,类的实例化是 Python 解释器依据类的定义在内存中“制造”对象的过程。Python 解释器把对象“制造”出来后,会把该对象的引用存储在变量中,程序员通过这个变量即可访问该对象。

8.2.2 类和对象的关系

OOP 的关键在于将数据及对数据的操作封装在一起,组成一个相互依存、不可分割的整体,即对象。对于相同类型的对象进行分类、抽象后,得出其共同的特征和行为而形成类,如动物类、飞机类等。

类是对某一类事物的抽象描述,而对象是现实中该类事物的个体。面向对象编程的关键在于如何合理地定义这些类并合理组织多个类之间的关系。

Python 中对象的概念较广泛,一切内容皆可以称作对象,函数也是对象。在创建类时类的成员包含以下两部分:(1) 用变量形式表示对象特征的成员,称为数据(attribute);(2) 用函数形式表示对象行为的成员,称为方法(method)。数据成员和成员方法统称为类的成员。

8.2.3 类的使用

在现实生活中,要描述一类事物,既要说明其特征,又要说明其用途。以人这一类事物为例，这类事物有一个名称，包含身高、体重、性别、职业等特征，具有跑步、说话等行为。当把人类的特征和行为组合在一起，就可以完整地描述人类。面向对象编程的设计思想正是基于这种设计，把事物的特征和行为包含在类中。将事物的特征当作类的属性，将事物的行为当作类的方法，而对象是类的一个实例。

创建一个对象时，需要先定义一个类。类一般由以下三个部分组成。

(1) 类名：类的名称，首字母必须大写，如 Person。

(2) 属性：用于描述事物的特征，如人的姓名、性别、年龄等特征。

(3) 方法：用于描述事物的行为，如人具有说话、行走、写字等行为。

Python 使用 class 关键字来声明一个类，其基本语法格式如下：

```
Class 类名:
类的属性
类的方法
```

注意：在定义类时，如果派生自其他类，则需要把所有基类放在一对圆括号中并使用逗号分隔。

【任务 8-1】 类的定义。

示例代码如下：

```
'''
ch08-demo01.py
==============
定义一个类,派生自 Object 类
'''
class Person(obiect):
      #定义成员方法
      def say(self):
      print("He's a college student.")
```

在上述示例中，使用 Class 定义了一个名称为 Person 的类，类中有一个 say 方法。从示例可以看出，方法与函数的格式是一样的，主要区别在于方法必须声明一个 self 参数，且位于参数列表的开头。self 代表类的实例(对象)本身，可用来引用对象的属性和方法。

在 Python 程序中定义类之后，即可用来实例化对象。可以使用如下语法创建一个对象。

```
对象名=类名()
```

可以通过如下方式给对象添加属性。

```
对象名.新的属性名=值
```

【任务 8-2】 定义 Person 类。

示例代码如下：

```
'''
ch08-demo02.py
==============
定义 Person 类
'''
class Person:
      #跑步
      def running(self):
            print("他在奔跑……")
      #玩游戏
      def playgame(self):
            print("他在打枪……突突突……")
#创建一个对象,并用变量 student 保存它的引用
student=Person()
#添加表示姓名的属性
student.name="吴波"
#调用方法
student.running( )
student.playgame( )
#访问属性
print(student.name)
```

在任务 8-2 中,在原来定义的 Person 类中,新定义了 running( )和 playgame( )两个方法,再创建一个 Person 类的对象 student,动态地添加 name 属性且赋值为"吴波",然后依次调用 running( )和 playgame( )方法,并打印出 name 属性的值。程序运行结果如图 8-2-3 所示。

```
>>>
========================= RESTART: D:/A/运行程序文件/8-2.py ===========
=============
他在奔跑......
他在打枪......突突突......
吴波
```

图 8-2-3　程序运行结果

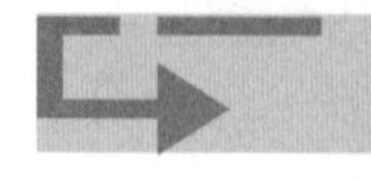

8.3　私有成员与公有成员及数据成员

8.3.1　私有成员与公有成员

在 Python 程序中,定义类的成员时,可以分为私有成员和公有成员。如果成员名以两个下划线(_ _)开头,则表示是私有成员。由于 Python 没有对其提供严格的访问保护机制,私有成员在类的外部是不能直接访问的,只能在类的内部进行访问和操作,或者在类的外部通过调用对象的公有成员方法来访问。在 Python 中,可以通过"对象

名._类名_ _xxx”这种特殊方法来访问私有成员。但这种方式会破坏类的封装性,不推荐使用。而公有成员是可以公开使用的,既可以在类的内部进行访问,也可以在外部程序中使用。

【任务8-3】 定义私有成员与公有成员。

示例代码如下:

```
'''
ch08-demo03.py
===============
定义私有成员与公有成员
'''
class A:
    #构造函数
    def_init (self,age=18,grade=2):
        self._age=age          #私有成员
        self.grade=grade       #公有成员
    def show(self):            #成员方法
        print(self._age)       #在类的内部可以直接访问私有成员
a=A()
print(a.grade)                 #此处是访问类的公有成员属性
a.show()                       #此处是通过调用对象的公有成员方法
```

注意:如果运行如下所示的代码,就会报错。

```
print(a._age)
```

因为在类的外部访问成员_age 是不允许的,而_age 恰好是私有成员。如何解决这个问题呢? 用户可以通过前面所说的特殊方式将代码修改如下:

```
print(a.A age)      #通过特殊方法来访问私有成员
```

这样,程序运行时就不会报错。

在 Python 中,有时也会用下划线作为变量名和方法名的前缀与后缀,表示类的特殊成员,本书将在后面的章节进行讲解。

8.3.2　数据成员

数据成员用来说明对象特有的一些属性,如人的姓名、年龄、性别、身高、体重、学历;花的名称、颜色、价格;书的名字、作者、ISBN、出版社、出版日期;等等。

数据成员可分为以下两类。

(1) 属于对象的数据成员:主要是在构建函数_init_( )中定义,定义和使用时必须以 self 作为前缀,在同一个类的不同对象(实例)之前的数据成员互不影响。

(2) 属于类的数据成员:它们是类所有对象共享的,不属于任何一个对象,这类数据成员不在任何一个成员方法的定义中。

注意：属于对象的数据成员，可以称为实例属性；属于类的数据成员，即为类属性。

在 Python 程序设计中，两者的区别在于，在主程序中或类的外部，对象数据成员属于实例（对象），只能通过对象名访问；类数据成员属于类，可以通过类名或对象名访问。另外，在 Python 中可以动态地给类和对象增加成员。

【任务 8-4】 定义数据成员。

示例代码如下：

```
'''
ch08-demo04.py
===============
定义数据成员
'''
#file GENERATED by distutils, do NOT edit
class Flower(object):
   price=100
   def _init_(self,c):
      self.color=c
flower=Flower("Yellow")
#访问对象和类的数据成员
print(flower.color,flower.price)
#修改类的属性
Flower.price = 80
#动态增加类的属性
Flower.name ="郁金香"
#修改实例的颜色属性为紫色
flower.color = "purple"
print(flower.name,flower.color,flower.price)
def flowerLanguage(self,w):
   self.wish = w
import types
#动态为对象增加成员方法
flower.flowerLanguage=types.MethodType (flowerLanguage, flower)
#调用对象的成员方法
flower.flowerLanguage("忠贞的爱")
print (flower.wish)
```

程序运行结果如图 8-3-1 所示。

```
>>>
===================== RESTART: D:/A/运行程序文件/8-4.py ===============
======
Yellow 100
郁金香 purple 80
忠贞的爱
```

图 8-3-1　程序运行结果

8.4　方　法

方法用来描述对象所具有的行为。例如,列表对象元素的增加、删除、修改等,字符串对象的分隔、连接、替换等。

在 Python 类中,定义的方法可以分为四大类:公有方法、私有方法、静态方法和类方法。

8.4.1　公有方法和私有方法

公有方法、私有方法一般是指属于对象的实例方法,其中私有方法的名称以两个下划线"_ _"开始。每个对象都有自己的公有方法和私有方法,用这两类方法都可以访问属于类和对象的成员。公有方法通过对象名直接调用,私有方法不能通过对象名直接调用,只能在实例方法中通过 self 调用或在外部通过 Python 支持的特殊方式调用。

【任务 8-5】 公有方法和私有方法的使用。

示例代码如下:

```
'''
ch08-demo05.py
===============
公有方法和私有方法的使用
'''
#定义一个宠物类,类名 Pet
class Pet(object):
    #带参数的构建方法
    def _init_(self,color):
            self.color=color
    #公有方法
    def say(self):
            print("%s 的猫在喵喵叫!"% self.color)
    #私有方法
    def _eat(self):
            print("它爱吃鱼!")
cat=Pet("黑色")
#调用类中的公有方法
cat.say()
#通过特殊方法调用类中的私有方法
cat._Pet_eat()
```

程序运行结果如图 8-4-1 所示。

```
>>>
========================= RESTART: D:/A/运行程序文件/8-5.py ===================
======
黑色 的猫在喵喵叫!
它爱吃鱼!
```

图 8-4-1 程序运行结果

8.4.2 self 的使用

类的所有实例方法都至少有一个名为 self 的参数,这是方法的第一形参,self 表示对象自身。用户可以把它当作 C++中的 this 指针进行理解。

虽然在类的实例方法中访问实例属性时需要以 self 为前缀,但在外部通过对象名调用对象方法时并不需要传递这个参数。如果在外部通过类名调用属于对象的公有方法,需要显式为该方法的 self 参数传递一个对象名,用来明确指定访问对象的数据成员。

【任务 8-6】 self 的使用。

示例代码如下:

```
'''
ch08-demo06.py
===============
self 的使用
'''
#file GENERATED by distutils, do NOT edit
#定义类
class  Cat:
      def_init_(self,newcolor):
           self.color=newcolor
      def appearance(self):
           print("颜色为: %s"  % self.color)
cat1=Cat("白色")
#实例对象 cat1 调用 appearance()方法
cat1.appearance()
cat2=Cat("黑色")
cat2.appearance()
```

在任务 8-6 中,定义一个 Cat 类,在_init_( )方法中,通过参数设置 color 属性的初始值,在 appearance( )方法中获取 color 的值。随后程序创建了一个 catl 类的对象,设置 color 属性的默认值为“白色”,并让 cat1 指向该对象所占用的内存空间。然后 cat1 调用 appearance( )方法,系统默认会把 cat1 引用的内存地址赋值给 self,这时 self 也指向这块内存空间,执行打印语句会访问 catl 的 color 属性的值,因此程序会输出白色。

同理,当 cat2 调用 appearance( )方法时,系统默认会把 cat2(Cat 类的实例)传给 self,此时 self 指向 cat2 引用的内存,因此程序会输出黑色。

8.4.3　类方法

在 Python 中,类方法可以使用修饰器@ classmethod 来标识,其语法格式如下:

```
class 类名:
    @ classmethod
    def 类方法名(cls):
        方法体
```

上述格式中,类方法的第 1 个参数为 cls,它代表定义方法的类,即可以通过 cls 访问类的属性。要想调用类的方法,既可以通过对象名调用类方法,又可以通过类名调用类方法,这两种方法没有任何区别。

【任务 8-7】 类方法的使用。

示例代码如下:

```
'''
ch08-demo07.py
==============
类方法的使用
'''
class Student(object):
      #类属性
      num=0
      #类方法
      @ classmethod
      def setNum(cls,newNum):
            cls.num=newNum
Student.setNum(20180901)
print(Student.num)
```

在任务 8-7 中,定义一个 Student 类。在 Student 中添加了类属性 num 和类方法 setNum()。程序运行时,调用类方法 setNum()并给类属性 num 重新赋值“20180901”。

程序运行结果如图 8-4-2 所示。

```
>>>
======================== RESTART: D:/A/运行程序文件/8-7.py =================
======
20180901
```

图 8-4-2　程序运行结果

注意:类方法虽然无法访问实例属性,但是可以访问类属性。

8.4.4　静态方法

在 Python 中,静态方法可以使用修饰器@ staticmethod 标识,其语法格式如下:

```
class 类名:
    @ staticmethod
    def 静态方法名():
        方法体
```

上述格式中,静态方法的参数列表中没有任何参数,这就是它与前面所学实例方法的不同之处。没有 self 参数,导致其无法访问类的实例属性;没有 cls 参数,也导致其无法访问类属性。从以上描述中可以得出结论:静态方法与定义它的类没有直接的关系,只是起到类似于函数的作用。

要想使用静态方法,可以通过以下两种方式:一是通过对象名调用;二是通过类名调用。这两者没有任何区别。

【任务 8-8】 静态方法的使用。

示例代码如下:

```
'''
ch08-demo08.py
===============
静态方法的使用
'''
class Good(object):
        #静态方法
        @ staticmethod
        def idea():
            print("我只想做一个安静的学生!")
        Good.idea()
        good=Good()
        good.idea()
```

在任务 8-8 中定义 Good 类,类中包括一个静态方法 idea()。随后创建一个类的对象 good,分别通过类和类的对象来调用静态方法。程序运行结果如图 8-4-3 所示。

```
>>>
========================= RESTART: D:/A/运行程序文件/8-8.py ==================
======
我只想做一个安静的学生!
我只想做一个安静的学生!
```

图 8-4-3 程序运行结果

通过类创建的对象可以访问实例方法,也可以访问类方法和静态方法。同时,使用类也可以访问类方法和静态方法。

实例方法、类方法、静态方法三者的使用场景如下:(1) 修改实例属性的值时,直接使用实例方法;(2) 修改类属性的值时,直接使用类方法;(3) 提供辅助功能如打印系统菜单,在不创建对象的前提下使用静态方法。

8.5 属　性

8.5.1　属性介绍

公开的数据成员可以在外部随意访问和修改,但这将带来一个问题,很难控制用户修改时新数据的合法性。解决这一问题的常用方法是先定义私有数据成员,然后设计公开的成员方法来对私有数据成员进行读取和修改操作。修改私有数据成员时可以对值进行合法性检查,这样可提高程序的健壮性,保证数据的完整性。属性与公共数据成员和成员方法结合的优点是,既可以如成员方法一样对值进行必要的检查,也可以与数据成员一样灵活地访问。

在 Python 3. x 中,属性得到较为完整的体现,支持更加全面的保护机制。比如,将其设置为只读属性,则值将无法修改,也无法向对象增加与属性同名的新成员,无法删除对象属性。

8.5.2　只读属性的使用

【任务 8-9】　只读属性的使用 1。

示例代码如下:

```
'''
ch08-demo09.py
===============
只读属性的使用 1
'''
class Only:
      def  _init_(self,value):
            self._value = value
            @ property
            def value(self):
return self._value
boy=Only(12)
print(boy.value)
```

此时,程序中设置 value 属性为只读,需再添加一行代码。

```
boy.value=18
```

程序运行结果报错,原因为 value 属性是只读模式,不能进行修改。

此时,对之前添加的一行代码注释,再添加如下代码。

```
#boy.value=18
#动态增加新成员
boy.score=68
print(boy.score)
```

若程序运行没有问题,可以动态地给对象 boy 添加新的属性 score。可以对其进行删除操作,代码如下:

```
#动态删除成员,可以
del boy.score
#删除对象属性,失败
del boy.value
```

【任务 8-10】 只读属性的使用 2。

示例代码如下:

```
'''
ch08-demo10.py
===============
只读属性的使用 2
'''
class Child:
      def _init_(self, age):
            self._age=age
      def _get(self):
            return self._age
      def _set(self,a):
            self._age=a
      def _del(self):
            del self._age
      #可读、可写、可删除属性,指定相应的读写方法
      age=property(_get, _set, _del)
      def show(self):
            print(self._age)
tom=Child(8)
tom.age=9       #可写
tom.show()
del tom.age     #可以删除 age 属性
```

程序运行结果如图 8-5-1 所示。

```
>>>
============================== RESTART: D:/A/8-10.py====
9
```

图 8-5-1 程序运行结果

任务8-10中定义了一个类的对象,名叫tom,它的age属性为8。接着对其age属性重新赋一个新值为9,即该属性进行写入操作。最后,通过del语句删除对象tom的age属性。尽管Child类中的age属性是只读属性,但是只要与任务8-10中一样设置age属性可以读、写、删除,就可以进行相应操作。

掌握属性的设置,可以根据具体需要灵活地设置读、写或删除,这样可以较好地保护数据的安全。

8.6　面向对象的三大特征

面向对象的三大特征:封装、继承和多态。

8.6.1　封装(隐藏数据和保护属性)

在面向对象编程中,封装(encapsulation)就是将抽象得到的数据和行为(或功能)相结合,形成一个有机的整体(类)。封装的目的是增强安全性并简化编程,用户不必了解具体的实现细节,而只要通过外部接口、特定的访问权限来使用类的成员。

简而言之,隐藏属性、方法与方法实现细节的过程统称为封装。为了保护类内部的属性,避免外界任意赋值,可以采用以下方式实现。

(1) 在属性名的前面加上"_ _"(两个下划线),定义属性为私有属性。

(2) 通过在类内部定义两个方法供外界调用,实现属性值的设置及获取。

【任务8-11】 封装的意义。

示例代码如下:

```
'''
ch08-demo11.py
===============
封装的意义
'''
class Student:
    def  _init_(self,name,score):
        self.name=name
        self._score=score
    #给私有属性赋值
    def setNewScore(self,newScore):
        #判断传入的参数是否符合要求,符合后才能赋值
        if newScore>0 and newScore<=100:
            self._score=newScore
    #获取私有属性的值
    def getScore(self):
        return self._score
#创建对象
```

```
xiaoming=Student("晓明",89)
print(xiaoming._score )
```

程序运行后报错。从报错信息可以看出,Student 类中无法找到_score 属性。原因是_score 属性为私有属性,在类的外部无法直接调用。所以,为了能够在外界访问私有属性的值,可以通过前面所学的方式,在该类中添加两个供外界调用的方法,分别用于设置和获取属性值。

在任务 8-11 中,把最后一行代码改为调用 setScore 和 getScore 方法分别对_score 属性进行赋值和取值,代码如下:

```
xiaoming.setNewScore(98)
print(xiaoming.getScore())
```

程序运行结果如图 8-6-1 所示。从图 8-6-1 可知,外界通过提供的两个方法分别设置和获取私有属性 score 的值。

```
>>>
============================================================ RESTART:
98
```

图 8-6-1 程序运行结果

8.6.2 继承

面向对象编程的主要好处之一是代码的重用,实现代码重用的方法之一是继承机制。类的继承是指在一个现有类的基础上构建一个新的类(派生类 derived class),新类被称作子类,现有类被称为父类(基类 base class),子类会自动拥有父类的属性和方法。继承即一个派生类继承基类的属性和方法。简单来说,它们之间的关系是:派生类是由基类派生出来的,基类就是派生类的父类,而派生类就是基类的子类。

为了更好地学习继承,下面将从单继承、多继承及重写三个方面进行介绍。

1. 单继承

单继承是指当前定义的子类只有一个父类。

在 Python 程序中,单继承的语法格式如下:

```
class 子类名(父类名):
    pass
```

假设当前有两个类:mother 和 son,其中 son 类是 mother 类的子类。示例代码如下:

```
class mother(object):
    pass
class son(mother):
    pass
```

注意：

(1) 如果在类的定义中没有标注父类，则这个类默认继承自 object。例如，class mother(object)和 class mother 两者是等价的。

(2) pass 是空语句，是为了保持程序结构的完整性。pass 不承担任何作用，一般用作占位语句。

【任务 8-12】 单继承。

示例代码如下：

```
'''
ch08-demo12.py
===============
单继承
'''
#定义一个表示狗的类
class Dog(obiect):
     def  _init_(self, color="黑色"):
          self.color=color
     #定义用于跑的方法
     def call(self):
          print("---跑---")
#定义一个狗的子类斑点狗
class PersianDog(Dog):
     Pass
dog=PersianDog("雪白色")
dog.call()
print(dog.color)
```

在任务 8-12 中，定义一个 Dog 类，该类拥有一个 color 属性和 call 方法。在随后创建的 PersianDog 类中并没有任何属性和方法，但它的父类是 Dog，也就是说 PersianDog 将会继承父类 Dog 中的一切属性和方法。

程序运行结果如图 8-6-2 所示。

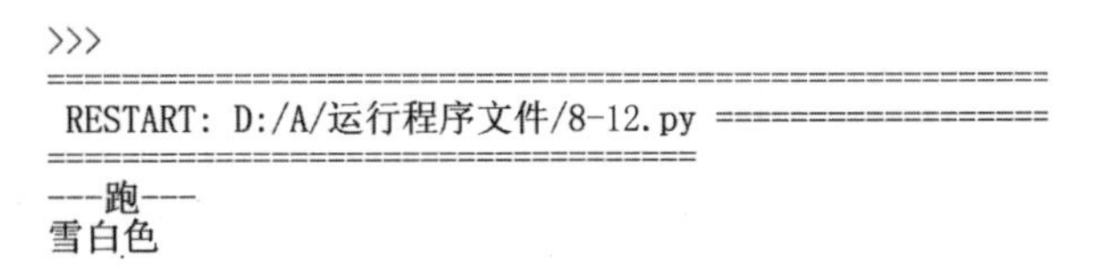

图 8-6-2　程序运行结果

从图 8-6-2 中可以看出，创建的对象 dog、调用 call( )方法和访问 color 属性都是其所在的子类 PersianDog 继承自父类 Dog 的属性和方法，故都能得到响应。

值得注意的是，父类的私有属性、方法是不能被子类继承的，更不能被子类访问。

【任务 8-13】 继承的注意事项。

示例代码如下：

```
'''
ch08-demo13.py
===============
继承的注意事项
'''
#定义一个父类 Father
class Father(object):
    def _init_(self,color="黄色"):
        self._color=color               #私有属性
    def _show(self):                    #私有方法
        print(self._color)
    def show(self):
        print(self._color)
#定义一个 Father 的子类 Son
class Son(Father):
    def sonVisit(self):
        print(self._color)              #访问父类的私有属性
        self._show()                    #访问父类的私有方法
        self.show()                     #访问父类的公有方法
jack=Son("深棕色")
jack.sonVisit()
```

在任务 8-13 中,先定义一个父类 Father,它有一个私有属性_color、私有方法_show()和公有方法 show(),接着定义一个子类 Son。子类 Son 中有一个方法 sonVisit(),该方法需要分别访问父类的私有属性_color、私有方法_show()和公有方法 show()。

程序运行后报错,从错误提示可以看出,子类没有继承父类的私有属性,而且不能访问父类的私有属性。将子类 Son 中方法 sonVisit()中的 print(self._color)这行代码用注释去掉,再次运行程序,依然报错。同样,根据错误提示的内容,可以看出子类没有继承父类的私有方法,而且不能访问父类的私有方法。原因在于,私有属性和方法均为不对外开放的,只能用来操作内部的事情。

2. 多继承

在 Python 程序中,有时一个子类可能会有多个父类,这就是多继承。多继承就是子类拥有多个父类,并且具有它们共同的特征,即子类继承父类的方法和属性。

多继承可以看作单继承的扩展,语法格式如下:

```
class 子类名(父类 1,父类 2,…):
```

【任务 8-14】 多继承。

示例代码如下:

```
'''
ch08-demo14.py
===============
多继承
'''
#file GENERATED by distutils, do NOT edit
#定义表示鱼的类
class Fish(object):
    #游
    def swim(self):
        print("--鱼儿在水中遨游--")
#定义表示鹰的类
class Eagle(object):
    #飞
    def fly(self):
        print("--老鹰在天空飞翔--")
#定义表示鱼鹰的类
class Osprey(Fish, Eagle):
    Pass
ospr=Osprey()
print("鱼鹰可以像:")
ospr.fly()
ospr.swim()
```

在任务 8-14 中,定义类 Fish(鱼),它拥有一个 swim(游)方法;定义类 Eagle(鹰),它拥有一个 fly(飞)方法;定义一个继承自 Fish 和 Eagle 的子类 Osprey(鱼鹰),该类内部只有一个空语句 pass,没有任何属性和方法。最后创建一个 Osprey 类的对象 ospr,分别调用 fly()和 swim()方法。

程序运行结果如图 8-6-3 所示。

```
============ RESTART: D:/A/运行程序文件/8-14.py ======
======
鱼鹰可以像:
--老鹰在天空飞翔--
--鱼儿在水中遨游--
```

图 8-6-3　程序运行结果

从图 8-6-3 中的结果可知,程序中子类同时继承两个父类的方法。如果在两个父类中有一个同名的方法,那么此时子类的对象将会调用哪个父类的方法?通过在任务 8-14 中的 Fish 类和 Eagle 类中分别添加 speed(速度)方法进行说明,具体代码如下:

Fish 类:

```
def speed(self):
    print("--鹰儿在快速飞行--")
```

Eagle 类:

```
    def speed(self):
        print("--鱼儿在快速游泳--")
```

接着使用 ospr 调用 speed( )方法,代码如下:

```
ospr.speed()
```

程序再次运行后,结果如图 8-6-4 所示。

```
============ RESTART: D:/A/运行程序文件/8-14.py ======
=======
鱼鹰可以像:
--老鹰在天空飞翔--
--鱼儿在水中遨游--
--鱼儿在快速游泳--
```

图 8-6-4 程序运行结果

从图 8-6-4 中可以看出,Osprey 类的对象 ospr 调用的是 Fish 类的 speed( )方法。因为在 Python 中,如果子类继承的多个父类间是平等的关系,那么子类则优先调用先继承的那个类的方法。因为 Osprey 类继承父类的顺序是先 Fish 后 Eagle,因此调用前者的 speed( )方法。

3. 重写父类方法与调用父类方法

单继承和多继承中子类都会自动拥有父类定义的方法。

小林是一个混血儿,他的爸爸是中国人,妈妈是法国人。他的爸爸拥有一双黑色的眼睛,按照继承关系来说,小林也应该有一双黑色的眼睛,但他遗传了妈妈的基因,眼睛是金黄色的。将上面的描述用相关代码来实现。

【任务 8-15】 重写父类。

示例代码如下:

```
'''
ch08-demo15.py
===============
重写父类
'''
class Father:
    def eyesColor(self):
        color="黑色"
        return color
class Son(Father):
    def eyesColor(self):
        color="金黄色"
        return color
xiaoling=Son()
print("小林拥有一双%s的眼睛!" % xiaoling.eyesColor())
```

程序运行结果如图 8-6-5 所示。

```
============ RESTART: D:/A/运行程序文件/8-15.py ======
======
小林拥有一双金黄色 的眼睛!
```

图 8-6-5　程序运行结果

从程序输出的结果可知,xiaoling 是子类 Son 的一个具体对象,子类 Son 有一个父类 Father。当 xiaoling 调用 eyesColor( )方法时,由于其所在的子类 Son 和父类 Father 中均拥有此方法,则调用的是子类 Son 中的方法。这就相当于子类中的方法覆盖了父类中同名的方法,即重写。这使得子类可以根据自己的方式实现方法,不一定要继承来自父类的方法,即可对父类中继承的方法进行重写,使得子类中的方法覆盖父类中同名的方法。值得注意的是,子类中重写的方法要与父类被重写的方法具有相同的方法名和参数列表。

如果子类需要调用父类中同名(被重写)的方法,该如何解决? Python 中提供了 super( )方法访问父类中的成员。下面通过一个案例演示子类如何调用父类被重写的方法。

【任务 8-16】 调用父类被重写的方法。

示例代码如下:

```
'''
ch08-demo16.py
================
调用父类被重写的方法
'''
class Father:
    def _init_(self,haircolor):
        self.haircolor=haircolor
class Son(Father):
    def _init_(self,haircolor):
        self.eyescolor="金黄色"
        #调用父类的 init 方法
        super()._init_(haircolor)
xiaoling=Son("黑色")
print("小林拥有一双%s的眼睛,%s的头发!" % (xiaoling.eyescolor,
xiaoling.haircolor))
```

在任务 8-16 中定义了 Father 类,该类的_init_( )方法中设置了 haircolor(头发颜色)属性的初始值。然后定义继承自 Father 的子类 Son,在该类中重写继承自父类的_init_ ( )方法,并且在方法中添加自定义的属性 eyescolor(眼睛颜色)。接着使用 super 调用父类的构建方法,让 Son 类既拥有自定义的属性 eyescolor,同时又有父类的属性 haircolor。

程序再次运行后,结果如图 8-6-6 所示。

```
>>>
=========== RESTART: D:/A/运行程序文件,
小林拥有一双金黄色 的眼睛, 黑色的头发!
```

图 8-6-6　程序运行结果

从程序运行结果可知,子类通过 super( )方法成功地访问父类的成员。

在面向对象编程中,继承是代码复用和设计复用的重要途径,是面向对象程序设计的重要特性之一,也是实现多态的必要条件之一。

8.6.3 多态

多态是指基类的同一个方法在不同派生类对象中具有不同的表现和行为。

派生类继承基类的行为和属性之后,会增加某些特定的行为和属性,还可能会对继承的某些行为进行一定的改变,这恰恰是多态的表现形式。Python 中主要通过重写基类的方法实现多态。

【任务 8-17】 多态。

示例代码如下:

```
'''
ch08-demo17.py
===============
多态
'''
#定义一个表示人的类
class Person(object):
      def work(self):工作的方法
            print("-- Person- - work- -")
#定义一个表示学生的类,继承自人类
class Student(Person):
      def work(self):                    #重写父类的方法
            print("--认真学习--")
#定义一个表示教师的类,继承自人类
class Teacher(Person):
      def work(self):                    #重写父类的方法
            print("--传道授业--")
#定义一个函数
def func(temp):
      temp.work()
student=Student( )
func(student)
teacher=Teacher()
func(teacher)
```

在任务 8-17 中,先定义 Person(人)类,拥有一个 work()方法;接着定义继承自 Person 的两个子类 Student(学生)和 Teacher(教师),在两个类中分别重写 work()方法;然后定义一个带参数的函数 func(),在该函数中调用 work()方法;最后分别创建 Student(学生)类的实例对象 student 和 Teacher(教师)类的实例对象 teacher,并作为参数调用 func()函数。

程序再次运行后,结果如图 8-6-7 所示。

```
>>>
================ RESTART: D:/A/运行程序文件/8-17.py =========
======
--认真学习--
--传道授业--
```

图 8-6-7　程序运行结果

从程序运行的结果可知,通过向函数中传入不同的对象,work()方法打印出不同职业的工作。当把 student 作为参数传给 func()函数的 temp 时,func()函数调用的是 Student 类的 work()方法;再把 teacher 作为参数传给 func()函数的 temp,此时 func()函数调用的是 Teacher 类的 work()方法。调用同一个方法,却出现两种表现形式,这就是多态过程的体现。

8.7　特殊方法与运算符重载

8.7.1　特殊方法

前面曾提到以双下划线作为前缀和后缀的方法,称之为特殊方法。Python 类有大量的特殊方法,其中比较常见的是以下两种方法。

(1) _init_():构造方法,初始化对象的属性。

(2) _del_():析构方法,释放类所占用的资源。

1. 构造方法

构造方法的作用是初始化对象的属性,即在创建对象时就完成属性的设置。Python 提供的该构建方法,固定名称为_init_,其好处是在创建类的实例对象时,系统会自动调用构建方法,从而实现对类进行初始化的操作。

【任务 8-18】　构造方法的使用。

示例代码如下:

```
'''
ch08-demo18.py
==============
构造方法的使用
'''
#定义类
class Student:
      #构建方法
      def _init_(self):
            self.name="小明"
      #考试
      def test(self):
            print("%s 的单元测试在下周二进行。" % self.name)
```

```
#创建一个实例对象,并用变量 student 保存它的引用
student=Student()
#测试通知
student.test()
```

在任务 8-18 中,首先实现_init_ ( ) 方法,给 Student 类添加 name 属性并赋值为“小明”,在 test 方法中访问 name 属性的值。程序运行结果如图 8-7-1 所示。

```
>>>
================ RESTART: D:/A/运行程序文件/8-18.py =========
======
小明的单元测试在下周二进行。
```

图 8-7-1 程序运行结果

无论创建多少个 student 对象,name 属性的初始值都默认为“小明”。如果想要在对象创建完成后修改属性的默认值,可以在构造方法中传入参数设置属性的值。下面通过任务 8-19 演示带参数的构造方法。

【任务 8-19】 带参数的构造方法。

示例代码如下:

```
'''
ch08-demo19.py
===============
带参数的构造方法
'''
#定义类
class Student:
      #构建方法
      def _init_(self,name):
            self.name=name
      #考试
      def test(self):
            print("%s 的单元测试在下周二进行。"% self.name)
#创建一个实例对象,并用变量 student1 保存它的引用
student1=Student("晓明")
#测试通知
student1.test( )
#创建一个实例对象,并用变量 student2 保存它的引用
student2=Student("吴波")
#测试通知
student2.test( )
```

在任务 8-19 中,定义了带有参数的构建方法,并把参数的值赋给 name 属性,保证 name 属性的参数随接收到的值而变化,接着仍然在 test 方法中访问 name 属性的值。

程序运行结果如图 8-7-2 所示。

```
>>>
================ RESTART: D:/A/运行程序文件/8-19.py ==========
======
晓明的单元测试在下周二进行。
吴波的单元测试在下周二进行。
```

图 8-7-2　程序运行结果

2. 析构方法

创建对象后,Python 解释器默认调用_init_( )方法。而在 Python 编程中,需要删除一个对象来释放类所占用的资源时,Python 提供了另一个方法,即_del_( )方法,称之为析构方法。当需要释放类所占用的资源时,Python 解释器默认调用此方法。

【任务 8-20】　析构方法的使用。

示例代码如下:

```
'''
ch08-demo20.py
==============
析构方法的使用
'''
#定义类
class Children:
      def _init_(self,name,age):
            self.name=name
            self.age=age
      def _del_(self):
            print("--删除--")
child= Children("小可",7)
```

在任务 8-20 中,定义了一个名为 Children 的类,在_init_( )方法中设置 name 和 age 的初始值,在_del_( )方法中增加打印语句,最后创建 Children 类的对象 child,使用构造方法接受并初始化属性。

程序运行结果如图 8-7-3 所示。

```
>>>
================ RESTART: D:/A/运行程序文件/8-20.py =====
======
--删除--
```

图 8-7-3　程序运行结果

当程序运行结束时,会释放其占用的内存空间。

如果需要手动释放空间,可以使用 del 语句删除一个对象,释放占用的资源。在任务 8-20 的末尾,可以增加下面两行代码。

```
del child
print("--释放资源--")
```

程序再次运行后,结果如图 8-7-4 所示。

```
>>>
================ RESTART: D:/A/运行程序文件/8-20.py ======
======
--删除--
--释放资源--
```

图 8-7-4 程序运行结果

从图 8-7-4 的结果可以看出，程序依次输出了"删除""释放资源"。这是因为 Python 具有自动回收垃圾的机制。当 Python 程序运行结束时，Python 解释器会检测当前是否需要释放内存空间。如果需要，就自动调用 del 语句删除；如果用户已经手动调用 del 语句，就不需要再自动删除。

8.7.2 运算符重载

在 Python 中，除构建函数和析构函数外，还有大量的特殊方法支持更多的功能。例如，运算符重载就是通过重写特殊函数来实现。在自定义类时，如果重写某个特殊方法即可支持对应的运算符，具体实现的工作类型则完全可以根据需要来定义。

1. 加法运算符重载

加法运算符重载是通过_add_方法实现的，当两个实例对象执行加法运算时，自动调用_add_方法。

【任务 8-21】 加法运算符重载。

示例代码如下：

```
'''
ch08-demo21.py
==============
加法运算符重载
'''
#定义类
class Demo:
      #定义构造方法
      def _init_(self, obj):
            self.data=obj[:]
      #实现加法运算方法的重载,将两个列表对应元素相加
      def _add_(self, obj):
            length=len(self.data)
            newlist=[]
            for n in range(length):
                  newlist.append(self.Data[n]+obj.data[n])
            #返回包含新列表的实例对象
            return Demo(newlist[:])
#创建实例对象并初始化
x=Demo([1,2,3,4])
y=Demo([10,20,30,40])
#执行加法运算,实质是调用_add_方法
```

```
result=x+y
#显示加法运算后新实例对象的 data 属性值
print(result.data)
```

在任务 8-21 中，定义了一个 Demo 类，在_init_构造方法中添加 date 属性，在_add_方法中获取 date 列表的长度，然后遍历两个列表的每个元素进行加法运算后，将计算结果添加到新的列表中。

2. 索引和分片重载

与索引和分片相关的重载方法包括以下三种。(1) _getitem_：索引、分片；(2) _setitem_：索引、分片赋值；(3) _delitem_：索引、分片删除。

下面分别对上述方法进行重载。

(1) _getitem_方法。

在对实例对象执行索引、分片或者 for 迭代操作时，会自动调用_getitem_方法，如任务 8-22 所示。

【任务 8-22】 索引、分片重载。

示例代码如下：

```
'''
ch08-demo22.py
==============
索引、分片重载
'''
#定义类
class Demo:
    #定义构造方法
    def _init_(self,obj):
        self.data=obj[:]:
    #定义索引、分片运算符重载方法
    def _getitem_(self,index):
        return self.data[index]
#创建实例对象,用列表初始化
x=Demo([1,2,3,4])
print(x[1])                  #索引返回单个值
print(x[:])                  #分片返回全部的值
print(x[:2])                 #分片返回部分值
for num in x:                #for 循环迭代
    print(num)
```

在任务 8-22 中，先定义 Demo 类，在构造方法中添加 data 列表，然后重写索引分片时调用_getitem_方法。创建实例对象 x 后，先获取索引为 1 的值，再通过分片获取全部的值和部分的值，用 for 循环实现迭代。

(2) _setitem_方法。

通过赋值语句给索引或者分片赋值时，调用_setitem_方法实现对序列对象的修改，如任务 8-23 所示。

【任务 8-23】 索引、分片赋值重载。

示例代码如下：

```
'''
ch08-demo23.py
===============
索引、分片赋值重载
'''
#定义类
class Demo:
    #定义构造方法
    def _init_(self, obj):
        self.data=obj[:]
    #重载索引、分片赋值运算方法
    def _setitem_(self,index,value):
        self.data[index]=value
#创建实例对象,并用列表初始化
list1=Demo([1,2,3,4,5])
#显示对象属性中的列表
print(list1.data)
list1[0]='abc'                    #修改列表第一个元素
print(list1.data)                 #显示修改后的列表
#把列表中的分片[1:3]替换为列表['a','b','c']
list1[1:3]=['a','b','c']
print(list1.data)                 #显示修改后的列表
```

在任务 8-23 中，首先定义 Demo 类，在构造方法中添加 data 列表，然后重写索引、分片赋值时调用的_setitem_方法。创建实例对象 list1 后，先显示列表中所有的元素，再通过赋值语句修改列表的第 1 个元素，然后把列表中的分片进行替换，分别输出两次修改后的列表。

(3) _delitem_方法。

当使用 del 关键字时，实质上是调用_delitem_方法实现删除操作，让_delitem_方法重载 del 运算，实现删除索引或分片的操作，如任务 8-24 所示。

【任务 8-24】 索引、分片删除重载。

示例代码如下：

```
'''
ch08-demo24.py
===============
索引、分片删除重载
'''
#定义类
class Demo:
```

```
        #定义构造方法
        def _init_(self,obj):
            self.data=obj[:]
        #重载索引、分片删除运算方法
        def _delitem_(self,index):
            del self.data[index]
#创建实例对象,并用列表初始化
list=Demo([11,12,13,14,15])
#显示对象属性中的列表
print(list.data)
#删除列表的第一个元素
del list[0]
#显示删除元素后的列表
print(list.data)
#删除分片
del list[1:3]
#显示删除分片后的列表
print(list.data)
```

在任务 8-24 中,首先定义 Demo 类,在构造方法中添加 data 列表,然后重写索引、分片删除时调用的_delitem_方法。创建实例对象 list1 后,先显示列表中所有的元素,再删除列表中的第一个元素后进行显示,然后删除列表中的分片,再次显示列表中所有的元素。

3. 定制对象的字符串形式

重载_repr_和_str_方法可以定义对象转换为字符串的形式,在执行 print、str、repr 及交互模式下直接显示对象时,会调用_repr_和_str_方法。

(1) 只重载_str_方法。

如果是只重载_str_方法,只有 str()和 print()函数可以调用此方法进行转换。

(2) 只重载_repr_方法。

如果是只重载_repr_方法,可以保证各种操作下都能正确获取实例对象自定义的字符串形式。

(3) 同时重载_str_和_repr_方法。

如果是同时重载_str_和_repr_方法,则 str()和 print()函数调用的是_str_方法。交互模式下直接显示对象和 repr()函数调用的是_repr_方法,如任务 8-25 所示。

【任务 8-25】 同时重载_str_和_repr_方法。

示例代码如下:

```
#定义类
class Demo:
        data1=100
        #定义为属性 data2 赋值的方法
        def set(self,num):
            self.data2=num
```

```
        #重载方法
        def _repr_(self):
            #返回自定义的字符串
            return 'repr 转换: data1 =%s; data2 =%s'% (self.data1, 
self.data2)
        def _str_(self):
            return 'str 转换: data1 =%s;data2 =%s'% (self.data1, 
self.data2)
    #创建实例对象
    demo = Demo()
    #调用方法给属性赋值,并创建属性
    demo.set("One hundred")
    #调用_repr_方法进行转换
    print(repr(demo))
    print(str(demo))
    print(demo)
```

在任务 8-25 中,在重写的_repr_方法中使用 return 返回自定义的字符串。同理,在重写的_str_方法中返回自定义的字符串。接下来,先创建 demo 实例,再调用 set 方法给属性赋值,然后分别使用 print( )、str( )、repr( )函数输出对象的信息。

第九章 图形用户界面

知识目标

目标1：理解图形用户界面的基本概念、组件功能和布局管理。

目标2：掌握Python中标准库Tkinter的使用方法，包括基本控件如按钮、文本框、标签等的创建与配置。

目标3：了解不同类型的容器窗口部件，如框架、面板和对话框的作用及其组织方式；了解菜单栏、工具栏的设计与实现，以及自定义控件和主题样式的方法。

技能目标

目标1：能够独立编写基于Tkinter或其他Python GUI库的简单应用程序，实现数据的输入、输出及简单的业务逻辑处理。

目标2：能够使用布局管理器进行复杂窗口的布局设计，构建多页面或多窗体应用。

目标3：能够通过绑定事件处理器来响应用户的操作，并更新界面状态。

目标4：能够完成一个实际的GUI项目案例，如制作简易计算器、文件管理系统或小型数据库查询工具。

素养目标

目标1：培养良好的用户界面设计理念和美学意识。

目标2：培养良好的沟通能力和协作精神。

目标3：关注技术发展趋势，了解和学习新的GUI库及技术，不断提升自身的跨平台GUI开发技能。

9.1 图形用户界面

在计算机程序设计领域，用户界面（UI，User Interface），实际上就是人与计算机交互的界面显示格式。程序通过UI向用户显示编程概述各种提示信息或运算结果，用户通过UI向程序发送特定的计算请求或按要求输入相关信息。按照信息显示方式的不同，用户界面分为命令行界面（CLI，Command Line Interface）和图形用户界面（GUI，Graphical User

Interface),后者有时也简称为“图形界面”。

9.1.1 从命令行界面到图形用户界面

与命令行界面完全采用文本进行信息交互的方式不同,图形用户界面通过按钮及文本框等图形化元素实现程序与用户的信息交互。在图形用户界面中,用户通过鼠标单击、双击或拖拉菜单、按钮、窗口等图形元素向程序发出命令,同时,程序通过文本消息框等图形元素向用户显示信息。

与命令行界面相比,图形用户界面最大的优势在于简单直观,不需要用户记住各种复杂的文本命令,只需要简单地操作鼠标就可以与计算机进行交互,具有更强的“用户友好性”,降低了计算机技术的使用门槛。计算机应用技术的普及在很大程度上正是得益于图形用户界面的出现。

图形用户界面中的基本图形元素称为控件(control)或构件(widget)。窗口(window)是图形用户界面中最基本的控件。一个图形界面应用程序至少包含一个窗口。窗口通常的作用是放置其他控件,因此也称为“容器控件”。窗口支持的基本操作包括移动和改变大小。当窗口被移动时,其包含的其他控件也随之被移动。除了作为容器的窗口控件外,其他常用控件可以按功能划分为四大类,分别是分组的选择及显示、文本输入、输出显示、导航。

9.1.2 图形用户界面程序的运行与开发

命令行界面程序一般采用过程驱动的程序设计方法。与命令行界面程序不同的是,图形界面程序的执行路径是由用户控制的,用户可随时进行干预。例如,操作过程中可能会调整窗口的大小或者单击某个按钮等。用户的这类行为是不可预期的。为此,图形用户界面程序采用事件驱动的程序设计模式。

事件指的是用户与程序的交互行为。例如,单击某个按钮、改变窗口大小,或者在文本框里输入文本等。一旦发生某个特定的事件,程序就必须做出相应的操作来响应该事件(什么都不做也是一种响应),这些响应称为“事件处理程序”。事件处理程序通常对应于一个函数或方法,由于这个函数是在相应事件发生时被自动调用的,因此也常被称为“回调(callback)函数”。

图形界面程序启动后,首先创建根窗口,并加载诸如菜单栏、工具条及状态条等控件。在创建完这个初始的图形界面,并进行一些必要的初始化工作后,一个所谓的事件循环程序启动,该程序不停地监测是否有事件发生,一旦有事件发生,就将其交给事件处理程序进行处理。这一循环直到发生了程序退出事件(用户关闭主窗口)才终止运行。

GUI 程序的开发一般包括两大类工作,即界面外观设计和业务逻辑程序设计。一个 GUI 库包含各种常用控件以及基本的事件循环框架的实现。这些 GUI 库极大地简化了 GUI 程序的开发,使开发人员只需要专注于具体的业务逻辑,提高了开发效率。

9.1.3　Python 中的图形界面编程

Python 本身并不提供原生的完全由 Python 语言编写的 GUI 库，而是在其他语言编写的 GUI 库基础上加一个 Python 的封装接口。也就是说，虽然可以像使用其他 Python 模块一样使用 GUI 库，但其实现的功能并不是由 Python 提供的。

Python 的标准库包含了 Tk 图形界面库，Tk 在 Python 中被封装为 Tkinter 包。严格意义上讲，Tkinter 并不是 Python 标准库的一部分，只是在有些平台的 Python 发布版本中默认将其和标准库一起安装，因而 Tkinter 也就成了事实上的标准库。

尽管 Tkinter 中基本控件的外观显得比较简陋，但作为 Python 的事实标准库，Tkinter 的最大优点是轻量和稳定，非常适合对 GUI 美观要求不高的中小型原型系统的开发。对于没有任何 GUI 编程经验的初学者，在学完 Python 的基本语法知识后，建议从 Tkinter 开始接触 GUI 编程。

9.2　Tkinter 概述

图形用户界面通常使用可视化控件来构建 GUI 应用程序，如按钮、标签、文本框、滚动条等。在 Python 中，通常是通过 Tkinter 库来进行操作的。

Tkinter 是 Tk 图形界面库在 Python 下的封装，是 Python 程序中一个重要的标准库。它是一个 GUI 工具包，可帮助 Python 程序员编写图形用户界面。

Tkinter 是一个跨平台的工具包，能够在各种操作系统上运行，如 Windows、MacOS 和 Linux 等。Tkinter 允许 Python 程序员在不同平台上创建相似的 GUI 应用程序，从而使开发过程更加快捷和简便。

Thinker 的特点是简单、实用。Python 自带的 IDLE 就是用它开发的。用 Thinker 开发的图形界面，显示风格是本地化的，适用于小型图形界面应用程序的快速开发。

下面通过一个简单的例子来演示如何使用 Tkinter 实现一个简单的 GUI 应用程序。

假设要制作一个计算器，步骤如下：

（1）导入 Tkinter 库，并给它起个别名 tk，简化调用。

（2）创建一个顶层窗口对象，命名为 top，设置窗口标题为“第一个 Tkinter 窗口”。

（3）设置窗口的主事件循环，使窗口保持打开状态。

（4）向窗口中添加组件，如一个按钮。通过 tk.Button( ) 创建按钮，指定按钮所在窗口 top 和按钮文本“一个按钮”。

（5）使用 pack( ) 方法摆放按钮，这是一种简单的布局管理方式。

（6）为按钮添加点击事件，定义一个函数 button_clicked，当按钮被点击时改变窗口标题。

9.2.1　类的层次结构

Tkinter 是完全按照面向对象的方式组织的。各种空间的显示与交互控制都通过相应的 Python 类来实现。Tkinter 中最基本的一个类是 Tk(注意：首字母大写)类。每个应用程序都需要也只需要一个 Tk 类的实例,该实例表示应用程序,也表示应用程序的根窗口。根窗口也称为顶层窗口,可以在用户屏幕上随意移动和改变大小。另外还需要用到 TopLevel 类,用户一般不直接实例化 TopLevel 类的实例,而是通过继承的方式创建特定样式的顶层窗口类。

除了 Tk 和 TopLevel 类外,其他常用类包括 Frame、Label、Entry、Text、Button、Radiobutton、Checkbutton、Listbox、Scrollbar、Scale、LabelFrame、Menu、Spinbox 及 Canvas 等,这些类都用于构造特定功能的 GUI 控件。这些控件不同于顶层窗口,在默认情况下,它们不能由用户移动和改变大小,只能跟随根窗口移动。

除了以上这些控件类外,还有用于布局管理的 Pack、Grid 和 Place 类,以及用于用户事件处理的 Event 类。这些都属于非控件类,一般不需要程序直接实例化相应的对象,Tkinter 会在需要时自动生成对象,用户只需要调用控件的相关方法。

另外,在构造控件时还经常涉及的一个概念是“控制变量”,主要用于在多个控件之间共享一些属性值。一旦该变量的值改变了,与之相关的各个控件的相应属性也自动改变。Tkinter 提供了三种类型的控制变量,对应 StringVar、IntVar 和 DoubleVar 三个类,分别表示字符串型、整型和浮点型的控制变量。为了创建控制变量,只需要使用相应类的构造器进行实例化,并使用 get()和 set()方法读取并设置控制变量的值。

以上提到的这些类都直接定义在包的_init_文件中,因此导入 Tkinter 包后可以直接使用它们。另外,Tkinter 还包含多个子模块,主要提供一些样式更丰富或者具有特定功能的控件。主要的子模块如下：

(1) filedialog 子模块：提供用于文件操作的对话框。

(2) font 子模块：封装用于字体样式控制的相关类 。

(3) ttk 子模块：对 Tk 库在 8.5 版本后引入的所谓主题式控件的封装,其使得控件在外观上更接近平台的原生界面样式。ttk 子模块重写了 Tkinter 主模块中同名的基本控件类,但使用方式有所不同。另外,ttk 子模块还提供了树状视图等高级控件。

(4) constants 子模块：包含很多预定义的常量值,如表示布局关系的 TOP、BOTTOM、LEFT、RIGHT 等,该子模块在导入主模块时默认被导入,可以直接使用。

由于篇幅关系,对于这些子模块的应用,本书将不一一详细介绍。读者在学完本章内容后,可以通过阅读相关文档进一步学习。需要提醒的是,Tkinter 对应的官方 Python 文档内容非常有限,很多方法的深入使用需要进一步参考 Tk 库的官方文档。

9.2.2 Tkinter 基本开发步骤

简单来说,一个 Tkinter 程序的开发就是通过实例化各种控件类得到一组控件对象,然后使用这些控件对象进行界面的布局设计,并绑定相应的事件处理程序。Tkinter 程序的开发主要包括如下几个基本步骤。

1. Tk 类的实例化

调用 Tk 类的构造器来实例化一个 Tk 类,根据需要,可以指定程序名及图标等属性。每个应用程序都需要也只需要一个 Tk 类的实例,如果不显式构造 Tk 类实例,在创建其他控件时会默认创建,但不建议这么做。对于某些 GUI,为了防止用户调整根窗口导致内部布局混乱,通常需要设置根窗口的初始化大小、最大和最小宽度,或者限制窗口的缩放功能。这里涉及的方法如下:

(1) geometry("width * height"):设置窗口的初始宽和高,注意参数为字符串类型。

(2) maxsize(width,height):设置用户拖曳时窗口的最大宽和高。

(3) minsize(width,height):设置用户拖曳时窗口的最小宽和高。

(4) resizable(width_resizable,height_resizable):设置是否允许在宽和高方向进行拖曳。

例如,通过 Tk 类的无参构造函数可以创建应用程序主窗口。通过其对象方法 title()可以设置窗口标题。

```
root=Tk()
root.title('示例')                                #设置窗口标题
root['width']=300; root['height']=50              #设置窗口宽度和高度
```

例如,通过 geometry()函数可以设置主窗口的大小和位置。

```
root.geometry('200×50-0+0')    #窗口大小为 200×50,位于屏幕右上角
```

其中,参数的形式为"w×h(+或-)x(+或-)y"。w 为宽度;h 为高度;+x 为主窗口左边离屏幕左边的距离,-x 为主窗口右边离屏幕右边的距离;+y 为主窗口上边离屏幕上边的距离,-y 为主窗口下边离屏幕下边的距离。

【任务 9-1】 创建一个名为"Tkinter Example"的主窗口并设置其大小为 400×300。

任务分析:创建主窗口,使用 Tkinter 创建主窗口并设置其大小和标题。这可以通过实例化 Tk 类来完成。

示例代码如下:

```
'''
ch09-demo01.py
==================
演示创建一个名为"Tkinter Example"的主窗口。
'''
import tkinter as tk
root=tk.Tk()
root.title("Tkinter Example")
root.geometry("400×300")
```

程序运行结果如图 9-2-1 所示。

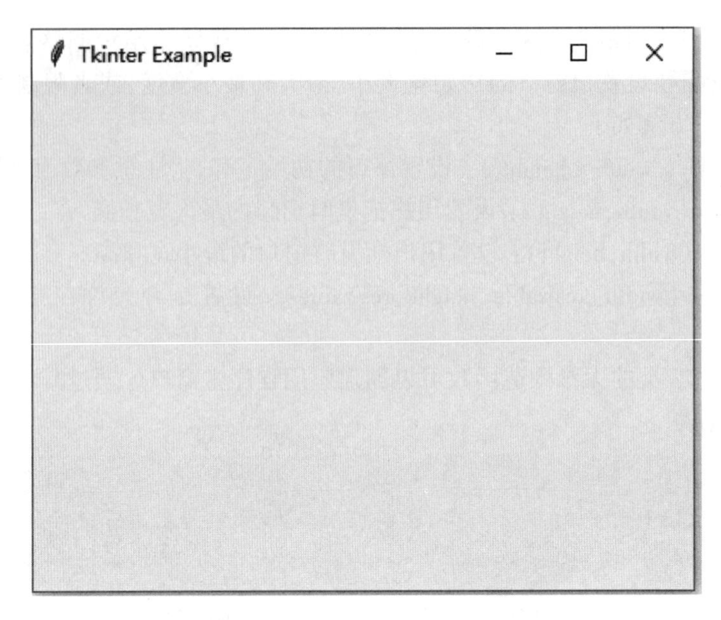

图 9-2-1 Tkinter Example 主窗口

2. 创建各种控件实例

每个控件对象的构造流程都类似,只需要调用 Tkinter 提供的控件类的构造器,指明根窗口以及各种外观和行为属性。除 self 参数外,控件类构造器的第一个参数是可选参数 master,表示根窗口对象,默认为 None;第二个参数是可选参数 cnf,默认是一个空的字典对象;第三个参数是可变的关键字参数。后两个参数都用于控制控件对象的相关外观和行为属性(在 Tk 文档中称为 configuration options),不同类型的控件所支持的属性不完全一样。

每一个控件实例都必须有一个根窗口,根窗口可以是 Tk 对象,也可以是其他容器类控件实例。如果将根窗口设置为 None,程序将自动寻找已存在的 Tk 类实例,如果找不到,程序将自动创建一个 Tk 类实例作为根窗口,但强烈建议显式设置根窗口。

3. 对各个控件进行布局

大部分控件在创建后还不能直接显示在根窗口中,必须进一步确定其在根窗口中的具体位置以及与其他控件的位置关系。Tkinter 提供了三种布局管理器(geometry manager)来实现不同的布局需求,对应名为 Pack、Grid 和 Place 的三个类。对控件进行布局时,不需要显式创建这些布局管理器类的对象,只需要调用控件对应的一个布局方法,分别是 pack、grid 和 place。

Tkinter 提供了许多组件,如 Button 控件、Label 控件、Text 控件等,可以通过实例化这些控件并指定其属性来将它们添加到主窗口上。

【任务 9-2】 在主窗口上添加一个名为“Click Me”的按钮。

任务分析:这里使用 Button 类创建一个按钮,指定其根窗口为 root,文本为“Click Me”。接着使用 pack()方法将按钮添加到主窗口上。

示例代码如下:

```
'''
ch09-demo02.py
===================
演示在主窗口上添加一个名为"Click Me"的按钮。
'''
import tkinter as tk
root=tk.Tk()
root.title("Tkinter Example")
root.geometry("400×300")
btn=tk.Button(root,text="Click Me")
btn.pack()
```

程序运行结果如图 9-2-2 所示。

图 9-2-2 添加"Click Me"按钮

4. 事件绑定

除了界面外观的设计外,GUI 应用程序开发的另一个主要任务就是事件处理程序的设计。事件处理程序对用户的各种操作事件进行响应处理,如鼠标单击和键盘输入等。不同的事件可能需要不同的处理程序,事件与事件处理程序之间的关系是通过所谓的事件绑定来建立的,可以通过控件的相关属性或 bind( )方法进行事件绑定。

在 Tkinter 中,事件处理程序是 Python 函数。当一个操作或事件触发时,Tkinter 会自动调用相应的函数。

【任务 9-3】 为按钮添加一个单击事件处理程序。

任务分析:这里定义了一个名为"on_click( )"的函数作为按钮单击事件的回调函数,并通过"command"参数将其指定为按钮的单击事件处理程序。当单击按钮时,Tkinter 会自动调用"on_click( )"函数,输出"Button clicked!"。

示例代码如下:

```
'''
ch09-demo03.py
==================
演示为按钮添加一个单击事件处理程序。
'''
import tkinter as tk
def on_click():
    print("Button clicked!")
root=tk.Tk()
root.title("Tkinter Example")
root.geometry("400×300")
btn=tk.Button(root,text="Click Me",command=on_click)
btn.pack()
```

程序运行结果如图 9-2-3 所示。

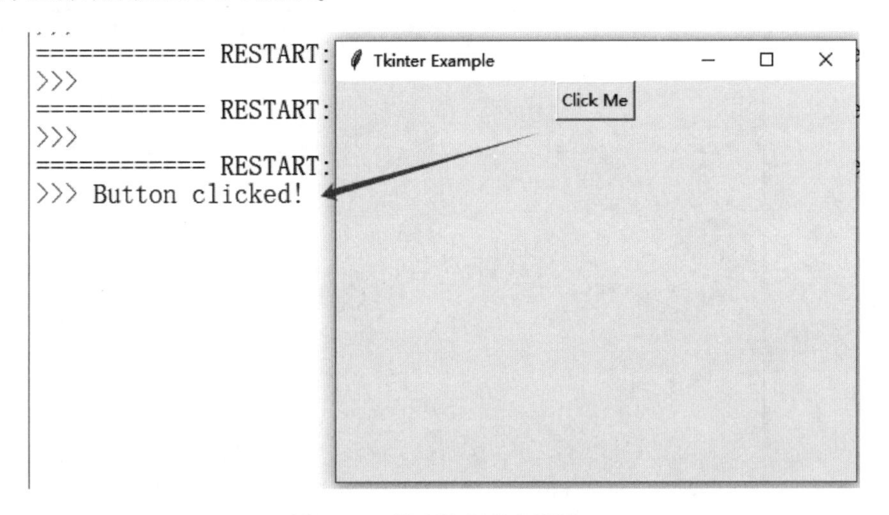

图 9-2-3 绑定按钮单击事件

5. 启动事件循环程序

如果是在解释器环境中一句一句地执行语句,则在 Tk 对象创建后,图形界面就已经显示在用户屏幕上,其他控件在布局后也会先后显示,并且可以接收用户的交互操作。但如果是通过脚本文件解释执行,在完成上述步骤后,图形界面还没有真正显示在屏幕上,还需要主动调用 Tk 对象的 mainloop()方法,该方法会显示设计好的界面,并启动事件循环程序接收用户的交互操作。一般情况下,我们会将 Tkinter 命名为 Tk(import Tkinter as Tk)。

【任务 9-4】 使用 GUI 实现一个简单的"hello GUI"。

示例代码如下:

```
'''
ch09-demo04.py
==================
演示使用 GUI 实现一个简单的"hello GUI"。
'''
#导入 tkinter 主模块,并取一个别名 tk,在不担心命名冲突的情况下,
#也可以直接用"from tkinter import *"的形式导入
import tkinter as tk
app=tk.Tk()                 #构造一个 Tk 对象
app.title("hello")          #设置程序显示在窗口标题栏的文本
#设置程序的标题图片
app.iconbitmap("D:/Python36/workspace/tkinter/python.ico")
#构造了一个 Label 对象,表示不可编辑的文本
label=tk.Label(app,text="Hello GUI!")
#用 pack()方法对建立的标签文本进行布局
label.pack(padx=50,pady=5)
#定义一个事件处理程序,功能是在原文本两边增加一对方括号[]
def change_button_text():
    btn.configure(text="[%s]" % btn['text'])
#增加一个 Button 类对象,表示命令按钮,并通过 command 属性将鼠标单击事件与已经定义的事件处理程序进行绑定
btn=tk.Button(app,text="点击我",command=change_button_text)
btn.pack(padx=50,pady=5) #调用按钮的 pack()方法进行布局
app.mainloop() #启动事件循环程序
```

程序运行结果如图 9-2-4 所示(已经在按钮上单击了几次鼠标)。

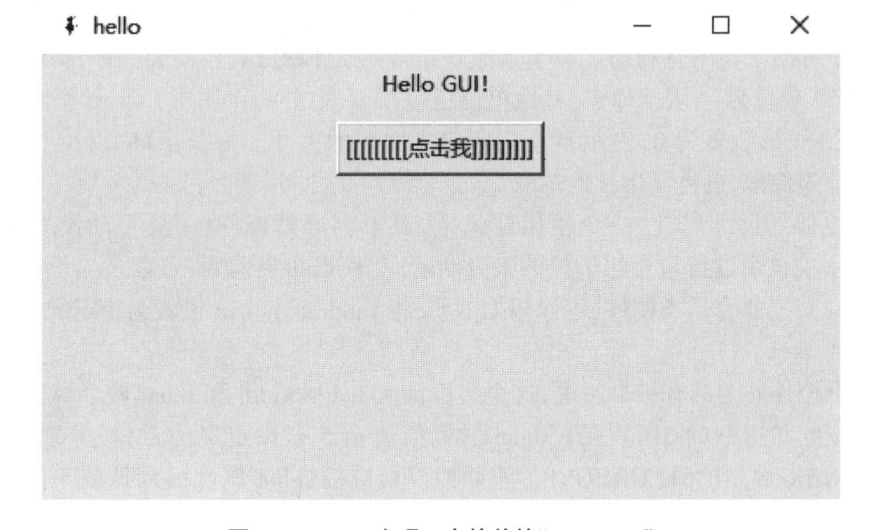

图 9-2-4 GUI 实现一个简单的"hello GUI"

9.3 Tkinter 常用控件的使用

控件的外观和行为是由控件的属性控制的。很多属性是每个控件都具有的,而有一些属性则是个别控件独有的。本节首先介绍所有控件都支持的几个控制外观的常用属性,然后具体介绍 Tkinter 主模块中常用的 8 种控件,主要介绍各个控件相关的属性参数。

9.3.1 常用控件的基本属性

1. 尺寸属性

每个控件在视觉上都显示为屏幕上的一个矩形区域,区域的内部为控件属性内容,区域的外围有一个边框(有不同的样式,有些可能在视觉上是不可见的),在边框的内外可以设置边距(期望间距)。该矩形区域在屏幕上显示的实际尺寸只能查看,不能直接设置。程序直接设置的尺寸称为“期望尺寸”,在显示时能否达到这个期望值,还受到布局的影响,具体造成的影响则由布局管理器控制。

可以调用控件的 winfo_reqwidth()方法和 winfo_reqheight()方法查看设计的期望宽和高(其中,字符 req 是单词 requested 的缩写),单位为像素,该值由三类属性共同决定。第一类属性是 width 和 height,表示为矩形区域内部的控件内容预留的期望宽和高;第二类是 padx 和 pady,表示在控件内容与边框之间预留的期望间距;第三类是 borderwidth,表示控件的边框宽度。根据控件内容的不同,padx 和 pady 的作用略有不同,大体上,在单位统一的情况下,控件的整体期望尺寸与上述三类属性的关系为“期望尺寸≈期望宽高+2×期望间距+2×边框宽度”。

对于只包含文本的非容器类控件,属性 width 和 height 的取值只能是一个整数,表示占用多少个标准字符的宽和高。对于其他非容器类控件和所有容器类控件,属性 width 和 height 的默认单位为 p,表示像素,其他单位还包括 i(英寸)、c(厘米)及 m(毫米)。如果将 width 或 height 设置为 0,表示自适应所包含内容的大小。padx、pady 以及 borderwidth 的默认单位为像素,也可以用其他单位。

关于控件的尺寸属性,一个使用建议是,对于容器类控件,不要手动设置 width 和 height 属性,应该由其所包含的子控件来自动适应,根据布局需要,可以适当设置 padx 和 pady 的值。对于非容器类控件,可以根据需要,将 width 或 height 设置为指定的值。

2. 边框属性

每一个控件外围都有一个边框,这个边框涉及 borderwidth 和 relief 两个属性,分别表示边框的宽度和边框的 3D 效果。relief 的取值包括 5 个预定义的常量,分别是 FLAT、RAISED、SUNKEN、RIDGE、GROOVE。不同控件对应的 relief 属性的默认值不同。例如,Label 控件默认为 FLAT,Button 控件默认为 RAISED。

3. 颜色属性

每个控件最常用的两个颜色属性是 bg 和 fg,bg 表示背景颜色,fg 表示前景颜色。颜色属性的取值可以是已经定义的标准颜色名,如“white”“black”“red”“green”“blue” “yellow”等,还可以是一个形如“#rrrgggbbb”的9位十六进制字符串,表示红、绿、蓝三种基准色按一定比例的混合色。例如,“#000ffffff”表示纯绿色和纯蓝色的混合色。

如果想了解控件所支持的完整属性,可以调用控件的keys()方法。该方法将返回控件所支持的全部属性名,每个属性名的含义可以参阅官方文档。

下面的例子是设置一个Label控件的属性,可以在解释器环境下逐条运行以查看界面效果。

```
>>>from tkinter import *
>>>app=Tk()
>>>label = Label(app,{'bg':'red','fg':'yellow'},text ="helloworld")    #初始化bg和fg属性,初始化text属性
>>>label.pack()                                  #对控件进行布局
>>>label['text']='i love python'                 #修改text属性
>>>label.configure(padx=10,pady=20) #修改边距属性
#返回所有Label控件支持的所有属性
>>>label.keys()
['activebackground', 'activeforeground', 'anchor', 'background', 'bd', 'bg','bitmap', 'borderwidth', 'compound', 'cursor', 'disabledforeground', 'fg', 'font','foreground', 'height', 'highlightbackground', 'highlightcolor', 'highlightthickness','image', 'justify', 'padx', 'pady', 'relief', 'state', 'takefocus', 'text','textvariable', 'underline', 'width', 'wraplength']
```

9.3.2　常用控件的使用

1. Label控件

Label是用于显示文本或图片的标签控件。这些文本或图片在程序中可以随时更新,但对终端用户是不可编辑的,主要用于界面各项功能的提示。除前文介绍的公共属性外,Label的其他常用属性如下:

(1) text:要显示的文本字符串。

(2) bitmap:要显示的位图图像。Tkinter提供了一些内置的位图图像,可以直接用相应的字符串引用,包括“error”“gray75”“gray50”“gray25”“gray12”“hourglass”“info”“questhead”“question”“warning”。

(3) image:要显示的全色图像。可以使用Tkinter中的PhotoImage控件构造一个图像对象,PhotoImage控件支持PNG、GIF、PGM及PPM四种图片格式。如果要用到其他图片格式,则需要相应图像库支持,如广泛使用的pillow库。image属性比bitmap属性的优先级高,如果同时设置,将优先显示image属性。

(4) compound:当标签上同时有文本和图像时,compound属性控制文本和图像的显示关系,默认值为None,表示只显示图像,其他可选值包括“text”(只显示文本)、“image”(只显示图片)、“center”(文本在图片中间)、“top”(图片在文本上方)、“left”(图片在文本左边)、“bottom”(图片在文本下方)和“right”(图片在文本右边)。

下面的例子通过内建图片标签控件，同时显示文本。另外还使用一个外部的.png 文件建立一个标签。

【任务 9-5】 演示 Label 控件的文本及图像属性。

示例代码如下：

```
    '''
    ch09-demo05.py
    ==================
    演示 Label 控件的文本及图像属性。
    '''
    from tkinter import *
    import os
    app=Tk()
    bitmaps=['error', 'gray75', 'gray50', 'gray25', 'gray12', 'hour-
glass','info','questhead', 'question', 'warning']
    for b in bitmaps:              #遍历 bitmaps 生成多个标签控件
    #创建标签后,同时调用 pack 方法对控件进行布局
      Label(text=b,bitmap=b,compound="left").pack(side=LEFT,
padx=3)
    img=PhotoImage(file="D:/Python36/workspace/tkinter/fendou.
gif")                          #通过一个外部图片生成一个图像对象
    #创建标签
    label=Label(text="fendou",image = img,compound="top")
    label.pack(side=LEFT,pady=3)        #调用 pack 方法进行布局
    app.mainloop()
```

程序运行结果如图 9-3-1 所示。

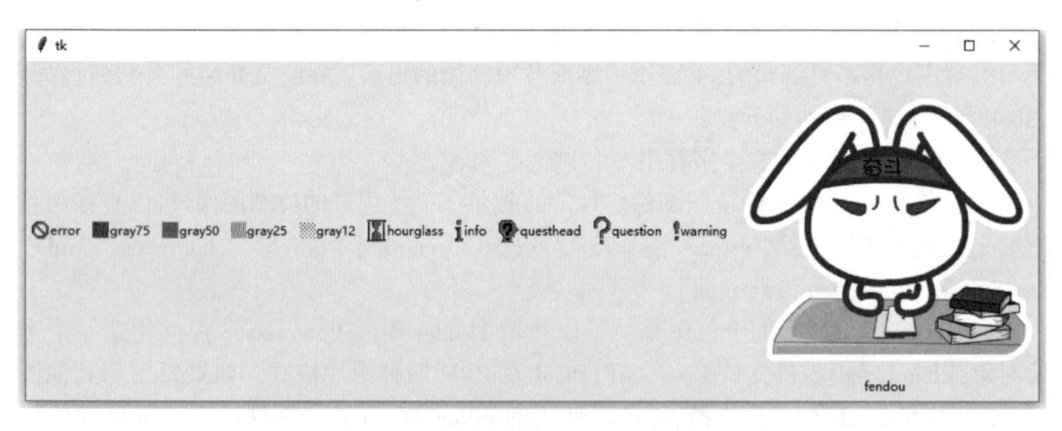

图 9-3-1 Label 控件的文本及图像属性

（5）anchor：如果标签的大小超过了内容的大小，anchor 属性将控制内容相对于标签的放置方位，anchor 的取值为预定义的一些常量字符串，包括 N、S、W、E、NW、SW、NE、SE 和 CENTER。例如，NW 和 W 分别表示西北角和西边（左西右东、上北下南），其他类似，默认值为 CENTER，表示居中放置。该属性只有在标签比内容大时才起作用。

(6) justify：控制文本的对齐方式。justify 的取值也为预定义的一些常量字符串，分别是 CENTER（居中对齐，默认值）、LEFT（左对齐）和 RIGHT（右对齐）。

(7) wraplength：控制文本占用的屏幕宽度达到多少后自动换行。默认单位为像素，也可以采用其他单位。0 表示不自动换行。

下面的例子通过一段文字的显示对 anchor、justify 及 wraplength 属性进行了演示，读者可以修改相应属性的值并观察界面变化。

【任务 9-6】 演示 Label 控件的对齐布局相关属性。

示例代码如下：

```
'''
ch09-demo06.py
===================
演示 Label 控件的对齐布局相关属性。
'''
from tkinter import *
app=Tk()
text="""伫倚危楼风细细,望极春愁,黯黯生天际。
草色烟光残照里,无言谁会凭阑意。
拟把疏狂图一醉,对酒当歌,强乐还无味。
衣带渐宽终不悔,为伊消得人憔悴。"""
label=Label(text=text,width=50,height=10)
label['justify']=LEFT                #尝试改为 CENTER 等值
label['wraplength']=300              #尝试改为诸如 200 等更小的数值
label['anchor']=CENTER               #尝试改为 N 等值
label.pack()
app.mainloop()
```

程序运行结果如图 9-3-2 所示。

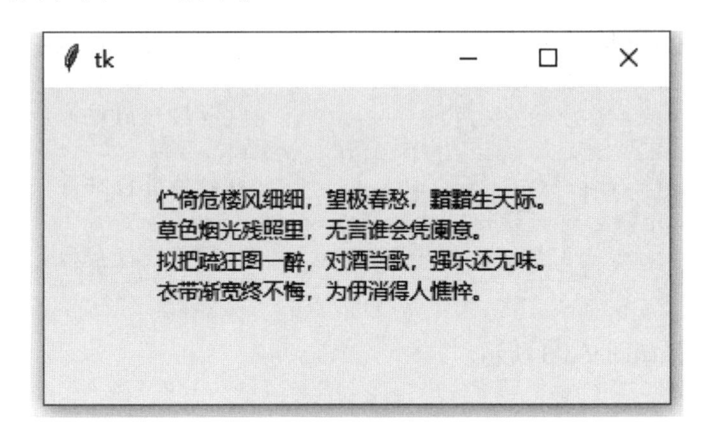

图 9-3-2　Label 控件的对齐布局相关属性

2. Button 控件

Button 表示命令式按钮控件，主要用于捕获鼠标单击事件，以启动预定义的处理程序。Button 控件的边框 relief 属性的默认值为 RAISED,可使其外观看起来像一个物理按钮。和前面介绍的 Label 控件类似,Button 控件也可以包含文本和图片,因此,Button 也具有 Label 的各种属性。与 Label 不同的是,Button 默认响应鼠标单击事件,其涉及的几个常用属性如下:

(1) command:表示单击时相应的事件处理程序。其取值为某个函数或方法对象,也可以是一个匿名函数。这个函数或方法不能包括位置参数。

(2) state:按钮状态,表示是否接受用户单击。默认值 NORMAL 表示可以单击,DISABLED 表示不响应单击,此时按钮表面显示为灰色。

【任务 9-7】 演示 Button 控件的 state 属性。

任务分析:在按钮的事件处理程序中,首先将按钮的状态改为 DISABLED,并调用 Tk 对象的 update()即时刷新界面,延时 5 秒后再恢复按钮状态。

示例代码如下:

```
'''
ch09-demo07.py
===================
演示 Button 控件的 state 属性。
'''
from tkinter import *
import time
app=Tk()
texts={'begin':'点击按钮开始计算','computing':'计算中...','end':'计算完成,点击按钮开始重复计算'}
def compute():
    info['text']=texts['computing']    #设置提示文本信息
    btn['state']=DISABLED              #修改按钮状态为不可单击
#即时刷新界面,否则要等到函数返回才刷新
    app.update()
    time.sleep(5)                      #延时 5 秒以模拟长时间计算过程
    info['text']=texts['end']          #设置提示文本信息
    btn['state']=NORMAL                #恢复按钮为可单击状态
info= Label(text=texts['begin'],width=50)
info.pack(side=TOP,pady=5)             #对控件进行布局
btn=Button(text="开始",command=compute)
btn.pack(side=TOP,pady=5)              #对控件进行布局
app.mainloop()
```

程序运行结果如图 9-3-3 所示。

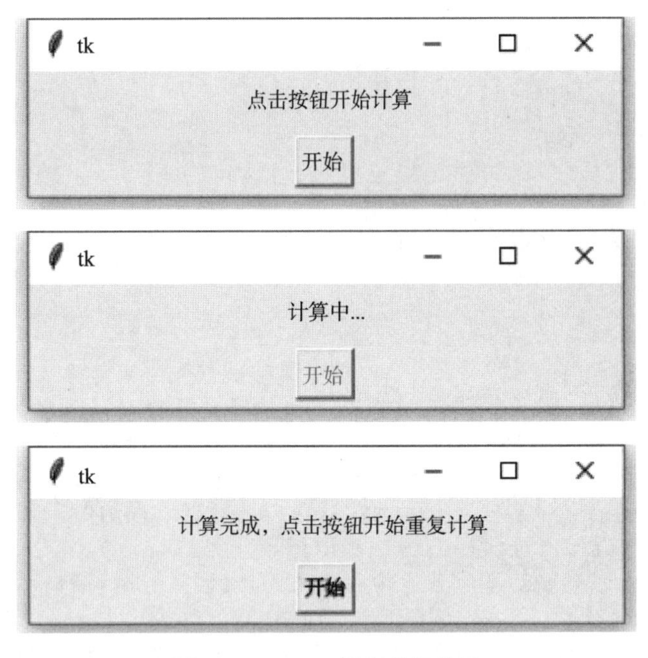

图 9-3-3 Button 控制执行效果

3. Entry 控件

Entry 表示单行文本框控件,用户可以读取输入的单行字符串。由于只能容纳单行文本,Entry 控件没有 height 属性,width 属性表示文本框中预留的标准字符数目。如果输入的字符串长度大于设定的宽度,输入的文字会自动向左隐藏,此时可以使用键盘上的箭头键将鼠标光标移动到看不到的区域。Entry 的其他常用属性和方法如下:

(1) textvariable:用于绑定用户输入文本的控制变量,一般设为某个 StringVar 类型的对象,程序的其他位置就可以用控制变量的 get( )方法得到用户的输入。

(2) show:默认为空,这时用户输入什么,文本框就会显示什么。如果设置为一个字符,则不论用户输入什么,文本框内都显示设置的字符,通常在密码输入时设为"*"。该属性只是控制屏幕上的显示效果,不影响上面所绑定的控制变量的值。

(3) state:输入状态,默认值 NORMAL 表示可以输入,DISABLED 表示无法输入。

(4) select_range(start,end):将文本框内相应索引范围内的字符改为选中状态。

对于文本输入,为了体现更好的用户友好性,有时会要求对输入的合法性进行实时检查,即用户每输入一个字符,都要检查是否合乎要求,在出现非法输入时及时提醒用户。为了达到这个目的,最常用的做法是调用所绑定控制变量的 trace_add( )方法来为变量绑定一个回调函数。trace_add( )方法接收两个参数,第一个是表示追踪模式的字符串,第二个是回调函数。追踪模式最常用的取值为"write",即表示仅在控制变量被改写时才执行回调函数,其他取值还有"read"和"unset",分别表示读取时和变量被删除时执行回调函数,一般较少用到。

【任务 9-8】 演示 Entry 控件的输入合法性检查过程。其中的文本框要求只能输入英文字母或空格,当用户输入其他字符时就会给出提示。

示例代码如下：

```
'''
ch09-demo08.py
=================
演示 Entry 控件的输入合法性检查过程。
'''
from tkinter import *
import re
app=Tk()
text=StringVar()                          #定义一个控制变量
def check(*arg):                          #控制变量的回调函数
  newval=text.get()                       #获取控制变量的值
#正则表达式进行匹配
  if re.match('[a-z A-Z]*$',newval) is None:
     entry.select_range(0,END) #调用 select_range()框选当前输入
     output['text']="只能输入英文字符,请重新输入"
  else:
     output['text'] =""
#为控制变量添加回调函数进行合法性检查
text.trace_add("write",check)
#创建单行文本框控件
entry=Entry(app,width="10",textvariable=text)
entry.pack(pady=2)                        #对控件进行布局
output=Label(app,width=25,text="")
output.pack(pady=2)
app.mainloop()
```

程序运行结果如图 9-3-4 所示。

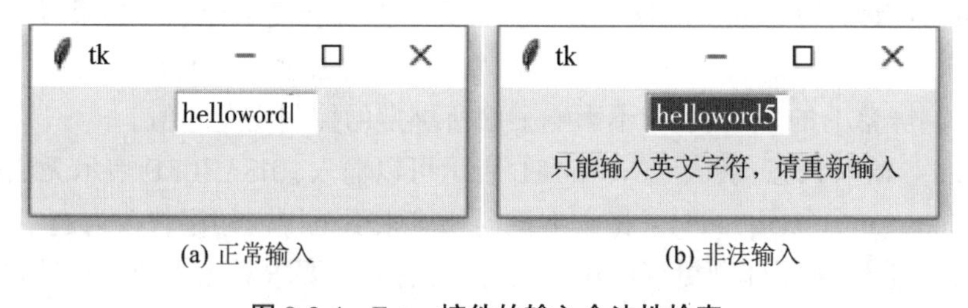

(a) 正常输入　　(b) 非法输入

图 9-3-4　Entry 控件的输入合法性检查

4. Checkbutton 控件

Checkbutton 表示复选按钮控件，也称多选按钮，用于向用户提供一个可选的选项。在外观上复选按钮由一个小方框和一个与之相邻的描述性标题组成。其中的方框在未选中时里面为空白，选中后里面会出现对钩，描述性标题类似于一个标签控件，可以包含图片或文本。同时，复选按钮也具有类似于 Button 的性质，默认响应鼠标单击事件，每次单击方框或标题时，复选按钮的选择状态发生改变（从选中到未选中，或相反），同时执行 command 属性对应的回调函数。除了具有 Label 和 Button 的各种属性外，Checkbutton 的

其他常用属性和方法如下：

（1）variable：用于绑定复选按钮选择状态的控制变量，一般设为某个 IntVar 类型的对象。默认情况下，复选按钮选中时其值为 1，未选中时其值为 0。如果设置 onvalue/offvalue 属性为非整型值，则要改变控制变量为相应类型。

（2）onvalue/offvalue：复选按钮选中和未选中时控制变量对应的值，默认值分别为 1 和 0。

（3）select()：将复选按钮设为选中状态。

（4）deselect()：将复选按钮设为未选中状态。

（5）toggle()：改变复选按钮的选中状态。

提供现成的选项让用户选择，是图形用户界面设计中经常使用的做法。用户不需要记住各种复杂的命令，只需要用鼠标在已有的选项上单击即可。

【任务 9-9】 使用 Checkbutton 控件实现多项选择。要求创建 4 个复选按钮，分别表示 4 个可选项，并在用户单击“检查”按钮时检查复选按钮的选择情况，单击“提示”按钮时给出正确答案。

示例代码如下：

```
'''
ch09-demo09.py
=================
演示使用 Checkbutton 控件实现多项选择。
'''
from tkinter import *
app=Tk()
options=[IntVar() for _ in range(4)]  #每个复选按钮所绑定的控制变量
def check():
   for opt in options:
      if(opt.get()!=1):        #正确答案是每个可选项都应该被选择
         info['text']="请再想想!"
         return
      info['text']="你真棒!"
def hint ():
   cb1.select()                #选择相应的复选按钮
   cb2.select()
   cb3.select()
   cb4.select()
Label(app,width=35,text="下面哪些是水果的名字：").pack()
cb1=Checkbutton(app,variable=options[0],text="apple")
cb1.pack()
cb2=Checkbutton(app,variable=options[1],text="banana")
cb2.pack()
cb3=Checkbutton(app,variable=options[2],text="dumpling")
cb3.pack()
```

```
cb4=Checkbutton(app,variable=options[3],text="orange")
cb4.pack()
frm=Frame(app)                          #创建一个框架用于容纳后面的按钮控件
frm.pack()                              #对框架进行布局
Button(frm,text="检查",command=check).pack(side=LEFT,padx=2)
Button(frm,text="提示",command=hint).pack(side=LEFT,padx=2)
info=Label(app,width=10,text="")
info.pack(pady=2)
app.mainloop()
```

程序运行结果如图 9-3-5 所示。

图 9-3-5　使用 Checkbutton 控件实现多项选择

5. Radiobutton 控件

Radiobutton 表示单选按钮控件。与复选按钮类似,单选按钮也是向用户提供选项的控件,在外观上是一个小圆圈加上与之相邻的描述性标题,其中的圆圈在未选中时里面为空白,选中后里面会出现一个小圆点。与复选按钮不同的是,单选按钮被选中后,再次单击不会改变其选中状态。实际上,单选按钮通常是多个一起出现,以表示一组互斥的选项,这组单选按钮共享一个绑定的控制变量,当选中某个选项时,自动取消同一组中原先被选中的选项。Radiobutton 的属性和方法与 Checkbutton 基本一致,只是 Radiobutton 没有 onvalue 和 offvalue 两个属性,而是以一个 value 属性表示选中时控制变量的取值,未选中就是其他值。

【任务 9-10】 使用 Radiobutton 控件实现单项选择。

示例代码如下:

```
'''
ch09-demo10.py
==================
演示使用 Radiobutton 控件实现单项选择。
'''
from tkinter import *
app= Tk()
```

```
    favorite=IntVar()
    favorite.set(-1)  #-1 不同于任何选项的 value,表示默认没有选项被选中
    languages=['apple', 'banana', 'orange', 'strawberry']
    #单选按钮的回调函数,通过共享控制变量的值获取已选择的选项
    def greet():
        info['text']="你是一个{}控".format(languages[favorite.get()])
    Label(app,width=35,text="你最喜欢的水果是: ").pack()
    frm=Frame(app)    #创建一个框架用于容纳后面的单选按钮控件
    frm.pack()
    #创建多个单选按钮,共享同一个 variable.但 value 的值不同
    for i, language in enumerate(languages):
        Radiobutton (frm,text=language,variable=favorite,value=
i,command=greet).pack(side=LEFT)
    info=Label(app,text="")
    info.pack()
    app.mainloop()
```

程序运行结果如图 9-3-6 所示。

图 9-3-6　使用 Radiobutton 控件实现单项选择

6. Listbox 控件

Listbox 表示列表框控件,主要用于较多相关项的选择。Listbox 将这些相关的选项包含在一个多行文本框内,每一行代表一个选项。根据需求,可以设置成单选或者多选。不同于 Checkbutton 和 Radiobutton,Listbox 没有 command 属性,即默认没有绑定单击事件。Listbox 的主要属性和方法如下:

(1) get(index):返回指定索引对应的选项文本。

(2) selectmode:选择模式。可选取值包括 4 个预定义的常量,分别是 BROWSE(默认值)、SINGLE、MULTIPLE 和 EXTENDED。BROWSE 和 SINGLE 都表示只能单选,但前者支持按住鼠标左键上下移动选择;与之类似,EXTENDED 和 MULTIPLE 都表示多选,前者支持鼠标框选,而后者只能一个个地选择。

(3) curselection():返回当前所有被选中的各项索引(行号)构成的元组。

(4) insert(index, * clements):在指定索引 index 对应的选项后插入一个或多个新的选项,常量 END 表示末尾位置。

(5) selection_set(first,last=None):选择从索引 first 到 last 之间所有的选项,且不改变已有的选择。

(6) selection_clear(first,last=None):取消从索引 first 到 last 之间所有已选择的

选项。

【任务 9-11】 使用 Listbox 控件实现单项或多项选择。

示例代码如下：

```
'''
ch09-demo11.py
===================
演示使用 Listbox 控件实现单项或多项选择。
'''
from tkinter import *
app=Tk()
selectmode=IntVar()
modes=[BROWSE,SINGLE,MULTIPLE,EXTENDED]  #表示不同选择模式
days=["Monday","Tuesday","Wednesday","Thursday","Friday","Saturday","Sunday"]
def check():                                    #按钮的回调函数
    selected=options.curselection()             #取得选择的索引号
    info['text']="你的选择是: "+str([options.get(i) for i in selected])
def change_mode():                              #单选按钮的回调函数
#改变选择模式
    options['selectmode']=modes[selectmode.get()]
    options.selection_clear(0,END)              #清除已有的所有选择
options=Listbox(app,selectmode=modes[0])#创建一个空的列表框
options.pack()
options.insert(END,*days)  #在列表框中添加选项
frm=Frame(app)             #创建一个框架用于容纳后面的单选按钮控件
frm.pack()
Label(frm,text="selectedmode: ").pack(side=LEFT)
for i, mode in enumerate(modes):
    Radiobutton(frm,text=mode,variable=selectmode,value=i,command=change_mode).pack(side=LEFT)
Button(text="check my selections",command=check).pack()
info=Label(app,text="")
info.pack()
app.mainloop()
```

程序运行结果如图 9-3-7 所示。

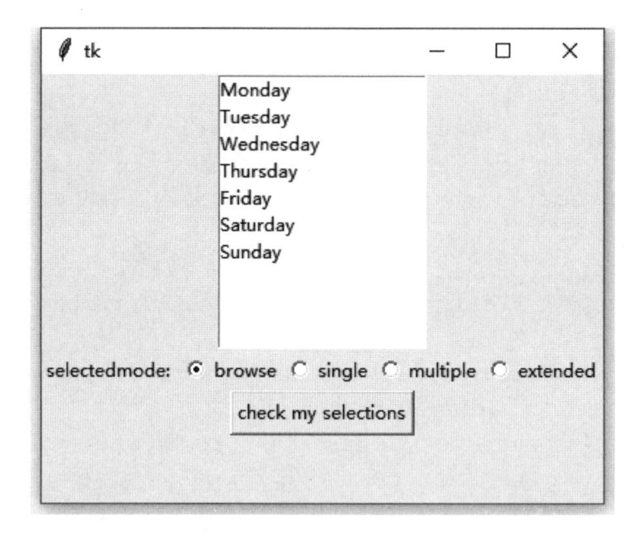

图 9-3-7　使用 Listbox 控件实现单项或多项选择

7. Frame/LabelFrame 控件

Frame 和 LabelFrame 分别表示框架控件和标签框架控件。这两个控件都是容器类的控件,主要用途是作为根窗口对前面讲的各种非容器类控件进行组织,以便于界面的布局。两个控件的使用方法几乎一样,只需要调用相应的构造器,指定根窗口,并进行合适的布局。一旦创建好,其作用就类似于 Tk 对象对应的根窗口,只需要将相关子控件的根窗口设置为 Frame 对象或 LabelFrame 对象,并进行布局即可。

上述两个控件唯一的区别是,Frame 控件的边框 relief 属性的默认值为 FLAT,这使得其在外观上是不可见的,而 LabelFrame 控件的 relief 属性的默认值为 GROOVE,同时在左上方的边框线上还会显示由 text 属性设置的文本。

利用框架和标签框架对窗口进行层次化的组织,就可以便捷地建立布局更加美观的图形界面。

【任务 9-12】　使用 Frame 和 LabelFrame 控件实现控件的布局。

任务分析:建立两个 LabelFrame,分别容纳用户输入框和复选按钮,并且在第一个 LabelFrame 内再建立两个 Frame,便于用简单的 Pack 布局进行对齐。

示例代码如下:

```
'''
ch09-demo12.py
==================
演示使用 Frame 和 LabelFrame 控件实现控件的布局。
'''
from tkinter import *
app=Tk()
#基本信息录入
frame_inf=LabelFrame(app,padx=60,pady=5,text="基本信息")
frame_inf.pack(padx=10,pady=5)
```

```
frame_name=Frame(frame_inf)    #包含姓名信息的子框架
frame_name.pack()
Label(frame_name,text="姓名").pack(side=LEFT,padx=3)
Entry(frame_name,width=15).pack(side=LEFT,padx=3)
frame_ph=Frame(frame_inf)      #包含电话信息的子框架
frame_ph.pack()
Label(frame_ph,text="电话").pack(side=LEFT,padx=3)
Entry(frame_ph,width=15).pack(side=LEFT,padx=3)
#特长选择
frame_spec=LabelFrame(app,padx=5,pady=5,text="特长")
frame_spec.pack(padx=10,pady=5)
Checkbutton(frame_spec,text="篮球").pack(side=LEFT,padx=5)
Checkbutton(frame_spec,text="足球").pack(side=LEFT,padx=5)
Checkbutton(frame_spec,text="乒乓球").pack(side=LEFT,padx=5)
Checkbutton(frame_spec,text="排球").pack(side=LEFT,padx=5)
#提交
Button(app,text="提交").pack(padx=10,pady=10)
app.mainloop()
```

程序运行结果如图 9-3-8 所示。

图 9-3-8 使用 Frame 和 LabelFrame 控件实现控件的布局

9.4 Tkinter 中的布局管理

一个 GUI 应用程序的美观性在很大程度上取决于各个控件在平面上的整体布局。Tkinter 通过所谓的布局管理器来实现不同的布局需求。布局管理器有三种,分别对应名为 Pack、Grid 和 Place 的三个类。在类的层次结构上,需要布局的控件类都继承了上面三个布局类,因此,对控件进行布局时,不需要直接实例化这些布局类,只需要调用控件对象对应的布局方法,分别是 pack()、grid()和 place()。同一个容器窗口中的控件只能使用一种布局方法,不能将不同布局方法混用。将控件从现有的布局中移除,只需要调用对应

的移除方法,分别是 pack_forget( )、grid_forget( )和 place_forget( )。下面分别介绍这些布局的使用。

9.4.1 Pack 布局

Pack 是一种基于顺序关系的布局管理器。对于同一个容器窗口,Pack 布局管理器按照容器子控件调用 pack( )方法的顺序维护一个布局顺序列表,布局时,将按照这个顺序列表依次将控件放入容器的某一侧,同时另一侧的剩余空间作为下一个控件的容器。例如,如果前一个控件沿左侧放置,则下一个控件只能放置在剩余的右侧空间;如果前一个控件沿上侧放置,则下一个控件只能放置在剩余的下侧空间。pack( )方法的常用参数如下:

(1) side:表示沿着容器窗口剩余空间的那条边放置控件,取值选项包括预定义常量 TOP(默认值)、BOTTOM、LEFT、RIGHT,分别表示上侧、下侧、左侧和右侧。

(2) padx/pady:在控件外围四周保留的外边距,padx 为水平方向边距,pady 为垂直方向边距。默认值为 0,单位为像素,也可以采用其他单位。

(3) ipadx/ipady:在控件边框和内容之间保留的内边距,其在视觉上的作用将和控件本身的 padx 和 pady 累加,但值互不影响。默认值及单位同上。

(4) anchor:类似于 Label 中的 anchor 属性,表示控件在分配的空间中的放置方位,默认值为 CENTER,表示居中放置。其他值包括 NW、W 等。

(5) fills:按照 side 属性在某侧放置控件后,如果这一侧的高度或宽度大于控件的高度(默认值,不拉伸)、X(沿着水平方向拉伸)、Y(沿着垂直方向拉伸)以及 BOTH(沿着水平、垂直两个方向拉伸)。

(6) expand:当根据 side 属性在某一侧放置控件后,expand 属性决定控件是否可以扩展以填充容器的剩余空间,默认值为 False。若多个控件的 expand 均设为 True,则这些控件将平均分配容器中沿垂直方向(TOP 和 BOTTOM 方向)的剩余空间。

【任务 9-13】 演示 Pack 布局方法的使用。

任务分析:该程序创建了 6 个标签控件,其对应的 side、fill 及 expand 属性取值不同,执行程序后,可以先调整窗口到合适大小,再单击两个按钮一步步观察布局情况。其中按钮"pack next"开始布局下一个标签,按钮"forget previous"移除上一个标签。首先,标签 A 和标签 B 沿 TOP 放置,且 fills 值为 BOTH,因此将在 X 方向上拉伸,但 expand 值为 False,因此不会填充下侧的剩余空间;标签 C 沿 LEFT 放置,且 fills 值为 BOTH,expand 值为 True,但 X 方向已被 C 填充,因此 D 只在 Y 方向上拉伸填充;标签 E 沿 RIGHT 放置,fills 值为 BOTH,expand 值为 True,由于 Y 方向已经被 D 填充,因此只在 X 方向上与 C 平分剩余空间;标签 F 沿 TOP 放置,fills 值为 BOTH,expand 值为 True,因此在 Y 方向上与 D 平分剩余空间。需要注意的是,每次单击后,布局管理器都重新布局一次。实际上,Pack 布局仅适合比较简单的布局需求。当涉及如本任务所示的稍复杂的布局要求时,强烈建议使用后面讲的 Grid 布局管理器。

示例代码如下:

```
'''
ch09-demo13.py
==================
演示 Pack 布局方法的使用。
'''
from tkinter import *
app=Tk ()
frame=Frame(app)
frame.pack(fill=BOTH,expand=True)  #允许框架随着主窗体大小自动拉伸
pading={'padx': 2,'pady': 2,'ipadx': 10,'ipady': 10}
A_label=Label(frame,text="Label A",bg="red")
B_label=Label(frame,text="Label B",bg="green")
C_label=Label(frame,text="Label C",bg="blue")
D_label=Label(frame,text="Label D",bg="yellow")
E_label=Label(frame,text="Label E",bg="purple")
F_label=Label(frame,text="Label F",bg="pink")
labels= (A_label,B_label,C_label,D_label,E_label,F_label)
#可以尝试调整下面三个参数的不同组合,测试不同的布局结果
#每个标签的放置方向不一样
sides=(TOP,TOP,LEFT,BOTTOM,RIGHT,TOP)
fills=(BOTH,BOTH,BOTH,BOTH,BOTH,BOTH)
expands=(False,False,True,True,True,True)
i=0
def pack_next():                        #回调函数
   global i
   if i<6:                              #依次布局下一个标签
      labels[i].pack(pading,side=sides[i],fill=fills[i],ex-
pand=expands[i])
      i+=1
def forget_pre():                       #回调函数
   global i
   if i>0:                              #依次移除上一个标签
      labels[i-1].forget()
      i-=1
btn1=Button(text="pack next",command=pack_next)
btn2=Button(text="forget previous",command=forget_pre)
btn1.pack(pading,ipadx=5,ipady=2,side=LEFT,expand=True)
btn2.pack(pading,ipadx=5,ipady=2,side=LEFT,expand=True)
app.mainloop()
```

程序运行结果如图 9-4-1 所示。

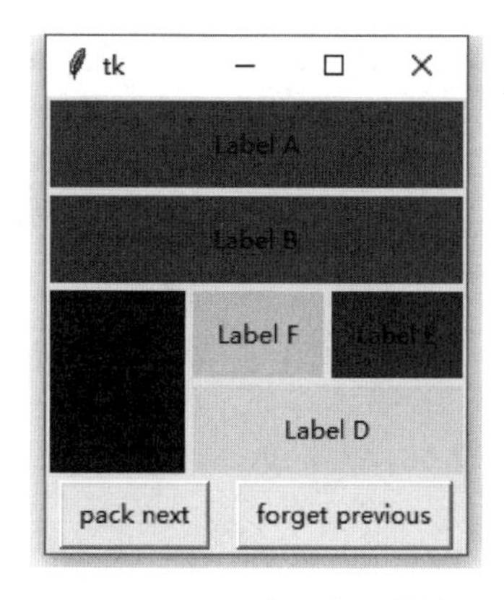

图 9-4-1　Pack 布局方法的使用

9.4.2　Grid 布局

Grid 布局管理器将容器窗口按照行和列划分为纵横交错的二维表格,每一个单元格按行和列进行编号。布局控件时只需要指定相应的行号和列号。单元格的宽度由所在列中所有控件的最大宽度决定,单元格的高度由所在行中所有控件的最大高度决定。控件可以占据多个单元格。grid( )方法的常用参数如下:

(1) row/column:控件在表格中的行号和列号。左上角的单元格对应第 0 行和第 0 列,默认值为 0。如果一个单元格被多个控件指定,则这些控件在视觉上可能重叠,应避免出现这种情况。

(2) padx/pady/ipadx/ipady:布局控件时的内外边距,同 pack( )方法。

(3) sticky:确定控件在单元格中的放置方式。类似 pack( )中的 anchor 参数,sticky 的取值可以是 N、NW 等除 CENTER 外表示方位的常量,如果不设置该参数,表示居中放置。另外,sticky 还可以取这些方位的组合,其作用就相当于在某个方向对控件进行拉伸。例如,N+S 表示水平居中且沿着垂直方向拉伸控件,E+W 表示上下居中且沿着水平方向拉伸控件,NW+S 表示靠左并垂直拉伸控件。

(4) rowspan/columnspan:在 rowspan/columnspan 对应的单元格基础上向上或向右合并多个单元格。例如,“w.grid(row=0,column=2,columnspan=3)”表示将控件 w 放置在第 0 行和第 2~4 列。

(5) 默认情况下,Grid 布局完成后,二维表格的大小不会随着容器的缩放而改变,如果需要缩放,可用下面的语句表示。rowconfigure(n,weight):设置指定行允许缩放,其中 n 表示行号,weight 为缩放时该行占的权重。columnconfigure(n,weight):设置指定列允许缩放,其中 n 表示列号,weight 为缩放时该列占的权重。

【任务 9-14】　演示 Grid 布局方法的使用。

示例代码如下:

```
'''
ch09-demo14.py
==================
演示 Grid 布局方法的使用。
'''
from tkinter import *
app=Tk()
pading={'padx': 2,'pady': 2,'ipadx': 10,'ipady': 10}
A_label=Label(app,text="Label A",bg="red")
B_label=Label(app,text="Label B",bg="green")
C_label=Label(app,text="Label C",bg="blue")
D_label=Label(app,text="Label D",bg="yellow")
```

```
    E_label=Label(app,text="Label E",bg="purple")
    F_label=Label(app,text="Label F",bg="pink")
    #占据第 0 行,第 0~2 列。sticky 的取值表示拉伸以填充单元格
    A_label.grid(pading,row=0,column=0,columnspan=3,sticky=NW+
SE)
    #占据第 1 行,第 0~2 列
    B_label.grid(pading,row=1,column=0,columnspan=3,sticky=NW+
SE)
    #占据第 2~3 行,第 0 列
    C_label.grid(pading,row=2,column=0,rowspan=2,sticky=NW+SE)
    #占据第 3 行,第 1~2 列
    D_label.grid(pading,row=3,column=1,columnspan=2,sticky=NW+
SE)
    #占据第 2 行,第 1 列
    E_label.grid(pading,row=2,column=2,sticky=NW+SE)
    #占据第 2 行,第 2 列
    F_label.grid(pading,row=2,column=1,sticky=NW+SE)
    app.mainloop()
```

程序运行结果如图 9-4-2 所示。

对比任务 9-13 和任务 9-14 可知,采用 Grid 布局的程序更加简单清晰。

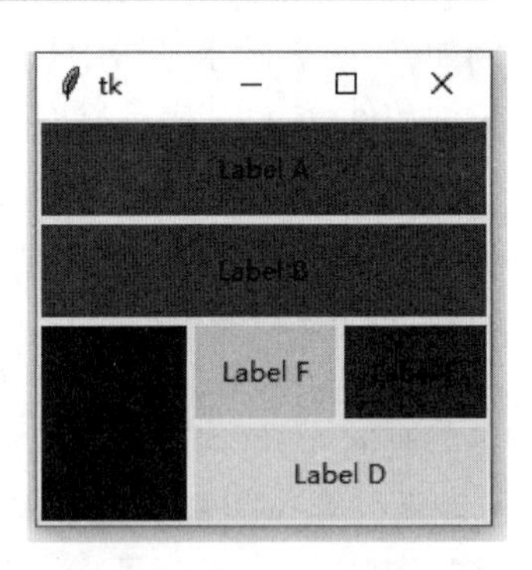

图 9-4-2 Grid 布局方法的使用

9.4.3 Place 布局

Place 布局将容器窗口看成一个原点在左上角的二维坐标系,并直接采用绝对坐标或相对坐标对控件进行精确定位。当容器窗口改变大小时,采用绝对坐标布局的控件位置固定不变,而采用相对坐标布局的控件位置将随之调整。place 方法的基本用法很简单,只需要指定坐标和锚点即可,相关参数介绍如下:

(1) anchor:放置锚点,该点与设定的坐标点对齐,取值是 N、NW 等,默认为 NW,表示左上角。

(2) x/y:放置位置的绝对坐标,默认单位为像素,也可以采用其他单位。

(3) relx/rely:放置位置的相对坐标,取值为 0~1 的数值,表示在容器窗口中的相对位置,例如,relx=0. 25 表示在容器宽度方向上的四分之一处。

对于大部分布局需求,前面介绍的 Grid 布局管理器都能满足。如果还需要自由度更高的布局管理,可以采用 Place 布局。下面的例子是 Place 布局的简单演示,其中 Label A 采用绝对定位,而 Label B 采用相对定位,可以通过调整窗口大小查看效果。

【任务 9-15】 演示 Place 布局方法的使用。

示例代码如下:

```
'''
ch09-demo15.py
=================
演示 Place 布局方法的使用。
'''
from tkinter import *
app=Tk()
pading={'padx': 10, 'pady': 10}
A_label=Label(app,pading,text="Label A",bg="red")
B_label=Label(app,pading,text="Label B",bg="green")
A_label.place(x=0,y=0)          #采用绝对坐标固定在窗口左上角
#采用相对坐标放置在容器中间
B_label.place(relx=0.5,rely=0.5,anchor=CENTER)
app.mainloop()
```

程序运行结果如图 9-4-3 所示。

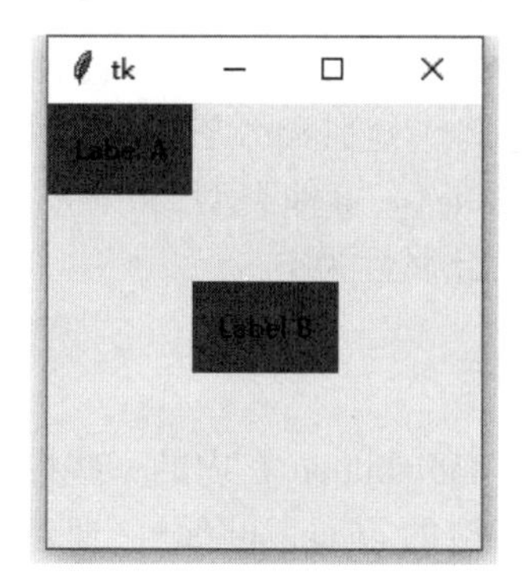

图 9-4-3 Place 布局方法的使用

9.5 Tkinter 中的事件处理

前面提到,GUI 编程的主要任务包括界面的外观设计和事件处理程序设计。前面较为详细地介绍了 Tkinter 中的界面外观设计,本节我们将学习 Tkinter 中的事件处理程序设计。

9.5.1 事件的表示

Tkinter 采用事件模式标识符来表示不同种类的事件,事件模式标识符是一个形如"<modifier-type-detail>"的字符串。其中,type 表示事件的一般类型,最常用的取值包括 Button(鼠标键按下)、ButtonRelease(鼠标键释放)、Key(键盘键按下)、KeyRelease(键盘键释放)、Enter(鼠标进入控件的可视化区域)、Motion(移动鼠标)等;modifier 是可选的修饰符,表示是否有一些组合键被按下,常用取值为 Control/Alt/Shift(相应键被按下)、Double

(事件连续两次快速发生);detail 是可选事件的具体信息,例如,1、2、3 分别表示鼠标的左、中、右三个键,a 表示键盘的〈A〉键被按下。各项完整的取值列表请参考 Tk 的官方文档。下面列出了一些常用的事件模式标识符。

(1) <Button-1>:按下鼠标左键。

(2) <ButtonRelease-1>:释放鼠标左键。

(3) <Button-3>:按下鼠标右键。

(4) <Double-Button-1>:双击鼠标左键。

(5) <Motion>:移动鼠标。

(6) <Key>:按下键盘上任意键。

(7) <Shift-Key-a>:同时按下<Shift>键和<A>键。

(8) <Return>:按下回车键。

一旦有事件发生,系统将自动实例化一个 Event 类的对象,并将该对象传递给事件处理程序。事件对象包含一些用于描述事件发生时的相关信息的属性,常用属性如下:

(1) x/y:事件发生时鼠标相对于控件左上角的位置坐标,单位是像素。

(2) x_root/ y_root:事件发生时鼠标相对于屏幕左上角的位置坐标,单位是像素。

(3) num:按下的鼠标键,1、2、3 分别表示左、中、右键。

(4) char:对于 Key 或 KeyRelease 事件类型,如果按下的是 ASCII 字符键,此属性的值即为该字符;如果按下特殊键,此属性为空。

9.5.2 事件处理程序的绑定

包括 Button、Checkbutton 及 Radiobutton 在内的一些控件默认与鼠标左键单击事件绑定,对于这类控件,只需要设定相应的 command 属性,即建立起鼠标左键单击事件与相应事件处理程序之间的关系。如果要绑定非默认事件,就必须手动地在事件与事件处理程序之间建立绑定关系。Tkinter 提供了三种级别的绑定方法。

(1) 控件对象级别的绑定:将某个控件对象上发生的特定事件与事件处理程序进行绑定。通过调用控件对象的 bind( )方法实现绑定。基本用法为“控件对象.bind(事件模式标识符,事件处理程序)”。例如,下述语句为控件对象 w 绑定了按下鼠标右键事件。

```
#w 是某个控件对象,callback 为回调函数
w.bind('<Button-3>',callback)
```

(2) 控件类级别的绑定:将某一控件类的所有实例上发生的特定事件与事件处理程序进行绑定。在任意控件对象上调用 bind_class( )方法实现控件类级别的绑定。基本用法为“控件对象.bind_class(控件类名,事件模式标识符,事件处理程序)”。例如,下述语句为 Entry 类绑定了 Enter 事件。

```
w.bind_class("Entry","<Enter>",callback) #w 是某个 Entry 控件对象
```

(3) 应用程序级别的绑定:将应用程序中的所有控件进行特定的事件绑定,在程序的任意一个控件对象上调用 bind_all( )方法实现应用程序级别的绑定。基本用法为“控

件对象.bind_all(事件模式标识符,事件处理程序)”。例如,下述语句在应用程序级别将<F1>功能键与一个回调函数绑定,当应用程序窗口处于活动状态时,按下<F1>键将调用相应函数。

```
w.bind_all('<Key-F1>',callback)        #w是某个控件对象
```

通过上述三个方法绑定的事件处理程序可以是一个简单的匿名函数,也可以是一般的对象;如果是类里面的方法,方法的第二个位置参数为事件对象(第一个是类实例)。

9.5.3 Tkinter 综合应用案例

在前面几节的实例中,由于涉及的控件较少,都是在全局空间内操纵各个控件对象。在实际项目中,当涉及较多控件以及复杂的业务逻辑时,为了使代码层次结构更清晰,一般都需要采用自定义类来进行组织。

下面通过一个制作简单的计算器程序进一步理解 Tkinter 的基本使用方法。该程序可以实现不带括号的四则运算,既可以用鼠标单击相应按钮完成计算,也可以直接使用键盘输入。

【任务 9-16】 控件综合应用——制作一个简单的计算器。

示例代码如下:

```
'''
ch09-demo16.py
==================
演示制作一个简单的计算器。
'''
import math
from tkinter import *
def add_word(c):
   if c == '=': txt.replace('0.0', 'end', eval(txt.get('0.0',
'end')))                                          #填充计算结果
   else: txt.insert('end', c)                     #添加按钮输入内容
def handler(fun, c):
   return lambda fun=fun, c=c: fun(c)
root=Tk()
root.title("计算器")
text_arr=['1','2','3','+','4','5','6','-','7','8','9','*','.','0','=','/']
#按钮列数、按钮宽度、高度、页面边距、按钮间边距、文本框高度
ncol,bw,bh,padding,space,th=4,50,30,20,10,100
nrow=math.ceil(len(text_arr)*1.0/ncol)   #按钮行数
root.geometry("%sx%s" % (bw*ncol + padding*2 + space*(ncol-
1), th + bh*nrow + padding*3 + space*(nrow-1)))
txt=Text(root)
txt.place(x=padding,y=padding,width=bw*ncol+space*(ncol-
1),height=th)
```

```
    for index in range(len(text_arr)):
    #行序号、列序号
        row_index, col_index = (index% ncol), (index//ncol)
        btn = Button(root, text = text_arr[index], command = handler
(add_word, text_arr[index]))
        btn.place(x=padding+row_index * (bw+space), y=(th+padding *
2)+col_index * (bh+space), width=bw, height=bh)
    root.mainloop()
```

程序运行结果如图 9-5-1 所示。

图 9-5-1　用 Tkinter 制作一个简单的计算器

第 三 方 库

知识目标

目标 1：了解 Python 第三方库的概念及其在软件开发中的重要作用。

目标 2：理解如何查找、获取和安装 Python 第三方库，包括使用 pip 工具管理库依赖关系。

目标 3：掌握 random、time、jieba、wordcloud、PyInstaller 库的使用方法，并理解其主要功能和应用场景。

技能目标

目标 1：能够独立完成 Python 第三方库的安装，包括解决常见的环境配置问题。

目标 2：能够编写基于第三方库的 Python 脚本或程序，实现数据分析、可视化、Web 服务调用等功能。

目标 3：能够使用所学的第三方库实现具体的小型项目或案例分析。

素养目标

目标 1：培养主动探索新的第三方库，以及通过阅读文档快速学习新库的能力。

目标 2：培养团队协作与交流能力。

10.1　第三方库的安装

第三方库是库（library）、模块（module）和程序包（package）等第三方程序的统称。借助于第三方库，Python 可被应用于信息领域的所有技术方向。Python 语言的开放社区和规模庞大的第三方库，构成了 Python 的计算生态。

第三方库可使用 pip 工具安装，也可使用第三方库提供的工具安装。

10.1.1　使用 pip 安装第三方库

pip 是最简单、快捷的 Python 第三方库的在线安装工具，它可安装 95%以上的第三方库。使用 pip 工具安装第三方库时，pip 默认从 Python 包索引库（PyPI，Python Package

Index)中下载需要的文件。能从 PyPI 中检索到的第三方库均可使用 pip 工具安装。在 Python 3 环境中,pip 和 pip3 的作用是相同的。

1. 确认 Python 已安装

pip 需要在 Windows 系统的命令提示符窗口执行。在命令提示符窗口中执行下面的命令检查 Python 的版本号,以确认可以在命令提示符窗口中运行 Python.exe。

```
D:\>python --version
Python3.5.3
```

能显示版本号,说明该计算机已正确安装了 Python,并且 Python 已添加到了系统的环境变量 PATH 中。

安装 Python 后,命令执行结果如下:

```
D:\>python --version
'python'不是内部或外部命令,也不是可运行的程序
或批处理文件。
```

这说明还没有将 Python 添加到系统的环境变量 PATH 中,请参考第一章内容完成添加操作。

2. 确认 pip 工具已安装

在命令提示符窗口执行下面的命令查看 pip 版本号,确认 pip 可用。

```
D:\>pip --version
pip19.3.1 from d:\python35\lib\site-packages\pip (python 3.5)
```

正确显示 pip 版本号说明 pip 可用。通常,Python 会默认安装 pip 工具。可执行下面的命令确认 pip 已安装,并将其升级到最新版本。

```
D:\>python-m ensurepip                          #确认 pip 已安装
D:\>python-m pip install --upgrade pip   #升级 pip 到最新版本
```

3. 使用 pip 工具安装第三方库

使用 pip 工具安装第三方库的命令格式如下:

```
pip install 库名称
pip install 库名称==版本号
```

示例代码如下:

```
D:\>pip install django
```

可安装指定版本的第三方库,示例代码如下:

```
D:\>pip install django==2.1
```

4. 升级第三方库

升级第三方库的命令格式如下：

```
pip install--upgrade 库名称
```

示例代码如下：

```
D:\>pip install--upgrade django
```

5. 卸载第三方库

卸载第三方库的命令格式如下：

```
pip uninstall 库名称
```

示例代码如下：

```
D:\>pip uninstall django
```

6. 查看已安装的第三方库

可用 pip list 命令查看已安装的第三方库，示例代码如下：

```
D:\>pip list
Package                        Version
jango                          2.1.7
altgraph                       0.16.1
Django                         2.2.2
future                         0.17.1
virtualenv                     16.4.3
virtualenvwrapper-win          1.2.5
wfastcgi                       3.0.0
```

10.1.2 使用第三方库安装程序

部分 Python 第三方库提供了安装程序，通过安装程序可将库安装到 Python 的第三方库目录“Lib\site-packages”中。

使用安装程序安装 Python 密码学工具包 PyCrypto 的步骤如下：

(1) 在 PyCrypto 主页下载安装程序的压缩包(如 pycrypto-2.6.1.tar.gz)。

(2) 解压缩安装程序包 pycrypto-2.6.1.tar.gz。

(3) 从 Windows 命令提示符窗口进入安装程序所在目录，运行“python setup.pyinstall”语句，执行安装操作。

示例代码如下：

```
C:\Users\china \Downloads\pycrypto-2.6.1>python setup.py install
running install
running build
```

```
    running build_py
    creating build
    creating build\lib.win-amd64-3.7
    creating build\lib.win-amd64-3.7 \Crypto
    copying lib \Crypto \pct _warnings.py - >build \lib. win - amd64 - 3. 7\
Crypto
    ......
```

特别提示：部分第三方库在安装过程中需要使用 Microsoft Visual C++生成工具，以便生成适用于当前系统的第三方库。如果系统中没有 Microsoft Visual C++生成工具，则需要先安装该工具，否则会导致第三方库安装失败。本书随源代码一起提供了 Microsoft Visual C++生成工具的安装程序 visualcppbuildtools.exe，读者也可从 Visual Studio 官方网站下载最新版的 Visual Studio 生成工具的安装程序。

在 Windows 10 中，如果安装 PyCrypto 时遇到 inttypes.h 文件的语法错误，可按照下面的步骤解决。

(1) 将"C:\Program Files(x86)Microsoft Visual Studio14.O\VClincludelstdint..h"文件复制到"C: Program Files(x86)Windows Kits10\include10.0.18362.0ucrt"目录中。

(2) 将"C:\Program Files(x86)Windows Kits\10vinclude\10.0.18362.0\ucrt\inttypes.h"文件中的"#finclude<stdint..h>"修改为"#nclude″stint..h"。

10.2 jieba 库

jieba 库是 Python 支持的一款优秀的第三方中文分词库。中文文本需要通过分词获得单个词语，产生包含词语的列表。jieba 库提供了三种分词模式，支持自定义词典。jieba 库的分词原理是依靠一个中文词库，确定汉字之间的关联概率，汉字间关联概率大的组成词组，形成分词结果。除了分词外，用户还可以添加自定义的词组。

第三方库在使用之前需要先安装，我们可以在联网状态下按照如下方式安装第三方库 jieba。使用 install 命令安装 jieba(cmd 命令行)。

```
C:\>pip install jieba
```

实际上是在 Python 的安装路径的/Lib/site-packages 路径下生成了一个 jieba 文件夹，在这个文件夹中存放了 jieba 分词库所用到的词典和代码，如 dict.txt 就是一个词典。类似的，analyse 文件夹中的 idf.txt 也是一个词典，这是实现分词功能的基础。这个文件夹下还有好多其他的文件夹，都是与 jieba 同等地位的库。再看上一层文件夹，除了 site-packages 外，还有好多库，这些一般都是 Python 默认安装的。

10.2.1 jieba 的分词模式

jieba 有以下三种分词模式。

1. 精确模式

精确地切分文本,结果中不存在冗余的单词。

```
#jieba.cut(str)
#coding: utf8
#jieba 分词模式: 精确模式
import jieba
str='教育技术学专业'
words1=jieba.cut(str)      #分词后返回一个迭代器
words=jieba.lcut(str)      #分词后返回一个列表
print(words1)
print(words)
```

输出结果如下:

```
['教育', '技术', '学', '专业']
```

2. 全模式

将文本中所有可能的词语都列出来,可能存在冗余的单词,但速度非常快。

```
#jieba.cut(str, cut_all=True)
#coding: utf8
#jieba 分词模式: 全模式
import jieba
str='教育技术学专业'
words1=jieba.cut(str, cut_all=True)      #分词后返回一个迭代器
words=jieba.lcut(str, cut_all=True)      #分词后返回一个列表
print(words1)
print(words)
```

输出结果如下:

```
['教育', '技术', '术学', '专业']
```

3. 搜索引擎模式

在精确模式的基础上,对长词进一步切分。

```
#jieba.cut_for_search(str)
#coding: utf8
#jieba 分词模式: 搜索引擎模式
import jieba
str='教育技术学'
words1=jieba.cut_for_search(str)      #分词后返回一个迭代器
words=jieba.lcut_for_search(str)      #分词后返回一个列表
print(words1)
print(words)
```

输出结果如下：

```
['教育','技术','学']
```

在机器学习(ML)、自然语言处理(NLP)、信息检索(IR)和统计学等领域,评估(Evaluation)是一项必要的工作,而召回率(Recall Rate)和准确率(Accuracy Rate)是广泛用于评价的两个度量值,用来评价结果的质量。召回率也叫查全率,是检索出的相关文档数和文档库中所有相关文档数的比率。它衡量的是检索系统的查全率。准确率是检索出的相关文档数与检索出的包括相关和不相关文档总数的比率。它衡量的是检索系统的查准率。简单来说,召回率指的是正确的结果有多少被检索出来了,准确率指的是检索出的结果有多少是正确的。

举例说明：

假设一个数据库有500个文档,其中有50个文档符合定义要求。系统检索到75个文档,但是实际只有45个符合定义要求。由于符合定义要求的只有50个,而用户检索出了45个,因此召回率就等于45除以50,结果为90%。而准确率指的是在被检索出的文档中有多少个是符合定义要求的,这里系统检索到了75个,但只有45个符合定义要求,所以准确率就等于45除以75,结果为60%。更多相关内容,读者可以查阅相关资料进行学习。

常用的jieba库分词函数如表10-2-1所示。函数中的参数s为待分词处理的中文字符串。

表10-2-1 常用的jieba库分词函数

函数	描述
jieba.cut (s)	精确模式,返回一个可迭代的数据类型
jieba.cut (s,cut_all=True)	全模式,输出文本s中所有可能的词
jicba.cut_for_search (s)	搜索引擎模式,适合搜索引擎建立索引的分词结果
jieba.lcut (s)	精确模式,返回值为列表,列表中元素为字符串s分成的一个一个的中文词
jieba.lcut (s,cut_all=True)	全模式,返回值为列表
jieba.lcut_for_search (s)	搜索引擎模式,返回值为列表
jieba.add_word (w)	向分词词典中增加新词w,注意一次只能添加一个新词

(1) jieba.lcut(s)函数返回的分词能够完整且不冗余地组成原始文本,属于精确模式。

(2) jieba.lcut(s,cut_all=True)函数返回原始文本中可能产生的所有分词结果,冗余性最大,属于全模式。

(3) jieba.lcut_for_search(s)函数首先按照精确模式进行分词,然后再对其中的长词切分,获得分词结果。

以上3个函数返回的都是列表类型,由于列表类型具有通用性和灵活性,建议开发者使用上述 3 个能够返回列表类型的分词函数。

请看以下示例。

```
>>>import jieba
>>>jieba.lcut("青年一代有理想、有本领、有担当,国家就有前途,民族就有希望")
['青年一代','有','理想','、','有','本领','、','有','担当',',','国家','就','有','前途',',','民族','就','有','希望']
>>>jieba.lcut("青年一代有理想、有本领、有担当,国家就有前途,民族就有希望",True)
['青年','青年一代','一代','有理','理想','、','有','本领','、','有','担当',',','国家','就','有','前途',',','民族','就','有','希望']
>>>jieba.lcut_for_search("青年一代有理想、有本领,有担当,国家就有前途,民族就有希望")
['青年','一代','青年一代','有','理想','、','有','本领','、','有','担当',',','国家','就','有','前途',',','民族','就','有','希望']
```

对比以上代码的输出结果便能直观地理解这 3 种分词函数的不同之处。

jieba 库还能向分词词典增加新词,请看以下示例。

```
>>>jieba.lcut("大国工匠精神")
['大国','工匠','精神']
```

通过精确模式对文本分词后发现,词库中不存在词“工匠精神”,接下来使用以下代码将“工匠精神”加入词库。

```
>>>jieba.add_word("工匠精神")
>>>jieba.lcut("大国工匠精神")
['大国','工匠精神']
```

最后使用精确模式对原文本进行分词,发现“工匠精神”已被加入词库。

这里介绍的 7 个函数能够处理绝大部分与中文文本相关的分词问题。当然,jieba 库还有更丰富的分词功能,开发者可以通过执行 help(jieba)命令进行学习。

10.2.2 技能强化

1. 英文词频统计

词频统计是一个常见的问题,例如,在对网络信息进行检索和归档时便会遇到词频统计的问题。下面先来讨论如何实现英文词频的统计。

【任务 10-1】 假设有一篇英文文章,要求统计出文章中每个单词出现的频率,以便快速了解文章主旨。

任务分析:词频统计其实就是累加问题。对文章中的每个单词设计一个计数器,单词每出现一次,相关计数器加 1。如果以单词为键、以单词出现的次数为值构成(单词:出现次数)的键值对,将能很好地解决该问题。因此,我们可以利用字典来解决词频统计问题。显然,需要提供一篇待统计分析的英文文章(输入,Input);然后统计出文章中每个单词出现的次数(处理,Process),可用字典的每一个键值对记下每个单词及其出现的次数;最后输出每个单词及其出现的次数(输出,Output)。这里假定事先将需要进行词频统计的文章以文本字符串的形式存储在变量 txt 中。由于英文文本是以空格或者标点符号来分隔每个单词的,因此,获得每个单词并统计单词出现的次数相对比较容易。求解该问题的算法思路如下:

(1) 将字母变成小写。将文本中所有大写字母转换成小写字母。考虑到文本字符串中同一个单词可能会存在大小写的不同形式,如果不加处理,计数时会将同一个单词根据其是否为大小写而视为不同的单词,因此,我们应首先将文本中所有的大写字母变成小写字母。

(2) 替换特定的字符。用空格替换文本中特殊的分隔符,排除原文本中大小写差异和特殊符号(如单引号、双引号、破折号等)。为了统一分隔方式,我们可以将各种特殊字符和标点符号都替换成空格来进行分隔。

(3) 分割字符串得到列表。以空格为分隔符分割字符串得到列表。接下来需要把文本字符串中的每个单词变成一个一个的元素加以存储,很自然地我们会想到使用字符串 split()方法,以空格作为分隔符对文本字符串进行分割处理得到一个列表,列表中的每个元素是由一个一个的单词构成的。

(4) 列表→字典,字典的键值对为(单词:0)。由于我们要对文本字符串中的单词进行计数统计,统计出每个单词出现的次数,所以此时可以利用字典的 dict.fromkeys()将列表中的单词作为键得到对应的字典,其中每个键所对应的值均初始化为 0,相当于将所有计数器的值初始化为 0。

(5) 扫描列表,统计单词出现的次数并存储到字典中。由于字典键的排他性,列表中相同的单词在字典中只出现一次。因此,我们扫描列表中的每个元素,即扫描每个单词,将所扫描到的每个单词计数到字典中相应键所对应的 value 中。

(6) 字典→列表,获取字典的 items()信息,存储到列表中。为了从输出信息中快速获取文章大意,这里我们将按照单词出现的次数从高到低进行输出,需要将每个单词计数的结果排序后再输出。由于字典是无序序列,无法进行排序操作,因此,我们必须将字典的键值对即(单词:出现次数)信息提取出来存储到其他可进行排序操作的数据结构中,这里我们将字典的键值对信息提取出来存储到列表中,然后按照出现次数进行降序排列。

(7) 利用 lambda()函数对由(单词:出现次数)构成的列表排序。针对第(6)步操作得到的列表进行排序,注意列表中的每个元素是一个由(单词:出现次数)构成的元组,而排序是要按照出现次数来进行操作的,这些操作可以通过 lambda()函数来实现。

(8) 输出。最后根据需要输出文本字符串中所有的单词及出现的次数或者输出出现频率靠前的若干个单词及出现的次数。

假设文本字符串事先存储在变量 txt 中,下面我们按照上述步骤写出每步操作的代码。

(1) 将字母变成小写。通过 txt.lower()函数将字符串 txt 中的字母变成小写。需要注意的是,由于字符串是不可变序列,txt.lower()函数的作用是将 txt 字符串中所有大写字母变成小写字母,并返回改变后的整个字符串,但该操作并不作用到 txt 字符串本身,即 txt 本身的内容并未改变,因此,这里需要将改变后的结果重新赋予变量 txt 才能达到目的。程序代码如下:

```
txt=txt.lower ()
```

(2) 替换特定的字符。通过 txt.replace(旧字符,新字符)方法将字符串中指定字符替换为空格,同样需要将替换后的字符串重新赋予变量 txt。由于该方法每次只能替换一个字符,因此我们假设列出了需要替换的字符为 old_s='!"#$%&()*+,-./:;<=>?@[\\]^_{|}~'。显然,我们需要逐一替换所列出的每个特殊字符,这里可以使用 for 循环来完成。程序代码如下:

```
old_s='!"#$%&()*+,-./:;<=>?@[\\]^_{|}~'
for ch in old_s:
      txt=txt.replace(ch,'')     #将 txt 中特殊字符替换为空格
```

(3) 分割字符串得到列表。将经过第(1)步和第(2)步预处理后的字符串 txt 使用 split()方法进行分割,返回由每个单词为元素构成的列表。假设用 ls_words 来表示由文本中的每个单词构成的列表,程序代码如下:

```
ls_words=txt.split()
```

(4) 列表→字典,字典的键值对初始化为(单词:0)。将第(3)步操作得到的列表 ls_word 和值 0 作为参数传入字典的 fromkeys()方法中,得到字典 dt_words。该字典的键为列表中的元素,即文本中的单词,此时每个键即每个单词所对应的值均初始化为 0。程序代码如下:

```
dt_words=dict.fromkeys (ls_words, 0)
```

(5) 扫描列表,统计单词出现的次数并存储到字典中。由于相同的单词在字典中只出现一次,因此对单词的计数操作必须是遍历列表 ls_words 进行计数才能得到正确的计数结果。程序代码如下:

```
for ch in ls_words:
      dt_words [ch] +=1
```

(6) 字典→列表,获取字典的 items()信息,存储到列表中。第(5)步操作完成后,即完成了文本中单词的计数,其计数结果在字典 dt_words 中。通过获取字典的键值对信息,将其转换成列表 ls_items,此时列表 ls_items 中每个元素记录了单词和单词出现的次数。程序代码如下:

```
ls_items=list(dt_words.items())
```

(7) 利用 lambda()函数对由(单词,出现次数)构成的列表排序。由于列表 ls_items

中每个元素是一个元组(单词,单词出现次数),现要按照元组的第二项进行降序排列,因此,我们可以使用 lambda()函数来完成排序操作。程序代码如下:

```
ls_items.sort (key=lambda x: x [1],reverse=True)
```

(8) 输出。假设这里输出出现次数排在前五位的 5 个单词及其出现次数,利用字符串的格式化方法 format()按照单词左对齐、出现次数右对齐的形式进行输出。程序代码如下:

```
for i in range (5):
     print("{0: <10}{1: >5}".format(ls_items[i][0],ls_items
[i][1]))
```

英文词频统计的完整程序代码如下:

```
'''
ch10-demo01.py
==================
演示统计英文词频。
'''
def preprocessText():
     txt ='''I told your mom I'm writing this letter, and asked
what she wanted me to say.She thought and said:"just ask her to take
care of herself." Simple but deeply caring - that is how your mother
is, and that is why you love her so much.In this simple sentence is
her hope that you will become independent in the way you take care
of yourself -that you will get enough sleep,that you will have a
balanced diet, that you will get some exercise, and that you will go
see a doctor whenever you don't feel good. An ancient Chinese
proverb says that the most important thing to be nice to your par-
ents is to take care of yourself.This is because your parents love
you so much,and that if you are will,they will hava comfort.You
will understand this one day when you become a mother.But in the
meantime,please listen to your mother and take care of yourself.'''
#用三引号表示文本字符串
     txt=txt.lower()
     old_s="!'#$%&()*+,-./:;<=>?@[\\]^_{|}~"
     for ch in old_s:
          txt=txt.replace(ch,'')          #将 txt 中特殊字符替换为空格
     return txt
#调用预处理函数得到处理后的文本字符串
txt=preprocessText()
#以空格为分隔符划分 txt 字符串,得到每个单词构成的列表 ls_words
ls_words=txt.split()
#以列表 ls_words 中的每个单词为键,将对应值初始化为 0,构成字典 dt_
words
```

```
    dt_words=dict.fromkeys(ls_words,0)
    #扫描列表 ls_words,统计每个单词出现次数,并存储到字典 dt_words 中
    for ch in ls_words:
        dt_words[ch] +=1
    #获取字典 dt_words 键值对信息,并转换为列表 ls_items
    ls_items=list(dt_words.items())
    #按照列表 ls_items 中每个元素的第二项,即单词出现次数降序排列
    ls_items.sort(key=lambda x: x[1],reverse=True)
    #输出出现次数前五位的 5 个单词
    for i in range(5):
        print("{0: <10}{1: >5}".format(ls_items[i][0],ls_items[i]
[1]))
```

程序运行结果如图 10-2-1 所示。

```
=============== RESTART: D:\Python36\课程代码\ch10\ch10-demo01.py ===============
you          12
that          9
will          8
and           6
to            6
>>>
```

图 10-2-1 程序运行结果

从程序运行结果可以发现,输出的单词大多数是冠词、代词、连接词等语法型词汇,并不能表明文章的含义。因此,我们需要进一步把这些不能反映文章大意的单词从计数后的字典中排除。

假设使用集合类型构建一个排除词汇库 excludes,则可以利用 for 循环遍历排除词汇库 excludes 中的每个单词,从字典 dt_words 中删除该单词对应的元素。改进后的程序代码如下:

```
    '''
    ch10-demo02.py
    ====================
    演示改进后统计英文词频。
    '''
    def preprocessText():
    #用三引号表示文本字符串
        txt ='''I told your mom I'm writing this letter, and asked
what she wanted me to say.She thought and said: "just ask her to take
care of herself." Simple but deeply caring -that is how your mother
is, and that is why you love her so much.In this simple sentence is
her hope that you will become independent in the way you take care
of yourself -that you will get enough sleep,that you will have a
balanced diet, that you will get some exercise, and that you will go
see a doctor whenever you don't feel good.An ancient Chinese proverb
says that the most important thing to be nice to your parents is to
```

```
take care of yourself. This is because your parents love you so
much,and that if you are will, they will hava comfort. You will
understand this one day when you become a mother.But in the mean-
time,please listen to your mother and take care of yourself.'''
txt=txt.lower()
        old_s="!'#$%&()*+,-./:;<=>?@[\\]^_{|}~"
        for ch in old_s:
            txt=txt.replace(ch,' ')       #将 txt 中特殊字符替换为空格
        return txt
    #调用预处理函数得到处理后的文本字符串
    txt=preprocessText()
    #以空格为分隔符划分 txt 字符串,得到每个单词构成的列表 ls_words
    ls_words=txt.split()
    #以列表 ls_words 中的每个单词为键,将对应值初始化为 0,构成字典 dt_
words
    dt_words=dict.fromkeys(ls_words,0)
    #扫描列表 ls_words,统计每个单词出现次数,并存储到字典 dt_words 中
    for ch in ls_words:
        dt_words[ch]+=1
    #定义排除词汇库
    excludes={"the","and","of","you","a","is","that","will","in","i",
"your","to","take","this","her"}
    #从字典中删除 excludes 中元素对应的键值对
    for k in excludes:
        del dt_words[k]
    #获取字典 dt_words 键值对信息,并转换为列表 ls_items
    ls_items=list(dt_words.items())
    #按照列表 ls_items 中每个元素的第二项,即单词出现次数降序排列
    ls_items.sort(key=lambda x:x[1],reverse=True)
    #输出出现次数前五位的 5 个单词
    for i in range(5):
        print("{0:<10}{1:>5}".format(ls_items[i][0],ls_items[i]
[1]))
```

程序运行结果如图 10-2-2 所示。

```
=============== RESTART: D:/Python36/课程代码/ch10/ch10-demo02.py ===============
care          4
mother        3
yourself      3
she           2
simple        2
```

图 10-2-2 改进后的程序运行结果

如果希望排除更多的单词,开发者可以根据不同的要求来完善代码,继续增加排除词汇库 excludes 中的内容。

2. 中文词频统计

【任务 10-2】 假设有一篇中文文章,要求统计出文章中每个词出现的频率,以便快速了解文章主旨。

任务分析:对于一段英文文本,只需要使用字符串的方法 split()就能得到其中每个单词。但是,对于一段中文文本,要想直接获得其中每个词则十分困难。因为英文文本是通过空格或者标点符号来分隔每个单词的,而中文词之间缺少分隔符,这是中文及类似语言特有的“分词”问题。这里我们使用第三方库 jieba 库来完成对中文文本的分词。借助 jieba 库的分词函数,可以方便地解决中文词频统计问题。显然,中文词频统计问题的输入是待统计分析的中文文本,处理过程采用字典数据结构统计中文文本中词出现的次数,最后输出每个词及词出现的次数。求解该问题的算法思路如下:

(1) 对中文文本进行分词处理。

假设待统计分析的中文文本存储在一个字符串变量 txt 中,首先利用 jieba 库的 lcut()函数对 txt 进行分词处理,返回的列表存储在变量 ls_words 中。程序代码如下:

```
ls_words=jieba.lcut(txt)
```

(2) 扫描中文词列表,统计每个词出现的次数并存储到字典中。这里我们用另外一种思路来统计每个词出现的次数。为了将统计的每个词出现的次数按照(词,出现次数)键值对存储到字典中,首先初始化一个空字典 dt_words={},然后扫描词列表 ls_words 获得每一个词(word)。如果该词已经存在于字典 dt_words 中,则执行将词作为键所对应的值加 1 的操作,即将该词出现的次数加 1,否则说明该词是第一次出现。因此,将其对应的出现次数置初值为 1,即将词作为键所对应的值置为 1。程序代码如下:

```
dt_words={}
for word in ls_words:
    if word in dt_words:
        dt_words[word]=dt_words[word]+1
    else:
        dt_words[word]=1
```

判断一个词是否在字典中并进行相应操作的处理逻辑也可以利用字典的 get()方法简洁地表示为如下形式。

```
dt_words[word]=dt_words.get(word, 0)+1
```

由于单个词如“的”“是”等,它们的统计结果对了解文章主旨没有任何意义,因此,这里增加一个判断排除单个词的统计。程序代码如下:

```
dt_words={ }
for word in ls_words:
    if len(word)==1:          #排除单个词的分词结果
        continue
```

```
        else:
            dt_words[word]=dt_words.get (word, 0)+1
```

(3) 获取字典的 items()信息,存储到列表中。

为了按照词的出现次数进行排序操作,我们需要将字典的键值对信息提取出来存储到一个便于排序操作的列表中。这里可以通过字典的 items()方法获取字典的键值对信息,将其转换成列表,然后存入变量 ls_items 中。程序代码如下:

```
ls_items=list(dt_words.items())
```

(4) 利用 lambda()函数对由(词,出现次数)构成的列表排序。

由于列表 ls_items 中每个元素都是一个元组,现要按照元组的第二项进行降序排列,因此,我们可以使用 lambda()函数来完成排序操作。程序代码如下:

```
ls_items.sort (key=lambda x: x [1],reverse=True)
```

(5) 输出。

利用字符串的格式化方法 format()按照词左对齐、词出现次数右对齐的形式输出排序位于前 20 位的词。程序代码如下:

```
for i in range(20):
    print("{0: <10}{1: >5}", format (ls_items[i][0],ls_items
[i][1]))
```

综合以上每步操作,中文词频统计的完整程序代码如下:

```
'''
ch10-demo03.py
==================
演示统计中文词频。
'''
import jieba
#西游记第一回  惊天地美猴王出世
text='''这是一个神话故事,传说在很久很久以前,天下分为东胜神洲、西牛贺
洲、南赡部洲、北俱芦洲。在东胜神洲傲来国,有一座花果山,山上有一块仙石,一天仙
石崩裂,从石头中滚出一个卵,这个卵一见风就变成一个石猴,猴眼射出一道道金光,
向四方朝拜。
那猴能走、能跑,渴了就喝些山涧中的泉水,饿了就吃些山上的果子。

整天和山中的动物一起玩乐,过得十分快活。一天,天气特别热,猴子们为了躲避
炎热的天气,跑到山洞里洗澡。它们看见这泉水哗哗地流,就顺着洞往前走,去寻找它
的源头。

猴子们爬呀爬呀,走到了尽头,却看见一股瀑布,像是从天而降一样。猴子们觉得
惊奇,商量说:"哪个敢钻进瀑布,把泉水的源头找出来,又不伤身体,就拜他为王。"
```

连喊了三遍，那石猴呼地跳了出来，高声喊道："我进去，我进去！"

那石猴闭眼纵身跳入瀑布，觉得不像是在水中，这才睁开眼，四处打量，发现自己站在一座铁板桥上，桥下的水冲贯于石窍之间，倒挂着流出来，将桥门遮住，使外面的人看不到里面。石猴走过桥，发现这真是个好地方，石椅、石床、石盆、石碗，样样都有。

这里就像不久以前有人住过一样，天然的房子，安静整洁，锅、碗、瓢、盆，整齐地放在炉灶上。正当中有一块石碑，上面刻着：花果山福地，水帘洞洞天。石猴高兴得不得了，忙转身向外走去，嗖的一下跳出了洞。

猴子们见石猴出来了，身上又一点伤也没有，又惊又喜，把他团团围住，争着问他里面的情况。石猴抓抓腮，挠挠痒，笑嘻嘻地对大家说："里面没有水，是一个安身的好地方，刮大风我们有地方躲，下大雨我们也不怕淋。"猴子们一听，一个个高兴得又蹦又跳。

猴子们随着石猴穿过了瀑布，进入水帘洞中，看见了这么多的好东西，一个个你争我夺，拿盆的拿盆，拿碗的拿碗，占灶的占灶，争床的争床，搬过来，移过去，直到精疲力尽为止。猴子们都遵照诺言，拜石猴为王，石猴从此登上王位，将石字省去，自称"美猴王"。

美猴王每天带着猴子们游山玩水，很快三五百年过去了。一天，正在玩乐时，美猴王想到自己将来难免一死，不由悲伤得掉下眼泪来，这时猴群中跳出个通背猿猴来，说："大王想要长生不老，只有去学佛、学仙、学神之术。"

美猴王决定走遍天涯海角，也要找到神仙，学那长生不老的本领。第二天，猴子们为他做了一个木筏，又准备了一些野果，于是美猴王告别了群猴们，一个人撑着木筏，奔向汪洋大海。

大概是美猴王的运气好，连日的东南风，将他送到西北岸边。他下了木筏，登上了岸，看见岸边有许多人都在干活，有的捉鱼，有的打天上的大雁，有的挖蛤蜊，有的淘盐，他悄悄地走过去，没想到，吓得那些人将东西一扔，四处逃命。

这一天，他来到一座高山前，突然从半山腰的树林里传出一阵美妙的歌声，唱的是一些关于成仙的话。猴王想：这个唱歌的人一定是神仙，就顺着歌声找去。

唱歌的是一个正在树林里砍柴的青年人，猴王从这青年人的口中了解到，这座山叫灵台方寸山，离这儿七八里路，有个斜月三星洞，洞中住着一个称为菩提祖师的神仙。

美猴王告别打柴的青年人，出了树林，走过山坡，果然远远地看见一座洞府，只见洞门紧紧地闭着，洞门对面的山岗上立着一块石碑，大约有三丈多高，八尺多宽，上面写着十个大字："灵台方寸山斜月三星洞"。正在看时，门却忽然打开了，走出来一个仙童。

美猴王赶快走上前，深深地鞠了一个躬，说明来意，那仙童说："我师父刚才正要讲道，忽然叫我出来开门，说外面来了个拜师学艺的，原来就是你呀！跟我来吧！"美猴王赶紧整整衣服，恭恭敬敬地跟着仙童进到洞内，来到祖师讲道的法台跟前。

```
猴王看见菩提祖师端端正正地坐在台上,台下两边站着三十多个仙童,就赶紧跪下叩头。祖师问清楚他的来意,很高兴,见他没有姓名,便说:"你就叫悟空吧!"

祖师叫孙悟空又拜见了各位师兄,并给悟空找了间空房住下。从此悟空跟着师兄学习生活常识,讲究经典,写字烧香,空时做些扫地挑水的活儿。

很快七年过去了,一天,祖师讲道结束后,问悟空想学什么本领。孙悟空不管祖师讲什么求神拜佛、打坐修行,只要一听不能长生不老,就不愿意学,菩提祖师对此非常生气。

祖师从高台上跳了下来,手里拿着戒尺指着孙悟空说:"你这猴子,这也不学,那也不学,你要学些什么?"说完走过去在悟空头上打了三下,倒背着手走到里间,关上了门。师兄们看到师父生气了,感到很害怕,纷纷责怪孙悟空。

孙悟空既不怕,又不生气,心里反而十分高兴。当天晚上,悟空假装睡着了,可是一到半夜,就悄悄起来,从前门出去,等到三更,绕到后门口,看见门半开半闭,高兴地不得了,心想:"哈哈,我没有猜错师父的意思。"

孙悟空走了进去,看见祖师面朝里睡着,就跪在床前说:"师父,我跪在这里等着您呢!"祖师听见声音就起来了,盘着腿坐好后,严厉地问孙悟空来做什么,悟空说:"师父白天当着大家的面不是答应我,让我三更时从后门进来,教我长生不老的法术吗?"

菩提祖师听到这话心里很高兴。心想:"这个猴子果然是天地生成的,不然,怎么能猜透我的暗谜。"于是,让孙悟空跪在床前,教给他长生不老的法术。孙悟空洗耳恭听,用心理解,牢牢记住口诀,并叩头拜谢了祖师的恩情。

很快三年又过去了,祖师又教了孙悟空七十二般变化的法术和驾筋斗云的本领,学会了这个本领,一个筋斗便能翻出十万八千里路程。孙悟空是个猴子,本来就喜欢蹦蹦跳跳的,所以学起筋斗云来很容易。

有一个夏天,孙悟空和师兄们在洞门前玩耍,大家要孙悟空变个东西看看,孙悟空心里感到很高兴,得意地念起咒语,摇身一变变成了一棵大树。

师兄们见了,鼓着掌称赞他。

大家的吵闹声,让菩提祖师听到了,他拄着拐杖出来,问:"是谁在吵闹?你们这样大吵大叫的,哪里像个出家修行的人呢?"大家都赶紧停住了笑,孙悟空也恢复了原样,给师父解释,请求原谅。

菩提祖师看见孙悟空刚刚学会了一些本领就卖弄起来,十分生气。祖师叫其他人离开,把悟空狠狠地教训了一顿,并且要把孙悟空赶走。孙悟空着急了,哀求祖师不要赶他走,祖师却不肯留下他,并要他立下誓言:任何时候都不能说孙悟空是菩提祖师的徒弟。'''

#调用jieba库的分词函数lcut(),得到以词语为元素的列表
```

```
ls_words=jieba.lcut(text)
#初始化空字典
dt_words={}
#扫描列表词语 ls_words,统计每个词语出现的次数并存储到字典中
for word in ls_words:
    if len(word) = =1: #排除单个词的分词结果
        continue
    else:
        dt_words[word]=dt_words.get(word,0)+1
#获取字典的每个键值对,并转换成列表 ls_items
ls_items=list(dt_words.items())
#按照列表 ls_items 中元素的第二项,即词语出现的次数进行降序排列
ls_items.sort(key=lambda x: x[1],reverse=True)
#输出出现频率最高的 20 个词语
for i in range(20):
    word,count=ls_items[i]
    print("{0: <10}{1: >5}".format(word,count))
```

程序运行结果如图 10-2-3 所示。

```
祖师        20
孙悟空       19
一个        12
猴子        12
看见         9
美猴王        9
悟空         8
石猴         7
出来         7
菩提         7
高兴         6
师父         6
一天         5
大家         5
过去         5
长生不老       5
本领         5
师兄         5
一座         4
这个         4
```

图 10-2-3 程序运行结果

由于“菩提祖师”这个词语肯定不在词库中,因此,修改代码,将“菩提祖师”这个词语添加进词库。这里只需要在上述程序的第 3 行代码前添加以下代码即可。

```
#添加新词语
new_words=("菩提祖师")
for word in new words:
     jieba.add_word (word)
```

运行修改后的程序,其结果如图 10-2-4 所示。

```
孙悟空              19
祖师               13
一个               12
猴子               12
看见                9
美猴王              9
悟空                8
石猴                7
出来                7
菩提祖师             7
高兴                6
师父                6
一天                5
大家                5
过去                5
长生不老             5
本领                5
师兄                5
一座                4
这个                4
```

图 10-2-4　修改后的程序运行结果

从图 10-2-4 可以看出,“菩提祖师”已经出现在输出结果中。

如果希望将如“一个”“这个”等与文章分析不太相关的词语去除,我们可以在统计之前先将它们从文本中排除(可自行修改完成),也可以用类似“英文词频统计”的方法在统计之后将其从字典中删除。

细心的读者可能已经发现,输出的统计次数并未满足右对齐的要求。利用字符串的 format()格式化方法就是为了使输出的结果看起来整齐、美观,但现在发现并未达成目的。原因是在使用 format()格式化方法输出中文字符时,若长度没有达到指定的输出长度,则默认采用英文空格进行填充,而英文空格和中文空格的长度是不一样的,这样就导致中英文混输时对不齐的问题。解决的办法是用字符 chr(12288)来进行填充,其中字符 chr(12288)表示中文空格。程序代码如下:

```
    #解决输出不对齐问题,注意冒号“:”后面跟填充字符,只能是一个字符;若不指定填充字符,则默认用空格进行填充,并且是用英文空格字符进行填充
    for i in range (20):
        word,count=ls_items[i]
        print ("{0:{2}<10}{1:>5}".format (word, count, chr(12288)))
```

解决输出不对齐问题及删除词语如“一个”“这个”等的程序代码如下:

```
'''
ch10-demo04.py
==================
演示改进后的统计中文词频。
'''
import jieba
#添加新词语
```

```
new_words={"菩提祖师"}
for word in new_words:
    jieba.add_word(word)
#西游记第一回　惊天地美猴王出世
text='''这是一个神话故事,传说在很久很久以前,天下分为东胜神洲、西牛贺洲、南赡部洲、北俱芦洲。在东胜神洲傲来国,有一座花果山,山上有一块仙石,一天仙石崩裂,从石头中滚出一个卵,这个卵一见风就变成一个石猴,猴眼射出一道道金光,向四方朝拜。

那猴能走、能跑,渴了就喝些山涧中的泉水,饿了就吃些山上的果子。

整天和山中的动物一起玩乐,过得十分快活。一天,天气特别热,猴子们为了躲避炎热的天气,跑到山涧里洗澡。它们看见这泉水哗哗地流,就顺着涧往前走,去寻找它的源头。

猴子们爬呀爬呀,走到了尽头,却看见一股瀑布,像是从天而降一样。猴子们觉得惊奇,商量说:"哪个敢钻进瀑布,把泉水的源头找出来,又不伤身体,就拜他为王。"连喊了三遍,那石猴呼地跳了出来,高声喊道:"我进去,我进去!"

那石猴闭眼纵身跳入瀑布,觉得不像是在水中,这才睁开眼,四处打量,发现自己站在一座铁板桥上,桥下的水冲贯于石窍之间,倒挂着流出来,将桥门遮住,使外面的人看不到里面。石猴走过桥,发现这真是个好地方,石椅、石床、石盆、石碗,样样都有。

这里就像不久以前有人住过一样,天然的房子,安静整洁,锅、碗、瓢、盆,整齐地放在炉灶上。正当中有一块石碑,上面刻着:花果山福地,水帘洞洞天。石猴高兴得不得了,忙转身向外走去,嗖的一下跳出了洞。

猴子们见石猴出来了,身上又一点伤也没有,又惊又喜,把他团团围住,争着问他里面的情况。石猴抓抓腮,挠挠痒,笑嘻嘻地对大家说:"里面没有水,是一个安身的好地方,刮大风我们有地方躲,下大雨我们也不怕淋。"猴子们一听,一个个高兴得又蹦又跳。

猴子们随着石猴穿过了瀑布,进入水帘洞中,看见了这么多的好东西,一个个你争我夺,拿盆的拿盆,拿碗的拿碗,占灶的占灶,争床的争床,搬过来,移过去,直到精疲力尽为止。猴子们都遵照诺言,拜石猴为王,石猴从此登上王位,将石字省去,自称"美猴王"。

美猴王每天带着猴子们游山玩水,很快三五百年过去了。一天,正在玩乐时,美猴王想到自己将来难免一死,不由悲伤得掉下眼泪来,这时猴群中跳出个通背猿猴来,说:"大王想要长生不老,只有去学佛、学仙、学神之术。"

美猴王决定走遍天涯海角,也要找到神仙,学那长生不老的本领。第二天,猴子们为他做了一个木筏,又准备了一些野果,于是美猴王告别了群猴们,一个人撑着木筏,奔向汪洋大海。
```

大概是美猴王的运气好，连日的东南风，将他送到西北岸边。他下了木筏，登上了岸，看见岸边有许多人都在干活，有的捉鱼，有的打天上的大雁，有的挖蛤蜊，有的淘盐，他悄悄地走过去，没想到，吓得那些人将东西一扔，四处逃命。

这一天，他来到一座高山前，突然从半山腰的树林里传出一阵美妙的歌声，唱的是一些关于成仙的话。猴王想：这个唱歌的人一定是神仙，就顺着歌声找去。

唱歌的是一个正在树林里砍柴的青年人，猴王从这青年人的口中了解到，这座山叫灵台方寸山，离这儿七八里路，有个斜月三星洞，洞中住着一个称为菩提祖师的神仙。

美猴王告别打柴的青年人，出了树林，走过山坡，果然远远地看见一座洞府，只见洞门紧紧地闭着，洞门对面的山岗上立着一块石碑，大约有三丈多高，八尺多宽，上面写着十个大字："灵台方寸山斜月三星洞"。正在看时，门却忽然打开了，走出来一个仙童。

美猴王赶快走上前，深深地鞠了一个躬，说明来意，那仙童说："我师父刚才正要讲道，忽然叫我出来开门，说外面来了个拜师学艺的，原来就是你呀！跟我来吧！"美猴王赶紧整整衣服，恭恭敬敬地跟着仙童进到洞内，来到祖师讲道的法台跟前。

猴王看见菩提祖师端端正正地坐在台上，台下两边站着三十多个仙童，就赶紧跪下叩头。祖师问清楚他的来意，很高兴，见他没有姓名，便说："你就叫悟空吧！"

祖师叫孙悟空又拜见了各位师兄，并给悟空找了间空房住下。从此悟空跟着师兄学习生活常识，讲究经典，写字烧香，空时做些扫地挑水的活儿。

很快七年过去了，一天，祖师讲道结束后，问悟空想学什么本领。孙悟空不管祖师讲什么求神拜佛、打坐修行，只要一听不能长生不老，就不愿意学，菩提祖师对此非常生气。

祖师从高台上跳了下来，手里拿着戒尺指着孙悟空说："你这猴子，这也不学，那也不学，你要学些什么？"说完走过去在悟空头上打了三下，倒背着手走到里间，关上了门。师兄们看到师父生气了，感到很害怕，纷纷责怪孙悟空。

孙悟空既不怕，又不生气，心里反而十分高兴。当天晚上，悟空假装睡着了，可是一到半夜，就悄悄起来，从前门出去，等到三更，绕到后门口，看见门半开半闭，高兴地不得了，心想："哈哈，我没有猜错师父的意思。"

孙悟空走了进去，看见祖师面朝里睡着，就跪在床前说："师父，我跪在这里等着您呢！"祖师听见声音就起来了，盘着腿坐好后，严厉地问孙悟空来做什么，悟空说："师父白天当着大家的面不是答应我，让我三更时从后门进来，教我长生不老的法术吗？"

菩提祖师听到这话心里很高兴。心想："这个猴子果然是天地生成的，不然，怎么能猜透我的暗谜。"于是，让孙悟空跪在床前，教给他长生不老的法术。孙悟空洗耳恭听，用心理解，牢牢记住口诀，并叩头拜谢了祖师的恩情。

很快三年又过去了，祖师又教了孙悟空七十二般变化的法术和驾筋斗云的本领，学会了这个本领，一个筋斗便能翻出十万八千里路程。孙悟空是个猴子，本来就喜欢蹦蹦跳跳的，所以学起筋斗云来很容易。

有一个夏天，孙悟空和师兄们在洞门前玩耍，大家要孙悟空变个东西看看，孙悟空心里感到很高兴，得意地念起咒语，摇身一变变成了一棵大树。

师兄们见了，鼓着掌称赞他。

大家的吵闹声，让菩提祖师听到了，他拄着拐杖出来，问："是谁在吵闹？你们这样大吵大叫的，哪里像个出家修行的人呢？"大家都赶紧停住了笑，孙悟空也恢复了原样，给师父解释，请求原谅。

菩提祖师看见孙悟空刚刚学会了一些本领就卖弄起来，十分生气。祖师叫其他人离开，把悟空狠狠地教训了一顿，并且要把孙悟空赶走。孙悟空着急了，哀求祖师不要赶他走，祖师却不肯留下他，并要他立下誓言：任何时候都不能说孙悟空是菩提祖师的徒弟。'''

```
#调用 jieba 库的分词函数 lcut(),得到以词语为元素的列表
ls_words=jieba.lcut(text)
#初始化空字典
dt_words={}
#扫描列表词语 ls_words,统计每个词语出现的次数并存储到字典中
for word in ls_words:
    if len(word)==1: #排除单个词的分词结果
        continue
    else:
        dt_words[word]=dt_words.get(word,0)+1
excludes={"一个","这个"}
#从字典中删除 excludes 中元素对应的键值对
for k in excludes:
    del dt_words[k]
#获取字典的每个键值对,并转换成列表 ls_items
ls_items=list(dt_words.items())
#按照列表 ls_items 中元素的第二项,即词语出现的次数进行降序排列
ls_items.sort(key=lambda x: x[1],reverse=True)
#输出出现频率最高的 20 个词语
#解决输出不对齐问题,注意冒号":"后面跟填充字符,只能是一个字符;若不指定填充字符,则默认用空格进行填充,并且是用英文空格字符进行填充
for i in range (20):
    word,count=ls_items[i]
    print ("{0:{2}<10}{1:>5}".format (word, count, chr(12288)))
```

程序运行结果如图 10-2-5 所示。

```
孙悟空      19
祖师        13
猴子        12
看见         9
美猴王       9
悟空         8
石猴         7
出来         7
菩提祖师     7
高兴         6
师父         6
一天         5
大家         5
过去         5
长生不老     5
本领         5
师兄         5
一座         4
瀑布         4
没有         4
```

图 10-2-5 程序运行结果

对于复杂问题的求解,一定要先找到解决问题的思路(算法),然后将每一步操作代码化,最后写出完整代码。读者一定要掌握程序设计的 IPO 模式。

10.3 wordcloud 库

10.3.1 wordcloud 库的安装与使用

wordcloud 是优秀的词云展示第三方库,它能将一段文本中的词语通过图形可视化的方式直观且富于艺术性地展示出来。

1. 安装 wordcloud 库

使用第三方库之前要先安装,可以使用 Python 自带的 pip 工具对 wordcloud 库进行安装,即在 cmd 环境下输入如下命令后按 Enter 键即可完成安装。

```
C:>\pip install wordcloud
```

2. 使用 wordcloud 库创建词云图

wordcloud 库把词云当作一个 wordcloud 对象,只要三步就能生成词云,分别是创建词云对象、向词云对象加载文本、输出词云文件。根据文本中词语出现的频率等参数来绘制词云;在绘制词云时,词云的形状、字体大小、颜色等属性都可以在创建词云对象时设置,如果不设置这些参数,则词云以默认参数值来展示。

(1) 创建词云对象。

通过调用 wordcloud 库的 WordCloud 类创建词云对象 w。

```
w=wordcloud.WordCloud()
```

注意：点后的类名 WordCloud 中的 W 和 C 要大写。

（2）向词云对象加载文本。

生成词云对象 w 之后，进一步调用 generate()方法向词云对象 w 加载文本，但要求文本必须是以空格分隔的字符串。

```
w.generate("文本内容")
```

（3）输出词云文件。

通过调用 to_file()方法将文本对应的词云输出到图像文件中加以保存。

```
w.to_file("图像文件名")
```

"图像文件名"是一个包含文件名和存储位置的字符串，其中文件名是生成的词云图名称。

【任务 10-3】　生成字符串"Pandas are good friends of man. Man should try to protect them and let them live in the way they like!"对应的词云图。

示例代码如下：

```
'''
ch10-demo05.py
==================
演示生成字符串词云图。
'''
import os
import wordcloud
#导入 matplotlib 的子模块 pyplot,并取别名为 plt
import matplotlib.pyplot as plt
txt="Pandas are good friends of man. Man should try to protect
them and let them live in the way they like! "
#指定"D:\Python\wordcloud"为当前工作目录
#os.chdir(r"D:\Python\wordcloud")
c=wordcloud.WordCloud()          #生成词云对象
c.generate(txt)                  #将以空格分隔的字符串 txt 加载到词云中
c.to_file("字符串对应词云图.png") #将词云效果输出到图片文件
plt.imshow(c)                    #在窗口上绘制词云图
plt.axis("off")                  #关闭图像坐标系
plt.show()                       #显示绘图窗口
```

运行程序得到如图 10-3-1 所示的词云效果图。

在指定的路径"D:\Python\wordcloud"下，打开词云图文件"字符串对应词云图.png"也能看到生成的词云效果图。

本任务中，使用了 Python 内置模块 os 的 chdir()函数来改变当前的工作目录，还使用了第三方库 matplotlib 中子模块 pyplot 的 imshow( )函数将词云效果图绘制到窗口,imshow( )函数负责对图像进行处理但并不显示图像本身,要显示图像必须调用 pyplot 子库的 show( )函数来实现。

matplotlib 是 Python 的 2D 绘图库,提供了一整套相似的绘图函数用以绘制图表,是数据可视化的有力工具。

图 10-3-1 字符串词云图

【任务 10-4】 生成字符串“我 love 中国 北京天安门 China 繁荣昌盛 祖国 五星红旗 华夏”对应的词云图。

任务分析:如果直接输出中文字符串会出现词云乱码的情况,因此我们需要设置 font_path 参数来设置显示的字体。通过设置参数“font_path = path”可以改变词云图中所出现字符的字体,其中 path 是一个包含字体文件名和存储位置的字符串,默认值为 None,系统会选择默认的字体来显示词云图。

示例代码如下:

```
'''
ch10-demo06.py
==================
演示生成中文字符串词云图。
'''
import os
import wordcloud
#导入 matplotlib 的子模块 pyplot,并取别名为 plt
import matplotlib.pyplot as plt
txt ="我 love 中国 北京天安门 China 繁荣昌盛 祖国 五星红旗 华夏"
#生成词云对象,设置字体,设置颜色,设置高度
c =wordcloud.WordCloud(collocations = False,font_path ='C:\Windows\Fonts\simkai.ttf', width = 800,height = 600,margin = 2).generate(txt.lower())
c.to_file("生成的词云文字图片.png")        #将词云效果输出到图片文件
plt.imshow(c)                             #在窗口中绘制词云图
plt.axis("off")                           #关闭图像坐标系
plt.show()                                #显示绘图窗口
```

运行程序得到如图 10-3-2 所示的词云效果图。

通过词云图,我们可以快速预测文章的主旨。

以上两个例子的词云图都是以长方形呈现,我们可以通过设置词云参数使词云展示得更富有艺术性。

10.3.2 词云参数设置

通过简单的三步操作,能将文本变成词云。默认的词云效果图中,图片的宽度为 400

像素、高度为200像素、背景颜色为黑色。改变词云默认参数可以得到个性化的词云效果图。在生成词云图的操作过程中,在生成词云对象时,通过设置词云对象(WordCloud对象)的不同参数值可得到词云效果图的不同显示效果。

图 10-3-2　中文字符串词云图

wordcloud.WordCloud()代表一个文本对应的词云,可以根据文本中词语出现的频率等参数绘制词云,设定词云的形状、尺寸和颜色。设置WordCloud对象的步骤可以分为配置对象参数、加载词云文本、输出词云文件。

```
import wordcloud
#步骤1:配置对象参数
c=wordcloud.WordCloud()
#步骤2:加载词云文本
c.generate("wordcloud by Python")
#步骤3:输出词云文件
c.to_file("pywordcloud.png")
```

WordCloud对象有10个常用参数,如表10-3-1所示。

表 10-3-1　WordCloud对象的常用参数

参数	描述
width	指定词云图的宽度,默认为400像素
height	指定词云图的高度,默认为200像素
min_font_size	指定词云图中字体的最小字号,默认为4号
max_font_size	指定词云图中字体的最大字号,默认根据高度自动调节
font_step	指定词云图中字体字号的步进间隔,默认为1
font_path	指定词云图中显示的文字字体文件的路径,默认为None。如果要产生中文词云,则必须设置该字体的参数,否则会显示乱码
max_words	指定词云图显示的最大单词数量,默认为200
mask	指定词云图形状,默认为长方形。mask参数指定想要绘制词云形状的图片,该图片必须是白底,在非白底的地方填充文字
background_color	指定词云图片的背景颜色,默认为黑色
stopwords	设置需要屏蔽的(不显示)词语列表

下面通过实例分析生成词云图时相关参数的设置。

(1) mask参数——设置词云图形状。

默认词云图的形状是长方形,通过设置词云对象的宽(width)和高(height)可以改变默认的矩形大小。但如果要改变词云图形状以使呈现的词云效果图更加具有艺术性,并体现数据与艺术的结合,就要设置 mask 参数。

具体来说,通过设置 mask 参数指定一个词云图形状,如设置词云图形状为一个五角星或人物头像等。mask 参数可以指定要绘制的词云形状图片,但要求形状图片的背景色必须是白色,加载文本中的词语填充在形状图片的非白底部分形成个性化的词云图。设置参数“mask=picfilename”时,需要事先将用于绘制词云的图片文件“picfilename”导入,并且“picfilename”是一个包含图像文件名和存储位置的字符串。Python 支持的读取图像文件的第三方库很多,如 opencv、PIL(pillow)、matplotlib.image 子库、scipy.misc 子库等都可以完成图片文件的读取操作。这里,我们介绍一个很好用的第三方图形库 imageio。读者如果安装的是 Anaconda 2018 版本,第三方图形库 imageio 已经自动安装好了;如果没有安装这个库,请自行安装。imageio 库可以导入很多格式的图片文件,并将其导出为各种格式的图片文件,非常好用。

【任务 10-5】 使用 imageio 库的 imread()函数读取图片文件。

示例代码如下:

```
'''
ch10-demo07.py
==================
演示使用 imageio 库的 imread()函数读取图片文件。
'''
import os
import imageio
import matplotlib.pyplot as plt
img=imageio.imread("D:\Python36\wordcloud\demo\code\wujiaoxing.png")    #读取图像文件
plt.imshow(img)
plt.axis('off')
plt.show()
```

程序运行结果如图 10-3-3 所示。

通过 imageio 中的 imread()函数读取指定目录下的 picture.png 图片文件(当然首先要确保设定的工作目录下存在 picture.png),同时结合 matplotlib 库,将读入的图像文件显示出来。

一旦通过“img=imageio.imread("picture.png")”读取一个特定的图像文件后,就可以将它赋予 WordCloud 类的 mask 参数作为绘制词云的效果图,从而实现词云的个性化展示。

图 10-3-3 程序运行结果

【任务 10-6】 设置 mask 参数得到个性化的词云图。

示例代码如下:

```
'''
ch10-demo08.py
=================
演示设置 mask 参数得到个性化的词云图。
'''
import jieba
import wordcloud
import matplotlib.pyplot as plt
#导入 imageio 库中的 imread()函数,并用这个函数读取本地图片,作为词云
形状图片
import imageio
mk=imageio.imread("D:\Python36\wordcloud\demo\code\wujiaoxing.
png")
#构建并配置词云对象 w,注意要加 scale 参数,提高清晰度
w=wordcloud.WordCloud(width=1000,
                      height=700,
                      font_path='msyh.ttc', mask=mk, scale=15)
#对来自外部文件的文本进行中文分词,得到 string
f=open('D:\Python36\wordcloud\demo\code\关于实施乡村振兴战略的意
见.txt',encoding='utf-8')
txt=f.read()
txtlist=jieba.lcut(txt)
string="".join(txtlist)
w.generate(string)
w.to_file('词云图片.png')
plt.imshow(w)
plt.axis("off")
plt.show()
```

程序运行结果如图 10-3-4 所示。

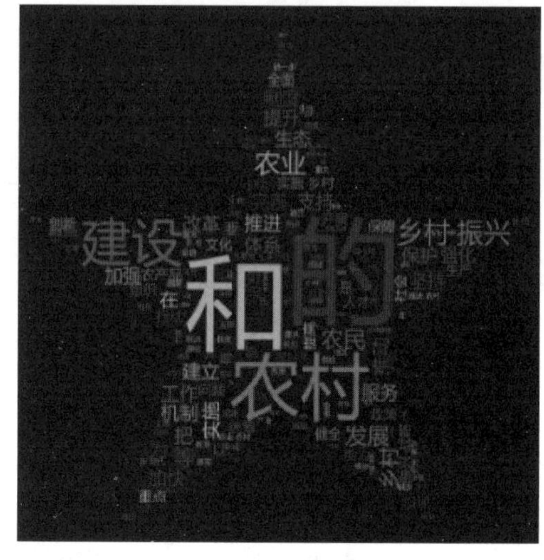

图 10-3-4　程序运行结果

(2) background_color 参数——设置词云图背景颜色。

词云图背景颜色默认是黑色,我们可以通过参数“background_color = color”改变其背景颜色,其中 color 可以用颜色字符串或 RGB 元组来表示。

【任务 10-7】 设置 background_color 参数。

示例代码如下:

```
'''
ch10-demo09.py
==================
演示设置 background_color 参数。
'''
import jieba
import wordcloud
import matplotlib.pyplot as plt
import imageio
mk=imageio.imread("D:\Python36\wordcloud\demo\code\wujiaoxing.png")
#设置背景颜色为白色
w=wordcloud.WordCloud(width=1000,
                        height=700,
                        background_color='white',
                        font_path='msyh.ttc',
                        mask=mk,
                        scale=15)
f=open('D:\Python36\wordcloud\demo\code\关于实施乡村振兴战略的意见.txt',encoding='utf-8')
txt=f.read()
txtlist=jieba.lcut(txt)
string=" ".join(txtlist)
w.generate(string)
w.to_file('生成的词云图片.png')
plt.imshow(w)
plt.axis("off")
plt.show()
```

程序运行结果如图 10-3-5 所示。

首先利用 jieba 库的 lcut( ) 函数对中文文本进行分词处理，返回一个列表，列表中的元素为分词后的词语；然后利用字符串的 join( ) 方法以空格为分隔符连接列表中的每个词语，得到一个以空格分隔的中文字符串，为生成词云的 generate( ) 方法准备好文本字符串。

（3）stopwords 参数——排除不显示的单词。

在词云效果的显示过程中，有时可能希望屏蔽某些敏感单词，此时可以通过设置参数 stopwords 来达成目的。具体方法是事先将要排除的单词保存在一个集合

图 10-3-5　程序运行结果

类型中,然后将该集合赋予参数 stopwords。

10.3.3　技能强化

【任务 10-8】　词云绘制——《诗经》。

词云是一种网络文本大数据可视化的重要方式。以词语为基本单位,对文本中出现频率较高的关键词在视觉上进行突出,用 Python 提取文本关键词。实现数据可视化常用 Python 语言。Python 是可视化技术中比较重要的一门编程语言,具有很多优点:简洁、跨平台、易学、易读、易维护。

在"Python 程序设计"这门课程中,针对《诗经》进行词云的绘制。本任务的目的是掌握词云的定义,实现词云的绘制,以《诗经》中《秦风 · 蒹葭》中的一段经典语句为例,理解词云实现的基本流程。步骤是先根据分隔符进行分词,然后统计词语出现的次数并过滤,可以设置字号、颜色及词云的尺寸。

示例代码如下:

```
'''
ch10-demo10.py
==================
演示生成《秦风·蒹葭》词云。
'''
from wordcloud import WordCloud
import jieba
import matplotlib.pyplot as plt
txt = '''
   蒹葭苍苍,白露为霜。
   所谓伊人,在水一方。
   溯洄从之,道阻且长。
   溯游从之,宛在水中央。
   蒹葭萋萋,白露未晞。
   所谓伊人,在水之湄。
   溯洄从之,道阻且跻。
   溯游从之,宛在水中坻。
   蒹葭采采,白露未已。
   所谓伊人,在水之涘。
   溯洄从之,道阻且右。
   溯游从之,宛在水中沚。
   '''
jieba.add_word("蒹葭")
words=jieba.lcut(txt)
newtxt=' '.join(words)
wordcloud=WordCloud(font_path="msyh.ttc",background_color=
"white").generate(newtxt)
wordcloud.to_file("添加蒹葭.png")
```

```
plt.imshow(wordcloud)                  #在窗口中绘制词云图
plt.axis("off")                        #关闭图像坐标系
plt.show()                             #显示绘图窗口
```

程序运行结果如图 10-3-6 所示。文本中出现次数最多的单词字体最大。

图 10-3-6 程序运行结果

【任务 10-9】 使用自定义的图形作为词云形状图绘制《西游记》(第一回)词云图。

任务分析：由于要求使用自定义图形作为词云形状图来绘制词云图，因此，该任务绘制的是艺术词云图，故需设置 mask 参数。同时要求提供背景颜色是白色的自定义图形。由于绘制的是中文词云图，因此，这里还需要设置字体参数 font_path 来显示字体。求解该问题的算法思路如下：

(1) 素材收集和准备。准备好"《西游记》第一回.txt"文本文件和用于绘制艺术词云图的自定义图形文件"picture.png"。

(2) 利用 open()函数读入文本文件"《西游记》第一回.txt"到字符串变量 txt。

(3) 将中文字符串变量 txt 转换成以空格分隔的每个词构成的长字符串。由于 generate()方法只接收以空格分隔的字符串，因此，还需要利用 jieba 库对文本字符串 txt 进行分词处理，再将分词的结果拼接成一个以空格分隔的长字符串。

(4) 读取用于绘制词云图形状的图片文件。读取图片文件的第三方库很多，这里使用 imageio 库的 imread()方法来读取图片文件。

(5) 创建词云对象并设置相关参数。调用 wordcloud 库的 WordCloud 类来创建词云对象，并设置 mask 参数、background_color 参数和 font_path 参数。

(6) 向词云对象加载文本。生成词云对象后，调用 generate()方法向词云对象加载文本，但要求加载的文本必须是以空格分隔的字符串，因此，加载的必须是经过第(3)步处理的字符串。

(7) 输出词云文件。通过调用 to_file()方法将文本对应的词云输出到图像文件中加以保存。

(8) 显示生成的词云图。为了直观地观察到生成的词云图，我们可以使用 matplotlib 库中 pyplot 子库的 imshow()函数来显示生成的词云图。当然，还需要调用 show()函数才能将词云图呈现出来。

绘制《西游记》第一回词云图的完整程序代码如下：

```
    '''
    ch10-demo11.py
    ==================
    演示绘制《西游记》第一回词云图。
    '''
    import wordcloud
    import jieba
    import os
    import imageio
    import matplotlib.pyplot as plt
    f = open ("D:\Python36\wordcloud\demo\code\西游记第一回.txt",
encoding='utf-8')
    txt=f.read()
    txtlist=jieba.lcut(txt)
    string= "".join(txtlist)
    img=imageio.imread("D:\Python36\wordcloud\demo\code\wujiaoxing.
png")        #读取图像文件
    c=wordcloud.WordCloud (mask=img,background_color="white", \
font_path="msyh.ttc")
    c.generate (string)
    c.to_file("《西游记》中文词云图.png")
    plt.imshow (c)
    plt.axis ("off")
    plt.show ()
```

程序运行结果如图 10-3-7 所示。

观察输出的词云效果图，“了”“的”等词并不能表明文章的含义，因此，我们还需要把这些不能表明文章含义的词从词云图中排除。排除不显示词的方法不唯一，这里仅介绍两种方法：方法一，可以把词的排除放在对文本的预处理阶段，即从文本字符串中删除需要排除的词；方法二，可以通过设置词云参数 stopwords 来达成此目的，即事先将要排除的词保存在一个集合类型中，然后将该集合赋值给参数 stopwords。

图 10-3-7 《西游记》中文词云图

方法一：先进行文本预处理。删除文本中不需要显示的词，即用空字符串替换文本中需要屏蔽的词。修改后的完整程序代码如下：

```
'''
ch10-demo12.py
=================
演示绘制《西游记》第一回词云图,先进行文本预处理。
'''
import wordcloud
import jieba
import os
import imageio
import matplotlib.pyplot as plt
f = open("D:\Python36\wordcloud\demo\code\西游记第一回.txt",
encoding='utf-8')
txt=f.read()
#需要屏蔽的词列表
ls=["了","的","着","又","他","看见"]
#删除文本 txt 中出现在列表 ls 中的词
for word in ls:
     txt=txt.replace(word,'')
txtlist=jieba.lcut(txt)
string= "".join(txtlist)
img = imageio.imread("D:\Python36\wordcloud\demo\code\picture.
png")          #读取图像文件
c=wordcloud.WordCloud(mask=img,background_color="white", \
font_path="msyh.ttc")
c.generate(string)
c.to_file("屏蔽不显示的词——《西游记》中文词云图.png")
plt.imshow(c)
plt.axis("off")
plt.show()
```

程序运行结果如图 10-3-8 所示。

方法二:设置词云参数 stopwords 屏蔽不需要显示的词。将要排除的词保存在一个列表中,然后将该列表赋值给参数 stopwords 以实现对多个词的屏蔽。修改后的完整程序代码如下:

```
'''
ch10-demo13.py
=================
演示绘制《西游记》第一回词云图,设
置词云参数 stopwords 屏蔽不需要显
示的词。
'''
```

图 10-3-8 文本预处理屏蔽不显示的词——《西游记》中文词云图

```
    import wordcloud
    import jieba
    import os
    import imageio
    import matplotlib.pyplot as plt
    f= open("D:\Python36\wordcloud\demo\code\西游记第一回.txt",enco-
ding='utf-8')
    txt=f.read()
    #需要屏蔽的词列表
    ls=["了","的","着","又","他","看见"]
    #删除文本 txt 中出现在列表 ls 中的词
    txtlist=jieba.lcut(txt)
    string= "".join(txtlist)
    img=imageio.imread("D:\Python36\wordcloud\demo\code\wujiaoxing.
png")           #读取图像文件
    c=wordcloud.WordCloud (mask=img,background_color="white", \
font_path="msyh.ttc",stopwords=ls)
    c.generate (string)
    c.to_file("屏蔽不显示的词——《西游记》中文词云图.png")
    plt.imshow (c)
    plt.axis ("off")
    plt.show ()
```

程序运行结果如图 10-3-9 所示。

图 10-3-9 stopwords 屏蔽不显示的词——《西游记》中文词云图

《西游记》是我国四大名著之一,读者可以在阅读名著的基础上,利用词云图找出西游记的第一主角。

10.4 PyInstaller 库

10.4.1 PyInstaller 库概述

PyInstaller 是一个打包工具,可将 Python 应用程序及其所有依赖项封装为一个包。用户无须安装 Python 解释器或其他任何模块,即可运行 PyInstaller 打包生成的应用程序。PyInstaller 支持 Python 2.7 和 Python 3.4 及以上版本,并捆绑了主要的第三方 Python 库,包括 Numpy、PyQt、Django、wxPython 等。

PyInstaller 已针对 Windows、Mac OSX 和 GNU/Linux 进行了测试,但它不是交叉编译器。要制作运行于特定系统的应用程序,需要在该系统中运行 PyInstaller。PyInstaller 可成功地在 AIX、Solaris 和 FreeBSD 等系统中运行,但还未针对这些系统进行测试。

PyInstaller 目前最新的稳定版本号为 3.5。

10.4.2 PyInstaller 库的安装

在 Windows 环境中,PyInstaller 需要 Windows XP 或更高版本,并需要安装两个模块:PyWin32(或 pypiwin32)和 Pefile。PyInstaller 库推荐同时安装 pip-Win。在 Windows 命令提示符窗口执行“pip install pyinstaller”命令即可安装 PyInstaller,示例代码如下:

```
pip install pyinstaller
```

安装示例如图 10-4-1 所示。

```
C:\Users\Ruijie>pip install pyinstaller
Collecting pyinstaller
  Obtaining dependency information for pyinstaller from https://files.pythonhosted.org/packages/a8/44/ddbc0b6c75599793ec
5853adbd418e5401ceb0933d4a0e523b93e4b79a0a/pyinstaller-6.2.0-py3-none-win_amd64.whl.metadata
  Downloading pyinstaller-6.2.0-py3-none-win_amd64.whl.metadata (8.3 kB)
Requirement already satisfied: setuptools>=42.0.0 in d:\anaconda\aconda\lib\site-packages (from pyinstaller) (68.0.0)
Collecting altgraph (from pyinstaller)
  Obtaining dependency information for altgraph from https://files.pythonhosted.org/packages/4d/3f/3bc3f1d83f6e4a7fcb834
d3720544ca597590425be5ba9db032b2bf322a2/altgraph-0.17.4-py2.py3-none-any.whl.metadata
  Downloading altgraph-0.17.4-py2.py3-none-any.whl.metadata (7.3 kB)
Collecting pyinstaller-hooks-contrib>=2021.4 (from pyinstaller)
  Obtaining dependency information for pyinstaller-hooks-contrib>=2021.4 from https://files.pythonhosted.org/packages/2b
/5f/30224db46281199f405b9c3b929f43a7d17591180b52f13c75c625dfc386/pyinstaller_hooks_contrib-2023.10-py2.py3-none-any.whl.
metadata
  Downloading pyinstaller_hooks_contrib-2023.10-py2.py3-none-any.whl.metadata (15 kB)
Requirement already satisfied: packaging>=22.0 in d:\anaconda\aconda\lib\site-packages (from pyinstaller) (23.1)
Collecting pefile>=2022.5.30 (from pyinstaller)
  Downloading pefile-2023.2.7-py3-none-any.whl (71 kB)
     ---------------------------------------- 71.8/71.8 kB 10.7 kB/s eta 0:00:00
Collecting pywin32-ctypes>=0.2.1 (from pyinstaller)
  Obtaining dependency information for pywin32-ctypes>=0.2.1 from https://files.pythonhosted.org/packages/a4/bc/78b2c00c
c64c31dbb3be42a0e8600bcebc123ad338c3b714754d668c7c2d/pywin32_ctypes-0.2.2-py3-none-any.whl.metadata
  Downloading pywin32_ctypes-0.2.2-py3-none-any.whl.metadata (3.8 kB)
Downloading pyinstaller-6.2.0-py3-none-win_amd64.whl (1.3 MB)
   ---------------------------------------- 1.3/1.3 MB 25.3 kB/s eta 0:00:00
Downloading pyinstaller_hooks_contrib-2023.10-py2.py3-none-any.whl (288 kB)
   ---------------------------------------- 288.4/288.4 kB 118.2 kB/s eta 0:00:00
Downloading pywin32_ctypes-0.2.2-py3-none-any.whl (30 kB)
Downloading altgraph-0.17.4-py2.py3-none-any.whl (21 kB)
Installing collected packages: altgraph, pywin32-ctypes, pyinstaller-hooks-contrib, pefile, pyinstaller
  Attempting uninstall: pywin32-ctypes
    Found existing installation: pywin32-ctypes 0.2.0
    Uninstalling pywin32-ctypes-0.2.0:
      Successfully uninstalled pywin32-ctypes-0.2.0
Successfully installed altgraph-0.17.4 pefile-2023.2.7 pyinstaller-6.2.0 pyinstaller-hooks-contrib-2023.10 pywin32-ctype
s-0.2.2
```

图 10-4-1 pyinstaller 安装示例图

pip 会自动安装这个第三方包需要的依赖模块(比如,这里下载了 pypiwin32 这个依赖模块)。安装完成后,可以在如下路径(与 pip 在同一个目录中)找到 PyInstaller 应用程序。命令如下:

```
pyinstaller test.py
```

执行完毕后,源文件所在目录将生成 dist 和 build 两个文件夹。其中,build 目录是 pyinstaller 存储临时文件的目录,可以安全删除。最终的打包程序在 dist 内部的 test 目录中。目录中其他文件是可执行文件 test.exe 的动态链接库。

可以通过-F 参数对 Python 源文件生成一个独立的可执行文件,命令如下:

```
pyinstaller -F test.py
```

执行后在 dist 目录中出现了 test.exe 文件,没有任何依赖库,执行它即可。使用 PyInstaller 库需要注意以下问题:文件路径中不能出现空格和英文句号(.);源文件必须是 UTF-8 编码,暂不支持其他编码类型。采用 IDLE 编写的源文件都保存为 UTF-8 编码形式,可直接使用。PyInstaller 有一些常用参数,具体如下:

(1) -h, --help:查看帮助。

(2) -v, --version:查看 PyInstaller 版本。

(3) --clean:清理打包过程中的临时文件。

(4) -D、--onedir:默认值,生成 dist 目录。

(5) -F、--onefile:在 dist 文件夹中只生成独立的打包文件。

(6) -p DIR、--paths DIR:添加 Python 文件使用的第三方库路径。

上述命令后面可以增加 pyinstaller 搜索模块的路径。因为应用打包涉及的模块很多,这里可以自己添加路径。site-packages 目录下都是可以被识别的,不需要再手动添加。

指定打包程序使用的图标(icon)文件。

```
-i<.ico or.exe,ID or.icns>,--icon <.ico or.exe,ID or.icns >
```

PyInstaller 命令不需要在 Python 源文件中增加代码,只需要通过命令行进行打包即可。-F 参数最为常用,对于包含第三方库的源文件,可以使用-p 添加第三方库所在路径。如果第三方库由 pip 安装且在 Python 环境目录中,则不需要使用-p 参数。

成功实现将 Python 文件转换为 exe 文件,代码如下:

```
pyinstaller Hello.py
```

成功实现将多个 Python 文件转换为 exe 文件,包含库文件(-w 的目的是运行程序时不会出现 dos 窗口),多个路径可以使用“;”隔开。代码如下:

```
pyinstaller -w main.py -p d:\myprog\test; d:\myprog\test\lib
```

成功实现将多个 Python 文件转换压缩为单个 exe 文件。代码如下:

```
pyinstaller -F -w main.py -p d:\myprog\test
```

成功实现将多个 Python 文件转换压缩为单个 exe 文件且在 exe 文件前添加一个图标。代码如下：

```
pyinstaller -F -w -i pic.ico main.py -p d:\myprog\test
```

将.py 源代码转换成无需源代码的可执行文件。代码如下：

```
(cmd 命令行) pyinstaller -F <文件名.py>
```

例如：

```
pyinstaller -i curve.ico -F SevenDigitsDrawV2.py
```

10.5 numpy 库

10.5.1 numpy 库简介

numpy (Numerical Python)是 Python 语言的一个扩展程序库,支持大量的维度数组与矩阵运算,也针对数组运算提供大量的数学函数库。

numpy 的前身 Numeric 最早是由 Jim Hugunin 及其他协作者共同开发的。2005 年,Travis Oliphant 在 Numeric 中增加了另一个同性质的程序库 Numarray 的特色,并加入了其他扩展而开发了 numpy。numpy 为开放源代码,且由许多协作者共同维护和开发。

numpy 是一个运行速度非常快的数学库,主要用于数组计算,包含:(1) 一个强大的 N 维数组对象 ndarray;(2) 广播功能函数;(3) 整合 C/C++/Fortran 代码的工具;(4) 线性代数、傅里叶变换、随机数生成等功能。

numpy 通常与 SciPy(Scientific Python)和 Matplotlib(绘图库)一起使用,这种组合被广泛用于替代 MATLAB,是一个强大的科学计算环境,有助于通过 Python 学习数据科学或者机器学习。

SciPy 是一个开源的 Python 算法库和数学工具包,包含的模块有最优化、线性代数、积分、插值、特殊函数、快速傅里叶变换、信号处理和图像处理、常微分方程求解和其他科学与工程中常用的计算。Matplotlib 是 Python 编程语言及其数值数学扩展包 numpy 的可视化操作界面。它为利用通用的图形用户界面工具包,如 Tkinter、wxPython、Qt 或 GTK+,向应用程序嵌入式绘图提供了应用程序接口(API)。

10.5.2 numpy ndarray 对象

numpy 最重要的一个特点是其具有 N 维数组对象 ndarray,它是一系列同类型数据的集合,以 0 下标开始进行集合中元素的索引。

ndarray 中的每个元素都是数据类型对象的对象，在内存中使用相同大小的块。

从 ndarray 对象提取的任何元素（通过切片）由一个数组标量类型的 Python 对象表示。图 10-5-1 显示了 ndarray、数据类型对象（data-type）和数组标量类型之间的关系。

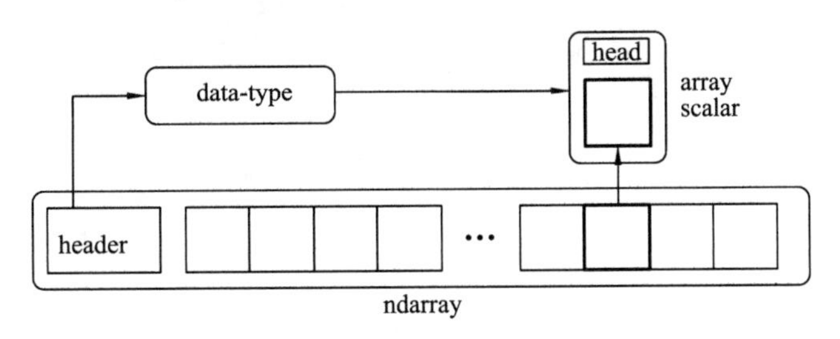

图 10-5-1　ndarray 的内部结构

基本的 ndarray 是使用 numpy 库中的数组函数创建的，代码如下：

```
numpy.array
```

它从任何暴露数组接口的对象，或从返回数组的任何方法创建一个 ndarray。

```
numpy.array(object,dtype=None,copy=True,order=None,subok=
False,ndmin=0)
```

上面的构造器接受表 10-5-1 所示的参数。

表 10-5-1　构造器接受的参数

序号	参数	描述
1	object	任何暴露数组接口方法的对象都会返回一个数组或任何（嵌套）序列
2	dtype	数组的所需数据类型，可选
3	copy	可选，默认为 true，对象是否被复制
4	order C	（按行）、F（按列）或 A（任意，默认）
5	subok	默认情况下，返回的数组被强制为基类数组
6	ndmin	指定返回数组的最小维数

10.5.3　numpy ndarray 实例

下面通过几个实例更好地理解。

实例 1：

```
import numpy as np
a=np.array([1,2,3])
print (a)
```

输出结果如下：

```
[1 2 3]
```

实例2:

```
#多于一个维度
import numpy as np
a=np.array([[1,2],[3,4]])
print (a)
```

输出结果如下:

```
[[1  2]
[3  4]]
```

实例3:

```
#最小维度
import numpy as np
a=np.array([1,2,3,4,5], ndmin=2)
print (a)
```

输出结果如下:

```
[[1 2 3 4 5]]
```

实例4:

```
#dtype 参数
import numpy as np
a=np.array([1,2,3], dtype=complex)
print (a)
```

输出结果如下:

```
[1.+0.j 2.+0.j 3.+0.j]
```

ndarray 对象由计算机内存的连续一维部分组成,并结合索引模式,将每个元素映射到内存块中的一个位置。内存块以行顺序(C 样式)或列顺序(fortran 或 MATLAB 风格)来保存元素。

10.6 Pandas 库

10.6.1 Pandas 库简介

Pandas 是基于 Python 编程语言的、开源的数据分析和数据处理库。其提供的数据结构和数据分析工具易于使用,特别适用于处理结构化数据,如表格型数据(类似于 Excel 表格)。用户能够轻松地从各种数据源中导入数据,并对数据进行高效的操作和分析。

10.6.2　Pandas 库的应用

Pandas 在数据科学和数据分析领域具有广泛的应用。

(1) 数据清洗和预处理:Pandas 库被广泛用于清洗和预处理数据,包括处理缺失值、异常值、重复值等。Pandas 库提供了多种方法使数据更适合进一步分析。

(2) 数据分析和统计:Pandas 库使数据分析变得更加简单,通过 DataFrame 和 Series 的灵活操作,用户可以轻松地进行统计分析、汇总、聚合等操作,包括计算均值、中位数、标准差及相关性分析,Pandas 都提供了丰富的功能。

(3) 数据可视化:将 Pandas 库与 Matplotlib、Seaborn 等数据可视化库结合使用,可以创建各种图表和图形,从而更直观地理解数据分布和趋势。这对于数据科学家、分析师和决策者来说都是非常关键的。

(4) 时间序列分析:Pandas 库在处理时间序列数据方面表现出色,支持对日期和时间进行高效操作。这对于金融领域、生产领域以及其他需要处理时间序列的行业尤为重要。

(5) 机器学习和数据建模:在机器学习中,数据预处理是非常关键的一步,而 Pandas 库提供了强大的功能来处理和准备数据,帮助用户将数据整理成适合机器学习算法的格式。

(6) 数据库操作:Pandas 库可以轻松地与数据库进行交互,从数据库中导入数据到 DataFrame 中,进行分析和处理,然后将结果导回数据库。这在数据库管理和分析中非常有用。

(7) 实时数据分析:对于需要实时监控和分析数据的应用,Pandas 库的高效性能使其成为一个强大的工具,结合其他实时数据处理工具,可以构建实时分析系统。

Pandas 库在许多领域中,为数据科学家、分析师和工程师提供了处理和分析数据的便捷方式。

10.7　Matplotlib 库

10.7.1　Matplotlib 简介

Matplotlib 是 Python 中一个非常优秀的数据可视化第三方库,可绘制坐标系、饼状图等 100 多种形式的效果图。

Matplotlib 库由各种可视化类构成,内部结构复杂。Matplotlib.pyplot 是绘制各类可视化图形的命令子库,相当于快捷方式。可以简单地调用 Matplotlib 中所有的可视化方式。由于名字太长,引入别名 plt。

【任务 10-10】　使用 Matplotlib 绘制一个简单的坐标曲线。

示例代码如下:

```
'''
ch10-demo15.py
==================
演示使用 matplotlib 绘制一个简单的坐标曲线。
'''
import numpy as np
import matplotlib.pyplot as plt
X=np.linspace(-np.pi, np.pi, 256, endpoint=True)
C,S = np.cos(X), np.sin(X)

plt.plot(X,C)
plt.plot(X,S)

plt.show()
```

程序运行结果如图 10-7-1 所示。

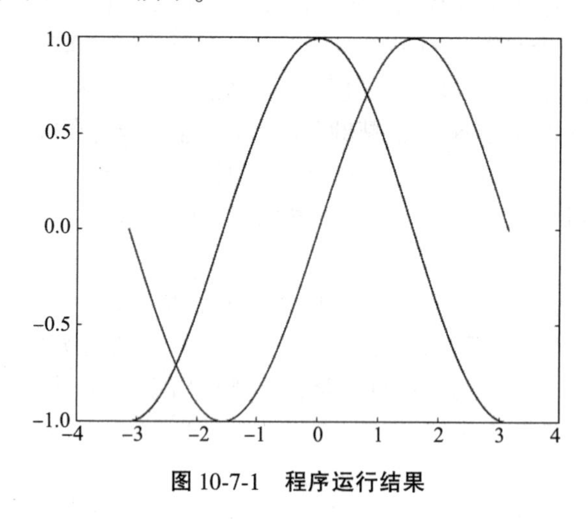

图 10-7-1 程序运行结果

10.8 综合案例

【任务 10-11】 绘制截至 2023 年年末各年龄段总人口饼图。

分析：首先获取数据来源。

#截至 2023 年年末数据来源于国家数据网 https://data.stats.gov.cn

#2023 年国家统计局网 https://www.stats.gov.cn/sj/sjjd/202401/t20240118_1946701.html

将其数据保存为 people.csv 文件，文件内容如图 10-8-1 所示。

指标	年末总人口(万人)	0-14岁人口(万人)	15-64岁人口(万人)	65岁及以上人口(万人)
2000年	126743	29012	88910	8821
2001年	127627	28716	89849	9062
2002年	128453	28774	90302	9377
2003年	129227	28559	90976	9692
2004年	129988	27947	92184	9857
2005年	130756	26504	94197	10055
2006年	131448	25961	95068	10419
2007年	132129	25660	95833	10636
2008年	132802	25166	96680	10956
2009年	133450	24659	97484	11307
2010年	134091	22259	99938	11894
2011年	134735	22164	100283	12288
2012年	135404	22287	100403	12714
2013年	136726	22423	101041	13262
2014年	137646	22712	101032	13902
2015年	138326	22824	100978	14524
2016年	139232	23252	100943	15037
2017年	140011	23522	100528	15961
2018年	140541	23751	23751	16724
2019年	141008	23689	99552	17767
2020年	141212	25277	96871	19064
2021年	141260	24678	96526	20056
2022年	141175	23908	96289	20978
2023年	140967	24789	94502	21676

图 10-8-1　people.csv 文件内容

直接导入 numpy 进行数据可视化分析,代码如下:

```
'''
ch10-demo14.py
==================
演示绘制截至 2023 年年末各年龄段总人口饼图。
'''
import numpy as np
import matplotlib.pyplot as plt
import pandas as pd
plt.rcParams['font.sans-serif'] = 'SimHei'  #设置中文显示
plt.rcParams['axes.unicode_minus'] = False
data=pd.read_csv('people.csv',encoding='gbk')
name=data.columns    #提取其中的 columns 字段,视为数据的标签
values=data.values   #提取其中的 values 字段,数据的存在位置
label=['0-14 岁人口', '15-64 岁人口', '65 岁及以上人口']     #刻度标签
#将画布设定为正方形,则绘制的饼图是正圆
plt.figure(figsize=(6, 6))
```

```
    explode=[0.01, 0.01, 0.01]                    #指定项距离饼图圆心为 n 个半径
    plt.pie(values[-1, 2: 5], explode=explode, labels=label, autopct='%1.1f%%')   #绘制饼图
    plt.title('2023 年年末各年龄段总人口饼图')  #添加图表标题
    plt.savefig('截至 2023 年年末各年龄段总人口饼图.png')
    plt.show()
```

程序运行结果如图 10-8-2 所示。

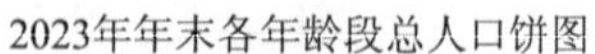

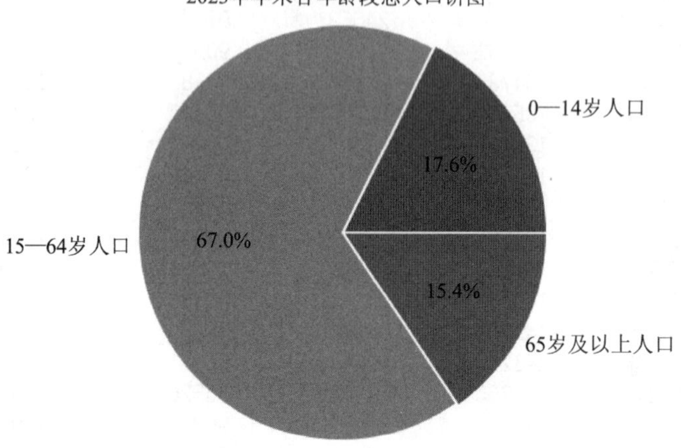

图 10-8-2　截至 2023 年年末各年龄段总人口饼图